Der Kosmos-Atlas Schmetterlinge

Roger Phillips / David Carter

Der Kosmos-Atlas Schmetterlinge

Europäische Tag- und Nachtfalter

Franckh-Kosmos

Aus dem Englischen übersetzt und bearbeitet von Dr. Wolfgang Dierl
Titel der Originalausgabe: „Butterflies and Moths in Britain and Europe", erschienen bei Pan Books Ltd., London, 1982, unter ISBN 0 330 26642 X

Mit 404 farbigen Freilandaufnahmen von P. A. Bowman (111 ml, 123 umr, 135 mr), J. D. Bradley (117 ol, or, 123 omr, ur, 125 ur, 127 u, 155 ur, 157 ur, 161 ul, 18 ou, 181 ol, 183 ml), D. J. Carter (23 u, 47 o, 109 ol, 115 ol, m, ul, 116 ol, or, 142 or, 147 ul, 155 ml, 165 ml, 167 or, 172 ur, 175 ml, 183 ur), M. Chinery (17 or, 72 ur, 111 or, u, 112 or, 113 ol, or, 117 mr, 121 or, 122 or, 123 ml, 124 or, mr, 125 umr, 127 or, 133 mr, 135 ol, 137 or, ur, 139 o, ur, 141 ol, m, ur, 142 ur, 143 mr, 144 ur, 145 o, 147 o, ur, 151 ur, 155 mr, 163 or, u, 165 ur, 170 mr, 177 ul, 187 ol), R. C. Godden (68 ur, 69 o), J. A. Grant (131 ol, 169 ul), F. Greenaway (8, 9 o, ul, 10 or, 13 o, 15 ur, 21, 24 or, 29, 47 ur, 49 o, ul, 53 o, 57 or, 63 ur, 65 o, 77 o, 79 o, 127 ol, 129 o, 149 u), J. D. Holloway (67 ul, 70 ul, 71 ol, 83 ol), M. R. Honey (66 mr, 67 ur, 118 or, 130 or, 144 or, 147 ml, 164 or, 165 ul, 166 or, 167 ur, 169 ol), P. Lund (6, 7, 96 or), R. C. Revels (10 ml, 17 ul, 18 or, 23 o, 26, 27 o, 33 o, ul, 34 o, 35 or, u, 41 ul, 43 ml, 44 om, ur, 50 or, 51 or, ul, 52 or, mr, 53 ul, ur, 55 ul, ur, 56 m, 57 ol, u, 59 ml, 61, 63 m, or, 65 ul, 70 ur, 73 or, ul, 74 ur, 75 mr, 77 ur, 79 ul, 83 u, 85 ol, 86 r, 87 o, 88 or, 89 o, 90 u, 91 o, ul, ur, 92 r, 93 u, 94 or, 95, 96 mr, 97 o, 98 or, 103 ur, 105 ul, 107, 109 or, 113 o, 117 ol, 121 u, 123 or, 126 or, 131 ul, 137 um, 139 uml, 141 ul, 149 or, 151 or, mr, 153 o, 155 or, 158 or, 159 ol, r, m, 161 ol, 165 or, 166 ur, 171 or, ml, 172 or, 173 or, 185 ul, 187 mr), T. Ruckstuhl (31 o, m, u, 34 u, 36 or, 37 ul, ur, 39 o, u, 41 o, m, 43 o, u, 45 o, u, 47 ul, 49 ur, 51 ur, 54 or, 55 o, 56 o, 58 or, 59 ol, u, 60 or, 63 ol, ul, 64 ur, 65 ur, 67 o, 68 or, 69 u, 71 or, u, 73 ol, 75 ol, r, u, 77 ul, 81 o, u, 84 r, 85 or, mr, 87 u, 88 u, 89 u, 91 ml, 93 o, 95 or, 97 u, 99, 101, 103 ol, 104 or, 105 o, 109 ur, 121 mr, 123 ol, 131 or, 137 ul, 147 mr, 151 ol, 153 ul, 182 or, 183 or, mr, 185 o, 187 or), K. Rumbucher (73 or), A. Shears (18 ml), I. Sivec (137 om, 152 or), M. W. F. Tweedie (145 ur, 157 o, m, 163 ol, 177 o, 179 or, u, 181 u, 185 ur), P. H. Ward (15 ul, 16, 19, 20 ul, ur, 22, 27 u, 33 ur, 35 ol, ml, 37 o, 41 ur, 42 mr, ur, 46 or, 48 or, mr, 59 or, 77 m, um, 79 mr, ur, 83 or, 85 u, 95 ol, 102 or, 103 ml, ul, 105 or, 106 m, u, 109 ul, 111 ol, 117 ml, 119 or, m, u, 121 ol, ml, 125 ol, ml, or, mr, 128 or, 129 ul, 131 ur, 133 ol, ml, u, 135 or, ul, ur, 137 ol, 139 oml, ul, mr, 143 o, ml, 145 ul, 148 or, 149 ul, 150 or, 151 ul, 153 ur, 155 ul, 159 m, ur, 161 ml, mr, ur, 163 mr, 165 ol, 167 ol, ml, mr, 169 or, m, u, 170 or, 171 ol, 172 mr, 173 ol, 175 ol, or, ur, 177 ml, ur, 179 ol, 181 or, 183 ol, 184 or, 185 ml, 187 ml), S. L. Ward (24 ul), D. Yendall (109 ml, 129 ur, 133 or, 143 ur) und 80 Farbtafeln von Colin Keates vom Britischen Museum.

Umschlag von Kaselow Design, München, unter Verwendung von Aufnahmen von Thomas Ruckstuhl

CIP-Titelaufnahme der Deutschen Bibliothek

Der **Kosmos-Atlas Schmetterlinge** : europäische Tag- und Nachtfalter / Roger Phillips ; David Carter. [Aus dem Engl. übers. und bearb. von Wolfgang Dierl]. – 2. Aufl. – Stuttgart : Franckh-Kosmos, 1991
Einheitssacht.: Butterflies and moths in Britain and Europe <dt.>
1. Aufl. u.d.T.: Das Kosmosbuch der Schmetterlinge
ISBN 3-440-06306-2
NE: Phillips, Roger; Carter, David J.; Dierl, Wolfgang [Bearb.]; EST

Die 1. Auflage erschien 1983 unter dem Titel: „Das Kosmosbuch der Schmetterlinge"

2. Auflage 1991
Für die deutschsprachige Ausgabe:

ISBN 3-440-06306-2
LH 14 Ste
Printed in Singapore / Imprimé en Singapour
Satz: Konrad Triltsch Druck- und Verlagsanstalt Würzburg GmbH
Herstellung: Toppan Printing Co., Singapur

Der Kosmos-Atlas Schmetterlinge

Zu den Farbtafeln:
Soweit nichts anderes angegeben, sind die Schmetterlinge immer mit ihrer Oberseite abgebildet. Bei Arten, bei denen sich beide Geschlechter gleichen, ist jeweils nur ein Geschlecht abgebildet.

♂ Männnchen
♀ Weibchen
Δ Unterseite

Einleitung

Schmetterlinge sind beschuppte, vierflügelige Insekten, die in ca. 100 000 Arten über die ganze Erde verbreitet sind. Landläufig teilt man sie in zwei Gruppen ein: die farbenprächtigen, zarten Tagfalter und die dunklen, plumpen Nachtfalter.
Die Schmetterlinge besitzen alle den gleichen Insektengrundbauplan. Ihr Körper besteht aus dem Kopf, der Brust (Thorax) und dem Hinterleib (Abdomen). Er ist von einem Chitinpanzer geschützt, der das Außenskelett bildet. Alle Körperteile sind mit einer Schicht winziger Schuppen bedeckt, die für die Färbung der Schmetterlinge verantwortlich sind.

Körperbau der Falter

Kopf

Das hervorragendste Merkmal am Kopf wird von einem Paar großer, kugeliger **Augen** gebildet, die aus zahlreichen Fazetten zusammengesetzt sind, bis zu 6000, und deren Bildpunkte im Gehirn zu einem Gesamtbild verarbeitet werden. Bei den Nachtfaltern gibt es im Auge Pigmentzellen, die den Lichteinfall bei unterschiedlicher Helligkeit regulieren können. Nächtliche Insekten sind oft stark schwankender Lichtintensität ausgesetzt und vermögen so ihr Sehen zu korrigieren. Tagfalter, die ja meist im Sonnenschein aktiv sind, brauchen diese Einrichtung nicht. Der Nachteil der zusammengesetzten Augen ist ihre Unfähigkeit zu akkommodieren und daß ein Gegenstand nur von wenigen Fazetten erfaßt wird. Einfach ausgedrückt ist das zusammengesetzte Auge kurzsichtig, hat aber ein großes Gesichtsfeld und kann sehr gut Bewegungen wahrnehmen. Beide Eigenschaften ermöglichen ein rasches Manövrieren, wenn ein Feind naht.
Die Farbempfindlichkeit der Schmetterlinge unterscheidet sich von der des Menschen. Gegen Rot sind sie relativ unempfindlich, sie können dagegen ultraviolettes Licht sehen. Tagfalter sehen Farbmuster von Blüten und Geschlechtspartnern, die der Mensch nicht sehen kann; Nachtfalter werden vom kurzwelligen Licht von „Schwarzlichtlampen" angezogen. Einige Nachtfaltergruppen haben zudem ein Paar einfacher Ozellen, die zwar kein Bild liefern können, vermutlich aber die Lichtempfindlichkeit der zusammengesetzten Augen regulieren, da sie relative Lichtstärken registrieren können.
Die meisten Geruchssinnesorgane findet man auf den **Fühlern.** Sie können unglaublich geringe Mengen an Geruchsstoffen wahrnehmen, die weit außerhalb der menschlichen Möglichkeiten liegen. Sie haben auch die Funktion von Tastorganen, mit denen sie Gegenstände untersuchen. Bei manchen Nachtfaltern sind die Fühler stark modifiziert, seitliche Auswüchse lassen sie wie Federn erscheinen und vergrößern sehr wirksam die Oberfläche und damit die Zahl der Sinnesorgane. Besonders männliche Tiere mancher Nachtfalter zeigen dieses Merkmal: sie finden damit ihre Geschlechtspartnerinnen, die sich durch besondere Duftstoffe über größere Entfernungen bemerkbar machen. Die Fühler der Weibchen dienen dem Auffinden der richtigen Nahrungspflanzen für die Raupen, auf die die Eier abgelegt werden. Geschmacks- und Temperaturorgane finden sich manchmal auch auf den Fühlern.
Mit Ausnahme der sehr primitiven Schmetterlinge, die noch kauen können und von Blütenpollen leben, saugen die meisten anderen Schmetterlinge jedoch Blütensäfte und andere flüssige Stoffe durch einen besonders geformten **Saugrüssel.** Dieser Rüssel wird in Ruhe wie eine Uhrfeder gerollt auf der Unterseite des Kopfes getragen und wird erst zur Nahrungsaufnahme ausgestreckt. Je nach Art der Nahrungsquelle gibt es verschiedene Modifikationen, und bei Faltern, die keine Nahrung aufnehmen, ist der Rüssel rückgebildet oder fehlt ganz. Die Rüssel der Schwärmer gehören zu den längsten: die madagassische Art *Xanthopan morgani* WALKER, die an Orchideen saugt, weist eine Länge von bis zu 20 cm auf. Dagegen ist der

Kopf und Thorax vom **Ligusterschwärmer** *Sphinx ligustri*

Rüssel des Totenkopfschwärmers kurz und hart und ermöglicht es dem Tier, damit Honigwaben in Bienenstöcken zu durchstechen und Honig zu saugen.
Beiderseits des Rüssels gibt es zwei Paare von Organen, die maxillaren und die labialen **Palpen,** erstere sind bei vielen Gruppen rückgebildet, die labialen hingegen oft sehr groß und bilden bei manchen Gruppen nasenförmige Fortsätze, zum Beispiel bei den Hypeninen und Libytheiden. Die Palpen tragen Sinnesorgane zum Tasten und Riechen.

Brust

Hinter dem Kopf befindet sich das Bruststück (Thorax), das man als Energiestation der Insekten bezeichnen kann. Es besteht aus drei Teilen, die als Pro-, Meso- und Metathorax bezeichnet werden. Jeder Abschnitt trägt ein Paar gegliederter Beine, die am Ende Klauen zum Festhalten tragen. Bei manchen Schmetterlingen finden sich am Endglied der Beine (Tarsus) Sinnesorgane, mit deren Hilfe auf sehr feine Weise Geschmacksstoffe festgestellt werden, viel feiner, als der Mensch das kann. Die Beine der Schmetterlinge sind meist sehr lang und schlank, bei den Nymphaliden jedoch und bei einigen anderen Tagfaltergruppen sind die Vorderbeine verkürzt und werden nicht mehr zum Laufen benützt; ihre Funktion ist nur noch auf Sinnesleistungen beschränkt. Bei vielen anderen Arten sind die Beine mit Putzspornen versehen, mit denen die Fühler von Schmutz befreit werden, oder tragen Dornen oder große Haarbüschel wie die Spannereule *Herminia tarsipennalis,* bei der es sich vermutlich um Duftstofforgane handelt.
Meso- und Metathorax tragen je ein Paar **Flügel,** die als Vorder- und Hinterflügel bezeichnet werden. Jeder Flügel besteht aus einer oberen und unteren Membran, die durch ein Adersystem getrennt und versteift werden, das aus Röhren besteht, die Luft, Blut und Nervenstränge enthalten. Dieses Adersystem ist für die Klassifizierung der Schmetterlinge von großer Bedeutung. Bei den ursprünglichen Gruppen ist das Geäder der Vorder- und Hinterflügel fast gleich und weist auch mehr Adern auf als bei den höher entwickelten Gruppen, bei denen zudem das Geäder auf Vorder- und Hinterflügel stark verschieden ist. Es gibt aber auch Schmetterlinge, deren Flügel teilweise oder ganz verkümmert sind, so daß die Tiere schließlich wie Fliegenmaden aussehen, wie bei den Weibchen der Sackspinner. Stummelflügel haben manche Spannerarten, und auch hier sind es die Weibchen, die verkürzte Flügel aufweisen. In wenigen Fällen haben beide Geschlechter verkümmerte Flügel; diese kommen aber nicht in Europa vor. Bei den Federmotten und Geistchen ist die Flügelfläche tief gespalten, und sie sehen dadurch wie mit Federn bestückt aus.
Ober- und Unterseite sind mit feinen **Schuppen** bedeckt, die wie Dachziegel übereinander liegen und ein wichtiges Unterscheidungsmerkmal für die Ordnung der Schmetterlinge bilden. Es handelt sich um besondere, abgeflachte Haare, die mit einem kurzen Stiel in einer Grube verankert sind. Form und Größe der Schuppen variieren, und einige sind zum Verbreiten von Duftstoffen speziell umgeformt. Diese Schuppen, die als Androkonien bezeichnet werden, sind mit Drüsen verbunden, die Duftstoffe erzeugen, und sind in der Regel länger und schlanker, mit einem Büschel feiner Haare an der Spitze. Androkonien gibt es auf den Flügeln vieler männlicher Schmetterlinge, und die damit verbreiteten Duftstoffe, Pheromone, dienen dazu, Weibchen anzulocken und zur Paarung zu bringen – ein Schmetterlingsaphrodisiakum. Die schöne Färbung der Schmetterlinge wird hauptsächlich durch die Schuppen verursacht. Sie enthalten unterschiedliche Farbpigmente oder produzieren die Farben durch besondere Strukturen. In letzterem Fall erfolgt ein Vorgang, den man Interferenz nennt; an vielen feinen Lamellen in den Schuppen wird durch selektive Reflexion und Streuung nur ein Teil des Farbspektrums sichtbar, und die Falter strahlen dann in herrlichen Schillerfarben. Dieser Vorgang ist bei unseren Schillerfaltern und Bläulingen zu beobachten. Bei einigen Schmetterlingen gibt es fensterartige, glasig durchsichtige Felder auf den Flügeln. Diese Stellen sind ursprünglich auch beschuppt, verlieren aber beim ersten Flug die lose sitzenden Schuppen. Viele dieser Arten gleichen dann Bienen und Wespen, ein Fall von Mimikry. Bei anderen dienen die Fenster als Tarnung während der Ruhe in der Vegetation.
Die Anordnung der Schuppen ergibt ganz bestimmte Zeichnungsmuster, die von einem Grundplan abgeleitet sind. Es handelt sich um ein System von Querlinien und Binden, die sich in unterschiedlicher Varianz immer wieder finden. Auf diese Weise entstehen die verschiedenen Trachten, die tarnen, anlocken oder gefährliche Tiere nachahmen sollen durch Mimikry. In diesem Zusammenhang sei auch vermerkt, daß es viele Schmetterlinge gibt, deren Geschlechter ganz verschieden gefärbt sind.
Wenn Schmetterlinge fliegen, sind Vorder- und Hinterflügel miteinander verbunden, so daß sie gleichmäßig schlagen. Dafür gibt es verschiedene Methoden. Bei den Tagfaltern und manchen Nachtfaltern ist der Vorderrand der Hinterflügel lappig verbreitert und wird an den Vorderflügel gepreßt, dessen Basis darüber liegt. Bei den meisten anderen Nachtfaltern besteht die Verbindung bei den Männchen aus einer steifen Borste an der Basis des Hinterflügels,

Wandergelbling *Colias croceus*

die in eine kleine Schlinge am Vorderflügel eingehängt ist. Man nennt das Frenulum und Retinakulum. Bei den Weibchen besteht das Frenulum aus mehreren dünneren Borsten, die am Vorderflügel in einer Art Bürste aus kräftigen Haaren einrasten. Schließlich gibt es eine kleine, primitive Gruppe von Schmetterlingen mit einem anderen Mechanismus. Hier gibt es an der Basis des Vorderflügels einen fingerförmigen Lappen, der über den Rand des Hinterflügels greift und ihn festhält. Unsere Wurzelbohrer gehören hierher.
Man meint, daß im Flug die Flügel einfach auf und ab geschlagen werden. Der Vorgang ist jedoch wesentlich komplizierter, da die Flügel in der Wurzel gedreht werden können und außerdem ihren Anstellwinkel verändern. Auf diese Weise beschreiben sie im Schlag eine Acht. So wird, wie auch im Vogelflug, Luft nach unten und nach hinten gepreßt und verleiht dem Falter den nötigen Vortrieb. Der Antrieb geschieht durch ein vielfältiges System von Muskeln im Bruststück. Je nach Flügelform und Größe ergibt sich eine unterschiedliche Schlagfrequenz, die vom Flattern des Kohlweißlings zum schnellen Schwirren der Schwärmer reicht. Letztere haben auch die größte Fluggeschwindigkeit mit über 50 Kilometer pro Stunde. Sie können auch wie Hubschrauber vor Blüten stillstehen und kurz rückwärts fliegen.

Hinterleib

Der letzte Körperabschnitt wird Abdomen genannt. Er besteht aus zehn Segmenten, die meist sehr gleichförmig sind und weder Flügel noch Beine tragen. Er wird von Schuppen bedeckt und ist bei manchen Gruppen bunt gefärbt und gezeichnet. Dieser Körperteil hat eine große Bedeutung als Träger des Vermehrungsapparates und eines großen Teils des Verdauungssystems. Die äußerlich sichtbaren Teile der Geschlechtsorgane haben oft eine wichtige Rolle bei der Artbestimmung, da sie überwiegend artspezifisch gebaut sind. Beim Männchen bestehen sie aus einem Klammerapparat, der das Weibchen bei der Paarung festhält. Das Weibchen besitzt ein ausschiebbares Rohr unterschiedlicher Länge zur Eiablage, einen Ovipositor, der, wenn er lang und flexibel ist, die Eiablage in Ritzen, in Rinde oder Blüten ermöglicht. Bei manchen Weibchen findet man große Haarbüschel am Ende des Hinterleibs, die dazu dienen, die Eigelege damit zu bedecken.
Viele Schmetterlinge besitzen **„Ohren“**, die jedoch am Bruststück oder vorne am Hinterleib sitzen. Diese Ohren nennt man Tympanalorgane, und sie bestehen aus einer Grube an der Körperoberfläche, die mit einer dünnen Membran bedeckt ist. Diese Membran funktioniert wie ein Trommelfell, Schwingungen werden über Sinneszellen und einen Nervenstrang als Nachricht an das Gehirn vermittelt. Nachtfalter reagieren auf Ultraschallwellen, die der Mensch nicht mehr hören kann, die aber von Fledermäusen, die als ihre Feinde gelten, ausgestoßen werden.

Der innere Körperbau

Im Körperinnern haben die Schmetterlinge die typische Art des Blutkreislaufs, des Atmungssystems, des Verdauungs- und des Fortpflanzungssystems der Insekten. Das Blut wird nicht in Adern transportiert, sondern umgibt die Organe in der Körperhöhle. Trotzdem gibt es eine Zirkulation, die von einem den Körper durchlaufenden röhrenförmigen Herz als einfache Pumpe erzeugt wird. Im Gegensatz zu den Wirbeltieren transportiert das Insektenblut weder Sauerstoff noch Kohlensäure. Der Transport dieser Gase erfolgt durch ein feines, sich verzweigendes Röhrensystem, das aus Tracheolen besteht. Sie erreichen alle Organe und beliefern sie mit Sauerstoff. Die Tracheolen vereinigen sich zu größeren Röhren, den Tracheen, die schließlich durch seitliche Öffnungen am Körper, den Stigmen, nach außen münden. Durch diese Öffnungen und die Röhren erfolgt der Austausch von Sauerstoff und Kohlensäure durch Diffusion. Da dieses **Atmungssystem** langsam und nicht sehr wirksam ist, begrenzt es die Körpergröße der Insekten und ist einer der Gründe, warum es keine Schmetterlinge von der Größe eines Adlers gibt.
Das **Nervensystem** liegt auf der Bauchseite unter dem Darm und besteht aus zwei längslaufenden Nervensträngen, die mehrfach an Nervenknoten, den Ganglien, strickleiterartig quer verbunden sind. Am Vorderende des Körpers umfassen die Stränge den Darm und verbinden sich mit den Kopfganglien des Gehirns. Dieses zentrale Nervensystem ist mit den Organen durch ein Netzwerk von Nerven verbunden. Die Kopfganglien haben eine übergeordnete Funktion, die übrigen Ganglien können aber auch unabhängig arbeiten, so daß auch noch Funktionen ausgeübt werden können, wenn das Gehirn zerstört ist.
Das **Verdauungssystem** besteht aus einem muskulösen Schlund, Pharynx, der die Nahrung aus dem Mund in den nächsten Abschnitt, den Oesophagus, pumpt. Dieser ist ein enges Rohr, das gewöhnlich in einen Nahrungsspeicher, den Kropf, führt, wo die Nahrung gespeichert werden kann. Der nächste Abschnitt des Verdauungssystems, der Mitteldarm, dient der Absorption der Stoffe in das Blut, während der letzte Abschnitt, der Enddarm, Abscheidungsstoffe erhält, die aus dem Blut stammen und die schließlich durch den After ausgeschieden werden. Die Stoffwechselprodukte werden vor allem von zwei röhrenförmigen Nierenorganen aufgenommen, die man Malpighische Gefäße nennt. Bei Schmetterlingen, die rückgebildete Mundgliedmaßen haben, ist das Verdauungssystem selbstverständlich mehr oder weniger funktionslos geworden.
Das **Fortpflanzungssystem** der männlichen Schmetterlinge besteht aus zwei Hoden, die bei vielen Gruppen miteinander vereinigt sind und über dem Darm liegen. Sie sind durch enge Röhren der Vasa deferentia mit dem größeren Duktus ejakulatorius verbunden, durch den die Spermien in das Weibchen übertragen werden. Meist werden sie aber in Blasen gespeichert, wo eine härtere Hülle um sie gefertigt wird, die oft sehr charakteristisch geformt ist und Spermatophore genannt wird. Bei den Weibchen gibt es zwei Eierstöcke, Ovarien, mit je vier Schläuchen, in denen die Eier gebildet werden. Hier entsteht auch die harte und charakteristisch geformte Eischale. Die bei der Paarung übertragene Spermatophore wird zunächst in einer Blase, der Bursa copulatrix, abgelagert, die Spermien gelangen von dort in die Samenblase, in der sie oft längere Zeit gespeichert werden, bis die reifen Eier bei der Ablage an der Öffnung der Samenblase vorbeigleiten und nun befruchtet werden. Weitere Drüsen überziehen die Eier dann mit Klebstoff, mit dem die Eier auf der Unterlage befestigt werden. Neben dieser normalen Fortpflanzung gibt es auch eine solche ohne männliche Tiere; man nennt sie Parthenogenese. Hier erfolgt die Befruchtung durch Teile des Eikerns, die nach der Teilung wieder verschmelzen. Sackspinner sind bekannt dafür.

Der Lebenszyklus

Schmetterlinge haben vier Entwicklungsstadien: Ei, Raupe, Puppe und Falter.

Eier

Die Eier der Schmetterlinge variieren sehr stark in Größe, Form und Farbe; von flachen, schuppenartigen Gebilden einiger Mikrolepidopteren bis zu den reich skulpturierten Eiern vieler Falter der Familie der Lycaeniden. Das Ei enthält neben dem Embryo eine Menge Dotter, der bis zur Entwicklung der jungen Raupe verbraucht wird. Außen wird das Ei von einer festen Eischale geschützt, die eine wasserdichte Wachsschicht enthält. Die Atmung, die ja bei allen Lebensvorgängen notwendig ist, erfolgt durch mikroskopisch feine Poren und durch eine etwas größere Öffnung, die Mikropyle genannt wird. Diese Mikropyle, deren Namen übersetzt kleines Tor bedeutet, übt zwei bedeutende Funktionen aus, die schon erwähnte der Atmung und die zweite als Eintrittsöffnung der Spermatozoen bei der Befruchtung. Die Umgebung der Mikropyle ist gewöhnlich besonders skulpturiert und zeigt meist die Form einer Rosette. Sonst findet man oft Skulpturen in Form von Längs- und Querleisten in mannigfacher Anordnung oder eine ganz glatte und glänzende Oberfläche. Die meisten Eier sind recht unscheinbar gefärbt und der Umgebung angepaßt, es gibt aber auch solche mit auffallenden Zeichnungen und glänzenden Farben, die darauf hinweisen, daß sie ungenießbar sind.
Die Art der **Eiablage** ist sehr unterschiedlich, und die Form der Eier ist der jeweiligen Methode angepaßt. Die Eier einiger Kleinschmetterlinge, wie die des Nelkenwicklers, werden in überlappenden Reihen wie Dachziegel abgelegt und sind deshalb sehr flach. Die runden, glatten Eier des Wurzelbohrers werden vom Weibchen im Flug über Grasflächen ausgestreut und landen am Boden zwischen den Graswurzeln, wo die Raupen später leben und von denen sie sich ernähren. Der Ringelspinner legt seine tonnenförmigen Eier in regelmäßigen Reihen um Zweige, so daß sie wie ein Ring aussehen, was dem Schmetterling auch den Namen gegeben hat. Das Landkärtchen hat wohl eine der ungewöhnlichsten Methoden der Eiablage. Hier werden die tonnenförmigen Eier zu kleinen Säulen aneinandergeklebt, die an der Unterseite der Blätter der Nahrungspflanze hängen. Viele Arten legen ihre Eier einzeln ab, und andere bedekken die Gelege mit einer dicken Schicht von Haaren, wie der Schwammspinner.

Raupe

Wie der voll entwickelte Schmetterling ist auch die Raupe aus Kopf, Brust und Hinterleib zusammengesetzt. Der Kopf ist von einer harten Kapsel umgeben und gewöhnlich gerundet, kann aber auch flach oder keilförmig sein wie bei dem Blausieb. Meist ist der Kopf glatt, es gibt aber auch Schmetterlingsarten mit behaarten Köpfen, und manche Tagfalterraupen tragen sogar Dornen oder Hörner. Besonders hervortretend sind die kräftigen, beißenden Kiefer oder Mandibeln. Diese sind von zwei plattenartigen Lippen umgeben, die dazu dienen, die Nahrung beim Beißen in den Mund zu dirigieren. Die Unterlippe trägt auf einem Zapfen die Öffnung der Spinndrüsen. In diesen wird die Seide in Form einer Flüssigkeit produziert, die nach dem Austreten an der Luft erstarrt. Seide kann von allen Schmetterlingsraupen erzeugt werden, aber nur von wenigen Arten verwertet werden, da die Fäden eine bestimmte Länge und Stärke haben müssen. Die kleinen Fühler beiderseits der Kauwerkzeuge tragen eine Anzahl wichtiger Sinnesorgane.
Die einfachen **Augen** oder Ozellen sind halbkreisförmig auf beiden Seiten der Kopfkapsel angeordnet. Gewöhnlich gibt es sechs Stück davon, bei manchen Arten aber auch weniger, und bei einigen Arten, deren Raupen ihr Leben lang im Dunklen verbringen, fehlen sie ganz. Ihr Sehvermögen geht kaum weiter als das Erkennen von Hell und Dunkel, und als Ersatz dafür sind andere Sinnesorgane besonders gut entwickelt.
Am Bruststück gibt es drei Paar gegliederter **Beine,** die in der Länge variieren und deren hauptsächliche Funktion im Festhalten der Nahrung liegt, viel mehr als in der Fortbewegung. Der Hinterleib, der aus zehn Segmenten besteht, trägt eine Anzahl stummelförmiger, ungegliederter Beine, meist fünf Paar, aber auch weniger. Auf der Sohle dieser Beine findet sich ein Kranz von Haken, mit deren Hilfe und Unterstützung durch kräftige Muskeln die Raupe sich auf der rauhen Unterlage festhalten kann. Diese Beine sind für die Fortbewegung wichtig. Manche Raupen, die direkt im Pflanzengewebe leben, minieren oder bohren, haben die Beine rückgebildet. Besondere Ausformung haben die Beine beim Gabelschwanz und beim Buchenspinner, wo sie sehr verlängert sind und teilweise funktionslos.
Wie bei dem voll entwickelten Schmetterling gibt es auch bei den Raupen ein **Tracheensystem,** das durch Stigmen auf den Körperseiten nach außen mündet. Die Raupen sind fähig, die Stigmen bei Gefahr zu schließen,und können auf diese Weise einige Zeit untergetaucht leben, eine sehr brauchbare Eigenschaft für Raupen, die in der Nähe von Gewässern leben, wo sie überflutet werden können.
Eine besondere Lebensweise zeigt die Raupe des Seerosenzünslers. Dieser legt die Eier auf Wasserpflanzen. Die jungen Raupen leben untergetaucht, haben keine Stigmen und atmen durch die Haut mittels Diffusion den im Wasser gelösten Sauerstoff. Später entwickeln sich Stigmen, und die Raupe lebt dann in einem Gehäuse aus Pflanzenteilen, in dem sich eine Luftblase befindet. Von Zeit zu Zeit kommt die Raupe an die Wasseroberfläche und erneuert die Luftblase.
Brust und Hinterleib sind von **Haaren** bedeckt, die sehr klein und von geringer Anzahl sein können, wie bei den Eulenfaltern und Spannern, oder lang und dicht wie bei den Bärenspinnern, Glucken und Trägspinnen. Solche Haare brechen leicht ab, haben Widerhaken an der Spitze und bleiben in dünnhäutigen Hautpartien stekken, wo sie heftige Entzündungen hervorrufen können. Bei verschiedenen anderen Schmetterlingsfamilien, zum Beispiel vielen Tagfaltern, aber auch Nachtfaltern, wie den Augenspinnern, gibt es mächtige **Dornen** und ähnliche Strukturen, die manchmal innen hohl sind, eine Giftdrüse enthalten und beim Berühren durch ihren Stich Gift in die Wunde bringen können. Andere Raupen haben **Hörner** oder andere Fortsätze, die entweder einen Angreifer bedrohen sollen oder die Körperform so verändern, daß sie in der Umgebung nicht mehr auffällt. Die Farben können als Tarnung dienen oder bei sehr bunter Färbung den Angreifer warnen, daß es sich hier um ein ungenießbares Tier handelt. Die Möglichkeit der Veränderung von

Tagpfauenauge *Inachis io* beim Schlüpfen

Farbe und Form während der Entwicklungsstadien wurde schon erwähnt. Beim Segelfalter zum Beispiel sieht die junge Raupe wie Vogelmist auf der Blattoberfläche der Nahrungspflanze aus, sie ist schwarz und weiß. Später wird sie grün und gleicht dann einem Blatt.
Der Körper kann auch verschiedene spezialisierte **Drüsen** tragen. Die Raupe des Schwalbenschwanzes besitzt hinter dem Kopf eine gegabelte rote Drüse, die im Körper verborgen ist und Osmeterium heißt. Wenn die Raupe bedroht wird, stülpt sie durch Blutdruck die Gabel nach außen und verbreitet einen intensiv aromatischen, sehr unangenehmen Geruch, der Angreifer und Parasiten abschreckt. Die Grundstoffe dazu gewinnt die Raupe aus ihrer Nahrung, die ebenfalls aromatische Substanzen enthält. Die Raupen der Zygaenen haben Giftdrüsen, deren Sekret auf der Körperoberfläche verteilt wird und Zyanid enthält, dessen Schutzwirkung sehr stark ist.

Eigelege der **Bräunlichgrauen Frühlingseule** *Orthosia gothica*

Die Raupen des Gabelschwanzes spritzen Ameisensäure gegen den Angreifer. Sie wird in einer Drüse am Vorderrand des Bruststücks erzeugt. Im Gegensatz dazu haben die Raupen der Bläulinge Drüsen auf der Körperoberseite, die süße, honigartige Sekrete absondern. Bestimmte Ameisenarten werden davon angelockt und schützen als Gegenleistung die Raupen vor Feinden. Manche dieser Raupenarten werden sogar von den Ameisen in ihre Nester gebracht, wo sie als ständige Honiglieferanten dienen, sich aber von Ameisenlarven ernähren.
Manche Raupenarten ernähren sich von vielerlei Pflanzen, sind also nicht wählerisch. Andere hingegen sind auf ganz bestimmte Nahrung spezialisiert, fehlt diese, so verhungert die Raupe lieber, als daß sie anderes annimmt. Ursache hierfür sind bestimmte Inhaltsstoffe der Pflanzen, die die Freßreaktion auslösen. Es gibt aber auch mehr oder weniger räuberische Arten wie die erwähnten Bläulinge oder solche, die ihre Artgenossen anfallen, Mordraupen genannt.
Alle Raupen **häuten** sich einige Male, bis sie die endgültige Größe erreicht haben. Die Ursache dafür ist die Struktur der Körperoberfläche. Diese besteht aus einer wohl elastischen Kutikula, die aber nicht wachsen kann. So wird von Zeit zu Zeit darunter eine neue Haut gebildet, die größer ist und eingefaltet liegt. Bei der Häutung schwillt die Raupe an, die alte Haut platzt, und die Raupe schiebt sie durch Serien von Muskelkontraktionen nach hinten weg. Das dauert oft einige Zeit, und die Raupe ist in diesem Stadium sehr von Feinden bedroht. Deshalb verstecken sich die Raupen oft und spinnen ein Seidenpolster, auf dem sie sich bei der Häutung festklammern können. Die alte Haut fällt gewöhnlich zu Boden. Die Zahl der Häutungen ist artlich meist festgelegt, meist fünf oder sechs, kann aber auch umweltabhängig sein. Die Phasen zwischen den Häutungen werden gewöhnlich als Stadien bezeichnet.
Neben dem Größenwachstum kommt es zu manchen anderen Veränderungen zwischen den Raupenstadien, zum Beispiel Farbveränderungen, Zunahme der Körperbehaarung oder die Entwicklung besonderer Auswüchse in Form von Hörnern oder Warzen. Auch Proportionsänderungen gibt es. So sind die Afterhörner junger Schwärmerraupen proportional viel länger als die größerer Exemplare. Die Erleneule ist ein gutes Beispiel einer Art mit verschiedenen Raupenformen in frühen und späten Stadien, wobei jede eine eigene Schutzfunktion hat.

Raupe des **Ligusterschwärmers** *Sphinx ligustri* beim Fressen

Bauchbeine der Raupe des **Ligusterschwärmers** *Sphinx ligustri*

Puppe

Wenn die Raupe erwachsen ist, durchläuft sie eine letzte Häutung und erreicht so das Puppenstadium. In diesem Stadium wird die Raupe zum Falter umgeformt, wobei die Raupenorgane abgebaut oder umgeformt und zu Falterorganen gebildet werden. Auch die Körperzellen erfahren weitgehende Veränderungen. Zur Verpuppung sind manche Vorbereitungen zu treffen; die Raupe sucht einen geeigneten Platz, sie gräbt sich in den Boden ein oder spinnt einen Kokon. Bei vielen Tagfaltern wird die Puppe durch Fäden und kleine Seidenpolster an Ästen und Zweigen befestigt, und die Puppe muß eine Reihe komplizierter Bewegungen ausführen, um die alte Haut abzustreifen und um nicht selbst aus der Befestigung herauszufallen. Dort könnte der Falter nicht ordnungsgemäß schlüpfen. Viele Raupen benützen neben ihrer Spinnfähigkeit auch Sekrete aus dem Verdauungssystem, um zum Beispiel ihre Erdhöhlen abzudichten oder die Fäden des Kokons zu verkleben.
Die Puppe wird von einer starken und harten Körperhaut umgeben, an die die Flügel, Fühler und Beine in den meisten Fällen fest angelegt und verbunden sind. Das Wort Puppe leitet sich vom Lateinischen pupa ab, während die andere oft gebräuchliche Bezeichnung Chrysalis aus dem Griechischen stammt und Gold meint. Die Ursache dafür sind glänzend goldene Flecken, die bei vielen Tagfalterpuppen zu finden sind.
Die Dreiteilung ihres Körpers ist schwer zu erkennen, da alle Teile stark miteinander verschmolzen sind. Andererseits sind viele Organe des fertigen Falters zu sehen, der Kopf mit kugeligen Augen, die Fühler und der Rüssel. Am Bruststück erkennt man die Beine und die Flügel, alle fest an den Körper gekittet und funktionslos. Der Hinterleib zeigt keine besonderen Merkmale mit Ausnahme einer Dornengruppe am Ende, die zur Befestigung dient und sehr charakteristisch geformt ist, der Kremaster. Verschiedene Fortsätze können auf der Oberfläche auftreten, und die freihängenden Puppen sind oft sehr bunt gefärbt, teils zur Tarnung, teils zur Warnung.
Wenn die Puppe das Ende ihrer Entwicklung erreicht hat, wird sie dunkler, und die Flügelmuster des Falters werden oft sichtbar durch die Puppenhaut. Plötzlich platzt sie auf, und der Falter beginnt zu erscheinen. Er pumpt Luft, um den Körper zu vergrößern und die Puppenhaut weiter aufzureißen. Dann zieht er den Körper mit allen seinen Anhängern aus der Schale und sucht eine Stelle, an der er sich festklammern kann. Zunächst wirkt der Falter sehr unscheinbar, da die Flügel als kleine, runzelige Säckchen herabhängen. Alsbald wird jedoch Blut in die Flügeladern gepreßt, und die Flügel dehnen sich recht rasch bis zur vollen Größe und glätten sich zugleich. Die noch feuchten Flügel müssen nun noch trocknen, bevor der erste Flug möglich ist. Bevor dies geschieht, werden die Stoffwechselprodukte der Puppenzeit in Form einer roten Flüssigkeit abgegeben, die bei Massenvermehrung oft für Blut gehalten wurde. Die Substanz wird Mekonium genannt.
Der Falter startet schließlich zum ersten Flug und vollendet seinen Lebenskreislauf, indem er sich paart und das Weibchen Eier legt. Die Lebensdauer der Falter ist sehr unterschiedlich und beträgt im Maximum zehn Monate beim Zitronenfalter, allerdings mit Ruhepausen, und nur einen Tag zum Beispiel bei Sackspinnern. Generell kann festgestellt werden, daß Falter, die Nahrung aufnehmen, länger leben als solche, deren Mundwerkzeuge verkümmert sind. Das durchschnittliche Alter eines Tagfalters dürfte zwei bis drei Wochen dauern.

Klassifizierung

Viele frühe Naturforscher versuchten, Schmetterlinge und andere Insekten zu beschreiben und zu benennen. Bis zum 18. Jahrhundert benützte jedoch jeder Bearbeiter seine eigene Methode der Benennung. Erst durch den schwedischen Naturforscher Carl Linné, der in seinen Schriften in lateinischer Form als Carolus Linnaeus bekannt ist, wurde ein grundlegendes System der Benennung in seiner zehnten Ausgabe der „Systema Naturae" festgelegt. Diese Bearbeitung enthält ein Verzeichnis aller für Linnaeus bekannten Tiere mit der erstmaligen Verwendung der binominalen Nomenklatur, wie sie heute noch gebraucht wird. In diesem Linneischen binominalen Sy-

stem erhält jedes Tier zwei Namen: Der erste ist der Gattungsname, der zweite der Artname. So trägt der Große Kohlweißling den Gattungsnamen *Pieris* und als zweiten den Artnamen *brassicae,* der sich auf die Eigenschaft als Kohlfresser bezieht. Diese Begriffe werden in der Umgangssprache leider oft vermengt.
Die **Art** wird gelegentlich in Unterarten oder Subspezies geteilt, die gewöhnlich auch als Rassen bezeichnet werden, obwohl dieser Begriff nicht mit der Unterart übereinstimmt. Gewöhnlich wird dieser Begriff für geographisch isolierte Populationen verwendet, die verschiedene Merkmale der Färbung, des Körperbaus oder des Verhaltens aufweisen. Manche Arten variieren über ihr gesamtes Verbreitungsgebiet, so daß die Extremformen nicht mehr übereinstimmen. Sie sind jedoch durch alle Übergänge verbunden.
Andere Begriffe, die regelmäßig bei Schmetterlingen verwendet werden, sind **Varietät** und **Aberration.** Sie bezeichnen Exemplare, die vom normalen Aussehen abweichen, wobei sie regelmäßig oder ganz selten auftreten können wie manche Mutanten. Ob sie durch die Erbanlagen hervorgerufen werden oder durch Umwelteinflüsse, ist im Einzelfall nicht immer bekannt.
Die Reihenfolge der Familien entspricht der Anordnung im Bildteil, nicht aber in allen Teilen jener der modernen Systematik. Ebenso sind die öfter verwendeten Begriffe Groß- und Kleinschmetterlinge, Tag- und Nachtfalter eher aus der Praxis entnommen, als dem modernen System entsprechend.

Waldbrettspiel *Pararge aegeria*

Hesperiidae – Dickkopffalter
Diese umfangreiche Familie besteht aus meist kleinen Faltern, die gewöhnlich zu den Tagfaltern gezählt werden, da sie am Tage fliegen, mit diesen aber nicht näher verwandt sind. Sie sind über die ganze Erde verbreitet. Sie haben einen schnellen, schwirrenden Flug und ruhen mit über dem Rücken zusammengeklappten Flügeln wie viele Nachtfalter. Die Raupen haben große Köpfe mit einem deutlichen Hals und zugespitztem Hinterleib. Sie leben an Gräsern und ähnlichen Pflanzen und verpuppen sich in einem Gespinst an der Nahrungspflanze. Sie haben wie die anderen Tagfalter gekolbte

Baumweißling *Aporia crataegi*

Fühler, im Gegensatz zu diesen aber einen mehr oder weniger deutlichen Haken an der Spitze.

Papilionidae – Ritterfalter
Diese weltweit verbreitete Gruppe mit großen und farbigen Arten umfaßt die Schwalbenschwänze und Apollofalter, die in Europa mit elf Arten vertreten sind, von denen vier bei uns vorkommen. Die meisten der 600 Arten findet man in den Tropen mit so hervorragenden Arten wie die Vogelflügler Ostasiens. Die Raupen tragen oft Dornen oder fleischige Zapfen, es gibt aber auch ganz glatte Formen. Besonders hervorzuheben ist das gegabelte Drüsenorgan im Nacken, das bei Gefahr ausgestülpt werden kann und durch seinen Geruch Angreifer abschreckt. Die Puppen werden entweder mit Fäden befestigt oder liegen in Gespinsten am Boden.

Pieridae – Weißlinge
Diese umfangreiche Familie ist hauptsächlich in den Tropen verbreitet und besteht überwiegend aus weißen, gelben oder rötlich gefärbten Faltern. Die Farbstoffe dieser Falter sind überwiegend von Harnsäure abgeleitet und als Stoffwechselprodukte in den Schuppen abgelagert. Ihre Raupen sind gleichmäßig von feinen Haaren bedeckt. Die Puppen sind eckig geformt und in aufrechter Stellung mit einem Gürtelfaden befestigt. Es kommt regelmäßig zu starker Vermehrung, und die Falter wandern dann in großen Schwärmen oft über große Entfernungen.

Lycaenidae – Bläulinge
Die meisten Arten dieser Familie sind recht klein und, wie der Name sagt, von blauer Farbe. Es gibt aber auch rotglänzende, grüne und braune Arten, Die Familie ist mit vielen Arten weltweit verbreitet. Die Raupen sind asselförmig und besitzen am Rücken Drüsen mit honigartigen Abscheidungen, die von Ameisen aufgenommen werden. Die Puppen sind glatt und gerundet, meist an der Futterpflanze befestigt.

Riodinidae – Würfelfalter
Die Familie wird oft auch als Nemeobiidae bezeichnet, ist mit vielen Arten in den Tropen verbreitet und den Lycaenidae nahe verwandt. In Europa gibt es nur eine Art, den Frühlingsscheckenfalter, der den echten Scheckenfaltern sehr ähnlich ist, sich von diesen aber durch den schwirrenden, unregelmäßigen Flug unterscheidet. Die Raupen sind denen der Lycaeniden ähnlich, aber oft stärker behaart: ungewöhnlich für Tagfalter. Die Puppen sind gerundet und haarig.

Libytheidae – Palpenfalter
Der Name dieser Falter ist von ihren langen, am Kopf schnauzenartig vorragenden Palpen abgeleitet. Es gibt nur eine Art dieser kleinen Familie in Europa. Ihre eckigen Flügel sind sehr charakteristisch gezeichnet und gleichen abgestorbenen Blättern. Bei den Männchen ist das vorderste Beinpaar rückgebildet, während die Weibchen sechs voll entwickelte Beine besitzen.

Nymphalidae – Scheckenfalter
Viele europäische Arten gehören zu dieser umfangreichen und mannigfaltigen Familie, die zum Beispiel die Schillerfalter, Eisvögel, Zackenfalter und Perlmutterfalter umfaßt. Beide Geschlechter haben in dieser Gruppe verkümmerte Vorderbeine, die kürzer sind und meist mit Büscheln haarförmiger Schuppen bedeckt sind. Ihre Raupen sind in der Regel mit verzweigten Dornen versehen, die jedoch nicht gefährlich sind, andere tragen Hörner am Kopf und am Hinterende des Körpers. Die Puppen sind eckig geformt und häufig mit silbernen oder goldenen Flecken bedeckt; sie sind nur am Hinterende in einem kleinen Gespinst befestigt und hängen kopfabwärts.

Satyridae – Augenfalter
Diese Gruppe von Schmetterlingen wird manchmal als Unterfamilie der Nymphaliden betrachtet. Sie sind überwiegend braun gefärbt, es gibt aber auch einige weiße und bunte Formen. Von den Weißlingen unterscheiden sie sich durch verkümmerte Vorderbeine. Ein besonderes Merkmal ist die Anschwellung der Adern an der Basis der Vorderflügel. Ihre Flügelzeichnung wird von ringförmigen Augenflecken beherrscht. Die Raupen sind von jenen der Nymphaliden durch einen nach hinten zulaufenden Körper zu unterscheiden, der in zwei Spitzen endet. Als Nahrung werden nur Gräser und verwandte Pflanzen angenommen. Ihre Puppen sind gerundet und weisen keinerlei Vorsprünge auf.

Danaidae – Monarchfalter
Auch diese Gruppe wird manchmal als Unterfamilie der Nymphaliden betrachtet. Sie ist tropisch verbreitet und kommt in Europa nur mit zwei Arten vor. Das ist der Monarch, der gelegentlich aus Nordamerika zuwandert, und *Danaus chrysippus* LINNAEUS, der auf den Kanaren vorkommt und gelegentlich Griechenland und Italien erreicht. Raupen und Falter sind giftig und ungenießbar und zeigen dies durch Warnfarben an. Die Giftstoffe stammen aus der Nahrung der Raupen. Manche Falter anderer Familien ahmen diese Warnzeichnung nach und schützen sich durch diese Mimikry.
Während die vorhergehenden Familien als Tagfalter bezeichnet werden, faßt man die folgenden als Nachtfalter zusammen.

Lasiocampidae – Glucken
Die Großzahl der Arten dieser Familie kommt in den Tropen vor, es gibt aber auch in Europa eine Reihe von Arten. Es sind meist große, kräftige Tiere mit schnellem Flug und überwiegend nächtlicher Lebensweise. Bei manchen Arten fliegen die Männchen jedoch bei Sonnenschein, die Weibchen dagegen nachts. Als Falter nehmen sie keine Nahrung mehr zu sich, ihre Lebensdauer ist deshalb ganz kurz. Ihre Raupen sind sehr dicht behaart, und die Haare mancher Arten können sehr unangenehme Wirkungen erzeugen. Einige leben in Gemeinschaften in großen Gespinsten und können bei häufigem Auftreten ernsthafte Schäden an Obst- und Waldbäumen verursachen. Die Puppen liegen in dicht gesponnenen Kokons, die meist Eiform aufweisen.

Saturniidae – Augenspinner
Diese Familie umfaßt sehr große Schmetterlinge, den größten Falter Europas, das Wiener Nachtpfauenauge, und in den Tropen die größten Falter der Erde. Auf den Flügeln finden sich gewöhnlich runde Augenflecken, die oft wie Fenster ohne Schuppen und durchsichtig sind. Ihre Mundgliedmaßen sind rückgebildet, und Nahrung wird deshalb nicht mehr aufgenommen. Die Raupen sind sehr groß und tragen Dornen oder spitze Haare, die meist auf Warzen sitzen. Die Puppen liegen in kräftigen, oft sehr kompliziert gebauten Kokons, die bei einigen tropischen Arten zur Gewinnung von Seide verwendet werden, die man Shantung-, Erie- oder Tussahseide nennt. Diese Seidenarten sind gröber als die des Echten Seidenspinners.

Endromidae – Birkenspinner
Eine kleine Familie, die mit nur zwei Arten in der gemäßigten Region der Alten Welt vorkommt. Unsere einzige einheimische Art kann im zeitigen Frühjahr in Gegenden mit vielen Birken beobachtet werden.

Drepanidae – Sichelflügler
Der Name der Familie ist von den sichelförmig zugespitzten Vorderflügeln abgeleitet, die viele Arten dieser Gruppe auszeichnen. Die Falter sind relativ klein und zierlich und führen eine nächtliche Lebensweise. Dadurch gleichen sie den Spannern, haben aber anders gebaute Raupen, die sich nach hinten verjüngen und deren letztes Beinpaar umgebildet ist.

Thyatiridae – Wollrückenspinner
Die Falter dieser kleinen Familie erinnern stark an die Eulenfalter. Die feinen Unterschiede liegen im Geäder und anderen Merkmalen, die europäischen Arten können aber durch ihr besonderes Zeichnungsmuster unterschieden werden.

Geometridae – Spanner
Diese zweitgrößte Schmetterlingsfamilie zeichnet sich durch breitflügelige, zierlich gebaute Falter aus. Nur wenige Arten sind kräftiger gestaltet und erinnern dann an Noctuiden, lassen sich von diesen neben anderen Merkmalen aber leicht durch die Raupen unterscheiden. Viele Arten sind eifrige Blütenbesucher und haben dazu einen gut entwickelten Saugrüssel. Manche Arten ruhen, indem sie die Flügel wie die Tagfalter über dem Rücken zusammenklappen. Den Namen Spanner oder Geometridae (von Geometer = Erdvermesser) trägt diese Familie von der eigenartigen Weise der Fortbewegung der Raupen. Bei diesen gibt es nur noch zwei Beinpaare am Hinterleib, der in einer Bewegungsphase hochgewölbt wird, so daß sein Ende das Bruststück berührt. Die Hinterbeine klammern sich nun fest, und der vordere Körperabschnitt wird nach vorn gestreckt, wonach sich der Vorgang wiederholt. Das sieht aus, als würden Spannen gemessen.

Sphingidae – Schwärmer
Schwärmer sind große, kräftige Tiere mit außerordentlich schnellem Flug. Dieser wird durch schmale Flügel ermöglicht, die sehr schnell geschlagen werden, und durch einen spindelförmigen Körper, der den Luftwiderstand verringert. Wenn sie mit ihrem langen Rüssel Nektar aus Blüten saugen, stehen sie schwirrend wie ein Hubschrauber still in der Luft. In Ruhe nehmen sie eine Haltung ein, die, unterstützt durch die schmale Flügelform, an ein Düsenflugzeug erinnert. Die großen Raupen sind leicht an dem gebogenen Horn zu erkennen, das sie am Ende des Hinterleibs tragen.

Notodontidae – Zahnspinner
Diese Familie schließt mittlere bis größere Falter ein, die oft am Hinterrand des Vorderflügels einen zahnartigen Fortsatz tragen und davon den Namen führen. Die nächtlichen Tiere nehmen keine Nahrung mehr zu sich. Besonders interessant sind die Raupen dieser Gruppe, die durch alle möglichen Sonderformen ausgezeichnet sind. Sie tragen unterschiedliche Auswüchse, haben verlängerte Vorderbeine, wie der Buchenspinner, oder eine Gabel am Hinterende anstelle des letzten Beinpaars beim Gabelschwanz. Es gibt auch einfach haarige Raupen. Sie verpuppen sich in einem Kokon.

Thaumetopoeidae – Prozessionsspinner
Die Arten dieser kleinen, aber weltweit verbreiteten Gruppe sind als Prozessionsspinner bekannt. Der Name ist von der Eigenart der Raupen abgeleitet, in langen Zügen hintereinander aus dem gemeinsamen Gespinst zur Nahrung und wieder zurückzulaufen. Sie tragen feine Haare, die sehr unangenehme Entzündungen hervorrufen, wenn sie an die Haut geraten. Die recht kleinen Falter sind sehr unscheinbar gefärbt mit grauen und braunen Zeichnungen. Sie werden von manchen Autoren zu den Notodontiden gezählt.

Lymantriidae – Trägspinner
Eine große, weltweit verbreitete Familie mit Faltern unterschiedlichster Größe. Ihnen fehlen im Gegensatz zu den Noctuiden die Mundgliedmaßen, und sie nehmen keine Nahrung mehr zu sich. Die männlichen Tiere tragen gefiederte Fühler, die weiblichen nicht immer, und wenn, dann wesentlich kürzer gefiedert. Überhaupt unterscheiden sich die beiden Geschlechter oft sehr stark, und es ist oft schwierig, die beiden Partner festzustellen. Bei Gefahr lassen sich viele Arten unbeweglich und wie tot zu Boden fallen, was ihnen vielleicht den Namen Trägspinner eingebracht hat. Ein anderer Name, Bürstenspinner, beruht auf der eigenartigen Behaarung der Raupen, die in farbigen, pinselförmigen Büscheln besteht.

Arctiidae – Bärenspinner
Eine große, meist sehr bunt gefärbte Gruppe mit weltweiter Verbreitung. Die meisten unserer Arten sind groß und bunt gefärbt, wenn auch die Gruppe der Flechtenbären einfach gefärbte und unscheinbare Arten umfaßt. Die bunte Färbung ist mehr oder weniger eine Warnfärbung, die besagt, daß die Tiere ungenießbar sind. Es ist auffallend, daß die Falter von Vögeln gemieden werden. Die Raupen sind sehr stark behaart, sie sehen wie ein Stück Bärenfell aus und haben deshalb den populären Namen erhalten.

Ctenuchidae – Scheinzygaenen
Es gibt in Europa nur zwei Arten dieser Familie, die sehr an gewisse Zygaenen-Arten erinnern, schwarzblau mit weißen Flecken und einem gelben Ring am Hinterleib. Die Falter ahmen die ungenießbaren Zygaenen nach und werden dadurch in einer Mimikry mehr oder weniger geschützt. In den Tropen gibt es zahlreiche Nachahmer von Wespen, die sich durch ihre buntschillernde Färbung hervortun. Die Gruppe wird gelegentlich als Unterfamilie der Arctiiden betrachtet.

Noctuidae – Eulenfalter
Die wohl größte Schmetterlingsfamilie ist mit Zehntausenden von Arten über die ganze Erde verbreitet und weist auch bei uns mehrere hundert auf. Meist sind sie klein bis mittelgroß, erreichen aber in der südamerikanischen Art *Thysania agrippina* CRAMER den der Flügelspannung nach größten Schmetterling überhaupt, der über 30 cm messen kann. Als Nachtflieger sind sie unscheinbar gefärbt und dadurch gut getarnt, wenn sie tags in der Vegetation ruhen. Es gibt aber auch einige sehr bunte Arten, die am Tage aktiv sind. Andere, wie die Ordensbänder, haben sehr bunte Hinterflügel, die jedoch gewöhnlich von den rindenartig gezeichneten Vorderflügeln verdeckt werden. Naht ein Feind, so werden plötzlich die Vorderflügel vorgeschlagen und die Hinterflügel sichtbar, deren bunte Farbe den Angreifer erschreckt. Das ermöglicht es dem Falter, schnell zu flüchten. Diese Art der Färbung wird Schrecktracht genannt. Die Raupen sind gewöhnlich unscheinbar und glatt, können aber auch bunt und sehr behaart sein. Unter ihnen gibt es eine Reihe von schädlichen Arten, die Kulturpflanzen zerstören, Getreide, Gemüse und Baumwolle zum Beispiel.

Hepialidae – Wurzelbohrer
Die weltweit verbreitete Familie umfaßt robuste Tiere von sehr ursprünglichem Körperbau. So sind Vorder- und Hinterflügel fast gleich gebaut und nur durch einen Lappen verbunden. Sie sind recht gute Flieger, die oft eigenartige Schwärmflüge ausführen. Die zahlreichen kleinen Eier werden im Flug ausgestreut. Die Raupen leben dann an Wurzeln oder bohren im Innern von Pflanzen.

Cossidae – Holzbohrer
Die Arten dieser Familie, die weltweit verbreitet ist, sind groß und kräftig. Auch in dieser Familie nehmen die Falter keine Nahrung mehr zu sich, da ihnen der Rüssel fehlt. Es sind nächtliche Tiere, die tags an den Stämmen ihrer Nahrungspflanzen ruhen. Ihre Raupen bohren nämlich im Holz verschiedener Bäume und Sträucher, wo sie mit ihren kräftigen Kiefern lange Gänge erzeugen. Da das Holz nur wenig Nährstoffe enthält, brauchen sie mehrere Jahre zur Entwicklung.

Zygaenidae – Bluttröpfchen
Viele der bunt gefärbten Arten dieser weltweit verbreiteten Familie sind ungenießbar und benützen ihre auffallende Färbung als Warnung für eventuelle Angreifer. Sie fliegen überwiegend am Tage, und unsere einheimischen Arten sind ausschließlich bei Sonnenschein aktiv. Die Raupen haben eine asselförmige Gestalt mit einem kleinen Kopf, der fast ganz in den Körper zurückgezogen ist. Wie die Falter sind auch die Raupen ungenießbar und zeigen ebenfalls eine Warnfärbung. Sie verpuppen sich in papierartigen Kokons, die am Boden oder an Grashalmen befestigt sind und meist eine gelbe Farbe aufweisen. Bei diesen Puppen sind die Extremitäten nicht ganz an den Körper angeklebt.

Limacodidae – Asselspinner
Obwohl diese Familie hauptsächlich tropisch und subtropisch über die ganze Erde verbreitet ist, gibt es bei uns zwei Arten, die klein und unscheinbar sind. Sie sind mit den Zygaenen verwandt, zeigen in ihrem Erscheinungsbild aber wenig Ähnlichkeit. Die Raupen sind jedoch noch mehr asselförmig, und bei manchen tropischen Arten gibt es fleischige Zapfen, die Fingern und Armen gleichen, oder harte und spitze Dornen, die, mit Giftdrüsen verbunden, üble Wunden erzeugen können. Glücklicherweise sind unsere heimischen Arten harmlos. Die Verpuppung erfolgt in oft sehr harten Kokons, die durch vorgefertigte Deckel geöffnet werden und den Falter entlassen.

Sesiidae – Glasflügler
Es gibt wohl kaum andere Schmetterlinge, die so sehr Wespen gleichen wie die Glasflügler. Fast alle Arten dieser weltweit verbreiteten Familie haben überwiegend glasig durchsichtige Flügel, die sehr schmal sind, und einen bunt geringelten Hinterleib wie viele wespenartige Insekten. Nach dem Schlüpfen sind die Flügel zunächst noch voll beschuppt, verlieren aber die meisten Schuppen nach dem ersten Flug, der sehr rasch und schwirrend erfolgt. Die Raupen leben bohrend in Wurzeln, Stengeln und Zweigen verschiedener Pflanzen, verpuppen sich auch darin, und die Falter schlüpfen schließlich durch vorgefertigte Löcher.

Pyralidae – Zünsler
Der Name dieser umfangreichen, weltweiten Familie ist von ihrer Eigenschaft abgeleitet, gerne ans Licht zu kommen. Es sind also nächtliche Tiere, die jedoch tags leicht von ihren Ruheplätzen in der Vegetation aufgescheucht werden können. Die Falter sind recht zierlich gebaut und besitzen lange Beine, können aber oft nur durch Untersuchung des Geäders von anderen kleineren Nachtfaltern unterschieden werden. Die kleinen Raupen sind unscheinbar, glatt und selten bunt gefärbt. Eine Reihe von Arten aus dieser Familie ist als übler Schädling an Kulturpflanzen und gelagerten pflanzlichen Nahrungsmitteln bekannt.

Pterophoridae – Federmotten
Die Falter dieser Familie sind unter den Kleinschmetterlingen am leichtesten zu erkennen. Ihre Flügel sind in lange Lappen gespalten, die an den Kanten lange Fransen tragen und dadurch wie Federn aussehen. Davon haben sie auch ihren populären Namen erhalten. Es gibt eine Anzahl von europäischen Arten, die jedoch schwer zu unterscheiden sind, wenn nicht besondere Untersuchungen vorgenommen werden. Es sind kleine, sehr zart gebaute Falter mit einem langsamen, flatternden Flug, der sie nur über geringere Entfernungen bringt.

Adelidae – Langhornmotten
Das bemerkenswerteste an dieser Kleinschmetterlingsfamilie sind die extrem langen Fühler, die ein Vielfaches der Flügellänge erreichen können, besonders bei den männlichen Tieren. Die Flügel der kleinen Falter sind metallisch bunt gefärbt. Sie schwärmen zu bestimmten Zeiten oft in großer Anzahl in einer Art Flug auf der Stelle, meist an Waldrändern, wo die Geschlechterfindung stattfindet. Die kleinen Raupen leben in Gehäusen, die sie mit sich herumtragen und die aus Pflanzenteilen zusammengesponnen sind.

Tineidae – Motten
Die bekannteste Art dieser Kleinschmetterlingsfamilie ist die Kleidermotte, die neben manchen anderen Arten sehr schädlich werden kann. Die Falter können oft an den abstehenden, haarähnlichen Schuppen am Kopf und der eigentümlichen Ruhehaltung erkannt werden, in der die Flügel steil angewinkelt wie ein Zeltdach dem Körper angelegt werden. Viele Arten fliegen nicht gerne, sondern flüchten eher, indem sie mit ihren langen Beinen flink davonlaufen. Die Raupen einiger Arten bauen tragbare Gehäuse aus Nahrungsteilchen oder Abfällen. Die Nahrung selbst ist oft sehr ausgefallen und reicht von tierischen Fasern wie Wolle und Seide zu getrockneten Pflanzen und Körnern, Pilzen, Algen und Flechten. Hierin liegt der Grund für ihre Schädlichkeit, da sie Vorräte und Gegenstände des Menschen zerstören.

Yponomeutidae – Gespinstmotten
Diese vielfältige Familie kleiner Falter ist weltweit verbreitet und umfaßt viele sehr bunt gefärbte Arten, die jedoch hauptsächlich in den Tropen vorkommen. Es gibt aber auch eine ganze Reihe europäischer Arten, von denen die mehr oder weniger weiß gefärbten Echten Gespinstmotten am häufigsten sind. Sie spinnen große Gewebe, in denen sie in Gemeinschaften leben, überziehen oft ganze Sträucher und Bäume damit, die sie kahlfressen, und verpuppen sich auch darin.

Oecophoridae – Palpenmotten
Auch diese Familie ist mit zahlreichen sehr unterschiedlichen Arten über die ganze Erde verbreitet, es gibt aber auch eine Menge europäischer Arten. Die Vertreter der gemäßigten Regionen sind meist unscheinbar und düster gefärbt, und ihre schmalen Flügel sind am Ende gerundet. Der Körper vieler Arten ist sehr flach gestaltet und wirkt wie zusammengepreßt. Für viele Arten ist charakteristisch, daß ihre Palpen sehr lang und nach oben gebogen sind. Eine Reihe von Raupen lebt von Abfällen, während die anderen normale Pflanzenkost bevorzugen.

Tortricidae – Wickler
Diese Familie ist eine der größten unter den Kleinschmetterlingen mit weltweiter Verbreitung, wobei aber die Mehrzahl der Arten in den gemäßigten Regionen vorkommt. Ihre Flügelform ist meist sehr charakteristisch länglich rechteckig, so daß sie in der Regel leicht zu erkennen sind. Die Gruppe ist mit mehreren hundert Arten in Europa vertreten. Den Vulgärnamen Wickler tragen sie, weil viele Raupenarten die Blätter ihrer Nahrungspflanzen zu Röhren zusammenspinnen. Viele Arten sind an Kulturpflanzen, Kräutern, Sträuchern und Bäumen schädlich und müssen bei Massenauftreten intensiv bekämpft werden.

Neben den oben angeführten Familien gibt es vor allem unter den Kleinschmetterlingen noch eine Reihe weiterer Familien, die hier nicht angeführt werden können, wie zum Beispiel Geistchen, Zwergmotten und Urmotten. Die meisten Arten dieser Gruppen sind sehr klein und erfordern schon Lupe oder Mikroskop zur Untersuchung.

Verhalten

Obwohl die Schmetterlinge zu jenen Insektengruppen gehören, die am besten untersucht sind, weiß man doch recht wenig über ihr Verhalten und über Einzelheiten aus ihrer Biologie.

Flug
Der Flug ist ein Aspekt des Verhaltens, der leicht untersucht werden kann. Bei den Tagfaltern finden wir einen weiten Bereich unterschiedlicher Flugtypen, vom schnellen Schwirrflug der Dickkopffalter zum langsam flatternden Flug des Senfweißlings und dem schnellen Flattern und Segeln des Schillerfalters und des Erdbeerbaumfalters. Bei den Nachtfaltern ist der Umfang der Flugtypen noch größer. Langhornmotten vollführen Tanzflüge auf der Stelle; Wurzelbohrer führen pendelnde Balzflüge auf, die ganz kleinen Nachtfalter schweben in der Luft wie Plankton im Wasser, und schließlich schwirren die Schwärmer wie Hubschrauber auf der Stelle vor einer Blüte. Dazwischen gibt es alle Übergänge. Die Geschwindigkeiten, die die schnellsten Schwärmer erreichen können, liegen über 50 km je Stunde.
Die Bedeutung des Flugverhaltens kann man am besten verstehen, wenn man die Tiere in ihrer natürlichen Umgebung beobachtet und ihr Verhalten sieht. Manche langsam fliegenden Arten nützen Luftströmungen aus, indem sie in den Wind hochfliegen und sich von diesem oft über längere Strecken forttragen lassen. Damit wird ihre Verbreitung gesichert. Arten, deren Weibchen verkümmerte Flügel haben und die deshalb nicht fliegen können, haben fluggewandte Männchen, und die Raupen lassen sich nicht selten an Seidenfäden durch die Luft transportieren oder laufen selbst lange Strecken.
Manche Arten, besonders unter den Motten, sind hingegen flugträge und benützen lieber ihre Beine. Durch ihr Flugvermögen gelingt es auch vielen Schmetterlingen, einem Angreifer zu entgehen.

Silbergrüner Bläuling *Lysandra coridon* in der Balz

Alle Schmetterlinge müssen erst eine recht engumgrenzte Temperatur ihres Körpers erreichen, bevor sie fliegen können. In der Regel müssen sie sich aufwärmen, und das geschieht bei den Tagfaltern durch Ausbreiten der Flügel. Wie Solarzellen nehmen die großen Flügelflächen selbst an kühlen Tagen genug Wärme aus der Sonnenstrahlung auf, um betriebsbereit zu werden. Dadurch sind sie in der Lage, auch bei bedecktem Himmel zu fliegen, da auch dann noch Wärmestrahlung vorkommt. Die Nachtfalter haben natürlich nicht den Vorteil der Sonneneinstrahlung. Sie wärmen sich auf, indem sie für einige Zeit die Flügel vibrieren lassen und damit Muskelwärme erzeugen. Umgekehrt kann es vorkommen, daß an besonders heißen Tagen die überschüssige Muskelwärme nicht mehr abgeleitet werden kann und die Körpertemperatur zu hoch wird. Dann wird der Flug eingestellt oder durch Flügelschwirren am Ruheplatz nunmehr die Temperatur gesenkt.

Balzverhalten

Wenn man Schmetterlinge beim Balzspiel genau beobachtet, wird man bald feststellen, daß hier ein ganz bestimmtes Ritual eingehalten wird. Das beginnt mit einem besonderen Flugverhalten, das schließlich am Boden endet, wo das Männchen mit bestimmten Bewegungen das Weibchen umschreitet. Während der Flugphase berühren sich oft die Flügel der Partner, oder das Weibchen berührt die Flügel des voraus fliegenden Männchens mit seinen Fühlern. Viele der männlichen Tagfalter haben auf den Flügeln Drüsenorgane, die Duftstoffe erzeugen, Pheromone genannt, die auf das Weibchen anregend wirken. Bei den Nachtfaltern muß man ähnliche Vorgänge annehmen, die jedoch schwer zu beobachten sind, da sie in der Dunkelheit der Nacht ablaufen. Der Zeitpunkt der Paarung im Leben eines Falters ist unterschiedlich und hängt von der Reife ab. Manche Weibchen paaren sich sogleich nach dem Schlüpfen aus der Puppe.
Besonders bei Nachtfaltern werden die männlichen Tiere von den Weibchen durch Duftstoffe zur Paarung angelockt. Diese Stoffe werden vom Wind verbreitet und wirken über große Entfernungen. Darin liegt der Unterschied zu den männlichen Pheromonen, die nur über geringe Entfernungen wirken. Die Konzentration dieser Duftstoffe ist so gering, daß sie der Mensch nicht wahrnehmen kann; dagegen kann er die männlichen Pheromone mancher Arten riechen, die an Früchte oder Blüten erinnern.

Territorialverhalten

Mit der Balz und der Paarung sind verschiedene Territorialverhaltensweisen der männlichen Falter verbunden, die darin bestehen, daß bestimmte, abgegrenzte Gebiete von einem Tier kontrolliert werden. Jeder Konkurrent wird aus dem Gebiet vertrieben, während die weiblichen Tiere solche Stellen zu bestimmten Tageszeiten aufsuchen. Je nach Art sind die Territorien verschieden. Segelfalter und Schwalbenschwanz finden sich auf Hügelkuppen, Schillerfalter fliegen über die Baumgipfel und umkreisen besonders gern große,

Resedafalter *Pontia daplidice* in Paarung

Rapsweißlinge *Pieris napi* an der Tränke

einzelne Eichen am Rande ihres Gebiets. Andere Arten patrouillieren längs eines Waldweges. Das Waldbrettspiel hingegen ist weniger anspruchsvoll, verteidigt aber seinen kleinen Lichtfleck am Waldboden recht heftig gegen jeden Eindringling. Man kennt sogar Luftkämpfe zwischen Faltern und Vögeln, wobei letztere offenbar als Konkurrenten gesehen werden.

Nahrungsaufnahme

Während die Nahrungsaufnahme der Tagfalter oft und bei zahlreichen Arten beobachtet wurde, ist sie von den Nachtfaltern weniger gut bekannt, da sie meist im Dunkel der Nacht stattfindet. Viele Nachtfalter werden von Gartenpflanzen angelockt und von anderen Pflanzen, die nachts ihren Blütenduft verströmen, wie Tabak (*Nicotiana*) und Geißblatt (*Lonicera*). Hier findet man sogar die großen Schwärmer, die als Wanderfalter aus dem Süden zufliegen. Tagfalter besuchen alle Blüten, die Nektar erzeugen, die Vorliebe für bestimmte Blüten ist jedoch artlich verschieden. Wie Untersuchungen gezeigt haben, können sowohl Duftstoffe als auch Farben die Schmetterlinge anlocken. Besondere Farbmale lassen sie die Nahrungsquellen besser erkennen. Es handelt sich dabei um Ultraviolett reflektierende Stellen, die der Mensch nicht sehen kann, wohl aber der Falter, und die selbst bei schwachem Nachtlicht noch für die Falter sichtbar sind. Als eifrige Blütenbesucher sind Schmetterlinge wichtige Blütenbestäuber.
Blütensäfte sind die Hauptnahrungsquelle für Schmetterlinge, aber auch andere Nahrungsquellen werden ausgenützt. Austretender Saft verletzter Baumstämme wird gern aufgenommen, wie der süße Honigtau, den die Blattläuse absondern. Überreife, faulende Früchte locken manchen Falter an, so im Herbst den Admiral und den Trauermantel. Der Totenkopfschwärmer liebt Honig und dringt gern in Bienenstöcke ein, wo er mit seinem kurzen Rüssel die Waben ansticht. Das gelingt ihm heute nur noch bei altertümlichen Anlagen, in modernen findet er kaum einen Weg. Schließlich seien noch einige unappetitliche Nahrungsquellen erwähnt, nämlich Urin und Exkremente sowie stark riechender Käse, den die Schillerfalter sehr lieben. Der Schweiß an der menschlichen Haut ist für manche Augenfalter interessant. In heißeren Gegenden werden oft feuchte Wegstellen besucht, teils um Wasser zu saugen, teils um Mineralsalze aufzunehmen. Schmetterlinge, die als Falter Nahrung aufnehmen, brauchen diese, um die Geschlechtsreife zu erlangen. So werden die Eier bei diesen erst im Lauf des Falterlebens nach und nach reif und entsprechend in Abständen gelegt. Daraus erklärt sich auch die längere Lebensdauer im Vergleich mit solchen Arten, die erwachsen keine Nahrung mehr zu sich nehmen.
Auch die Raupen haben ein weites Spektrum der Nahrungsaufnahme. Die erste Mahlzeit besteht oft in der Eischale des leeren Eis, aus dem die Raupe geschlüpft ist, während andere Arten das offensichtlich nicht tun und lediglich beim Schlüpfen ein Loch in die Schale nagen. Andere wieder fressen alle übrigen Eier, wenn sie noch nicht geschlüpft sind. Manche Arten sind bekannt für ihren Kannibalismus, der bei vielen anderen besonders in frühen Stadien der Raupenentwicklung zu finden ist. Hier ist oft Überbevölkerung und Nahrungsmangel die Ursache. Durch Verminderung der Individuenzahl wird das Überleben der übrigen gesichert. Für einige Arten, wie die Hellgelbe Ulmeneule, ist der Kannibalismus notwendiger Bestandteil der Nahrung, wobei eine Menge verschiedener anderer Raupen angegriffen werden.

Gesellschaftsverhalten

Manche Raupen, vor allem solche, die ungenießbar für Vögel sind, bilden Gesellschaften. Die Raupen der Prozessionsspinner leben in großen Gespinsten, von wo sie in oft langen Zügen zur Nahrung wandern. Andere sitzen in „Spiegeln“ dicht gedrängt auf Blättern oder Stämmen. Sie vollführen sogar gemeinsame gleichförmige Bewegungen, um Feinde abzuschrecken. Bei Nahrungsmangel machen sich manchmal große Mengen von Raupen gemeinsam auf den Weg, um neue Futterquellen zu finden. Solche Erscheinungen laufen unter dem Namen Heerwurm, sie kommen auch bei anderen Insekten vor und sind heute sehr selten.

Ruheverhalten

Verhalten und Ruheplätze der Schmetterlinge sind sehr unterschiedlich und können manchmal zur Bestimmung beitragen. So unterscheiden sich die Dickkopffalter durch ihre Flügelhaltung sehr deutlich von den anderen Tagfaltern, wenn sie ruhen. Unter den Schwärmern ist es der Pappelschwärmer, der als einziger die Hinterflügel vor die Vorderflügel schiebt, wenn er in der Vegetation sitzt. Waldportier und Waldvenus setzen sich mit geschlossenen Flügeln an Baumstämme und sind so gut getarnt, da ihre Flügelunterseite der Rinde gleicht. Der Ockerbindige Samtfalter hingegen bevorzugt es, sich auf den Boden zu setzen, wobei er sich oft schräg stellt, damit er keinen Schatten wirft.
Nachtfalter verstecken sich tagsüber in Klüften, Rindenspalten oder ähnlichem, können aber auch in der Vegetation sitzen, an Baumstämmen oder Steinen, ihrer Färbung entsprechend. Ebenso verhalten sich die Tagfalter in der Nacht. Manche Tagfalter findet man aber auch in Gruppen an Grashalmen oder an Blüten, wie Bläulinge oder Dickkopffalter.

Überwinterung

Dieser Vorgang ist bei europäischen Schmetterlingen eine interessante Erscheinung, die je nach Art in jedem Stadium des Lebenszyklus vorkommen kann. Die erwachsenen Tiere des Zitronenfalters, des Tagpfauenauges und des Kleinen Fuchses verstecken sich in hohlen Bäumen, in Mäuselöchern und auf Dachböden. Dort verbleiben sie bis zu den ersten warmen Frühlingstagen, an denen sie wieder im Freien erscheinen und als Verkünder des Frühlings begrüßt werden. Falter, die im Haus überwintern, werden oft durch die Heizung wieder munter, man sollte sie aber auf den Dachboden oder einen anderen kühlen Platz bringen, damit sie ihren Winterschlaf bis zu einer besseren Jahreszeit fortsetzen können. Auf keinen Fall sollte man sie in der warmen Stube lassen, denn das wäre der sichere Tod für sie.

Viele Raupen überwintern unbeweglich, andere suchen an milden Wintertagen etwas Nahrung. Die Faktoren, die die Überwinterung herbeiführen, sind eine unterschiedliche Kombination von Tageslänge, Temperatur und Möglichkeiten der Ernährung. Viele Schmetterlinge überwintern als Ei oder Puppe und können dadurch extreme Klimabedingungen ertragen. Viele Eier sind so programmiert, daß sie zur gleichen Zeit schlüpfen wie die Knospen der Futterpflanzen auszutreiben beginnen, wodurch die Nahrungsversorgung gesichert ist. Für die meisten Puppen gilt, daß sie überhaupt Frost erleiden müssen, bevor sie im folgenden Frühjahr schlüpfen können. Gebirgsarten überwintern oft mehrmals und auch in verschiedenen Stadien.

Wanderung

Einige unserer schönsten Schmetterlinge sind Wanderfalter, zum Beispiel der Distelfalter, der Admiral oder der Postillion. Sie sind in Südeuropa und Nordafrika beheimatet und wandern fast jedes Jahr nach Norden, wobei einzelne Falter Finnland und Island erreichen können. Selten kommt es zu einer echten Rückwanderung. Meist wird jedoch eine zweite Generation erzeugt, die im Herbst vor dem beginnenden Schlechtwetter nach Süden zurückweicht und dann auch Wanderzüge hervorbringt, die aber nicht unbedingt zum Ursprungsort der Eltern zurückkehren. In manchen Tälern und manchen Pässen der Alpen kann man diese Züge in beiden Richtungen fast regelmäßig beobachten.

Der Sinn dieser Wanderungen ist noch nicht recht klar, da verschiedene Ursachen damit verbunden sind und eine echte Rückwanderung noch nicht sicher erwiesen ist. Man nimmt an, daß es sich bei manchen Arten um Verbreitungsbewegungen handelt, wenn die Populationen zu groß geworden sind. Andere Arten wieder streifen herum, um günstigere Lebensbedingungen zu finden, wenn sie am Ursprungsort zu schlecht geworden sind, etwa wenn die Nahrungspflanzen fehlen oder das Klima ungünstig ist. Schließlich sucht jede Art, wenn es möglich ist, ihr Verbreitungsareal zu erweitern.

Zu den am besten bekannten Wanderfaltern gehören die Schwärmer, die aufgrund ihres guten Flugvermögens schnell große Strecken zurücklegen können. Der hübsche kleine Taubenschwanz erreicht fast regelmäßig die nördlicheren Teile Europas, die er aus seiner Heimat in Südeuropa und Nordafrika im Sommer erreicht. Falter aus anderen Familien sind ebenfalls als Wanderfalter bekannt, von denen wohl die Gammaeule eine der häufigsten und bekanntesten ist. Sie ist in den Mittelmeergebieten zu Hause und kommt dort das ganze Jahr über vor. Im Frühjahr und Sommer wandert sie bei günstigem Wetter nach Norden und kann dort weitere Generationen erzeugen. Ein anderer großer Wanderer ist der Punktbär, der natürlich sehr weit verbreitet ist. Man findet ihn in Afrika und im westlichen Asien. Er kommt auch im Mittelmeergebiet vor und

Oleanderschwärmer *Daphnis nerii,* ein Wanderfalter in Europa

wandert bis Mitteleuropa, fliegt aber auch weit über das Meer hinaus und wurde bis zu neunhundert Seemeilen südwestlich der Kapverden beobachtet und über vierhundert Meilen von Südamerika.

Anlockung zum Licht

Eine Verhaltensweise der Schmetterlinge, die fast allen bekannt ist, ist das Anfliegen von Lichtern im Dunkeln. Man nimmt an, daß sich Nachtfalter beim Flug in einem bestimmten Winkel zum Himmelslicht orientieren und dann in einer Spirale eine künstliche Lichtquelle anfliegen, wenn die Nacht dunkel genug ist. Die zahlreichen Lichter, die bei uns heute nachts zu finden sind, haben dazu geführt, daß die Nachtfalter nur noch in geringem Maß darauf reagieren.

Lebensräume

Eine der Eigenschaften, die die Insekten als Gruppe so erfolgreich gemacht haben, ist ihre Fähigkeit, sich einem weiten Spektrum von Umweltbedingungen anzupassen. Man sagt heute, sie haben alle ökologischen Nischen besetzt. Ihre Verbreitung erstreckt sich tatsächlich von den heißesten Tropen bis über den Polarkreis hinaus, wobei Temperatur und Luftfeuchtigkeit jeweils die Verbreitung der einzelnen Arten begrenzen. Eine weitere Rolle für die Verbreitung spielt das Vorkommen der Nahrungspflanzen. Während manche Arten viele Nahrungspflanzen annehmen und damit eine weite Verbreitung finden, sind andere mit nur wenigen Nahrungspflanzen auf sehr kleine Verbreitungsgebiete beschränkt, in denen diese Pflanzen vorkommen. Die meisten Familien der Schmetterlinge sind in den Tropen mit zahlreicheren Arten vertreten als in unserer mitteleuropäischen Fauna. So nimmt die Zahl der Tagfalter deutlich ab, wenn man von Süd- nach Nordeuropa geht. Das gleiche gilt, wenn man in den Gebirgen in größere Höhen kommt, obwohl die alpinen Matten viele Nahrungsquellen für Schmetterlinge bilden.

Parks und Gärten

Falter, die man in Parks und Gärten findet, suchen die gleichen Pflanzen wie im Freien. Der Kleine Fuchs, das Tagpfauenauge und andere Arten besuchen gerne die Blüten des Sommerflieders (*Buddleia*), der Astern und *Sedum*-Arten. Die Raupen der Kohlweißlinge werden gewöhnlich als Schädlinge betrachtet, der verwandte Zitronenfalter hingegen ist als Besucher im Frühling willkommener Gast und völlig unschädlich. Viele Nachtfalter gehören ebenso zu diesen Besuchern, zum Beispiel der Braune Bär, die Schwarze Garteneule oder die Braune Achateule. Ihre Raupen können an Gartenpflanzen leben, verursachen aber selten Schäden. Die einzigen wirklichen Schädlinge, die bei häufigem Auftreten die Gartenpflanzen zerstören können, sind die Raupen der Erdeulen. Eine imponierende Raupe findet man manchmal im Garten: die Raupe des Mittleren Weinschwärmers, die an Fuchsien lebt. Wegen ihres furchterregenden Aussehens wird sie oft bekämpft, sie ist aber völlig harmlos und ist es eher wert, weiter gezüchtet zu werden, damit man den hübschen Falter erhält. Vor allem in Stadtgärten stößt man immer wieder auf diese Raupenart. Ein anderer Schwärmer, der oft an Blüten saugend in Gärten angetroffen wird, ist der Taubenschwanz, der schwirrend über seiner Nahrungsquelle stillsteht. Es hat sich gezeigt, daß in den letzten Jahrzehnten eine eigene Stadtgartenfauna entstanden ist, was man bei dem allgemeinen Rückgang der Schmetterlinge nur begrüßen kann. So sollte man sich nicht ärgern, wenn an der Kapuzinerkresse im Balkonkasten eines Tages Raupen des Kohlweißlings vorkommen.

Kleiner Fuchs *Aglais urticae* und **C-Falter** *Polygonia c-album* an Herbstastern

Parkbäume geben einer Anzahl von Nachtfaltern Nahrung, Pappel- und Lindenschwärmer sind in solchen Lebensräumen nicht selten zu finden, und manchmal sieht man sie nachts an erleuchtete Schaufensterscheiben fliegen. Den am Tage fliegenden Schlehenspinner findet man regelmäßig in Parks und Stadtgärten, wo er mit Tagfaltern verwechselt wird. Seine hübsche, bunte Raupe tritt manchmal in kleinen Gesellschaften auf und kann durch ihre Haare, die an der Haut Entzündungen hervorrufen können, irritierend wirken. Da das Weibchen dieser Schmetterlingsart flügellos ist, muß man annehmen, daß die jungen Raupen von Vögeln oder vom Wind verschleppt werden. Wie sollte man sonst das Vorkommen in so extremen Lebensräumen wie Stadtgärten erklären? In größeren Parks und an Flußufern findet man auch die großen Ordensbänder, die sich offensichtlich wohl fühlen und in diesen Lebensräumen für Nachkommenschaft sorgen.

Felder und Hecken

Intensiv kultiviertes Agrarland ist arm an Schmetterlingen, ausgenommen einige schädliche Arten. Dagegen findet man auf Rainen und in Hecken, die noch keiner chemischen Behandlung unterzogen wurden, eine Menge von Tag- und Nachtfaltern. Das Große und das Braungeränderte Ochsenauge findet man hier zusammen mit so auffallenden Arten wie dem Aurorafalter, dem Kleinen Feuerfalter und vielen Bläulingen, Weißlingen und Dickkopffaltern, aber auch dem weitverbreiteten Kleinen Fuchs und seinen Verwandten. Nachtfalter aus den Familien der Eulen und Spanner kommen regelmäßig vor, verstecken sich aber tags dicht am Boden oder in der unteren Region der Hecken, wo sie unter Blättern Deckung finden. Blühende Luzerne- und Kleefelder werden in Europa sehr gerne von den Heufaltern besucht, die oft in großer Zahl aus Südeuropa zuwandern. Die große Weiße Federmotte findet sich oft an Plätzen, an denen Winden wachsen, Futterpflanzen der Raupen.

Hanglagen

Hanglagen auf Kalkboden bilden einen wichtigen Lebensraum für Schmetterlinge, besonders für Bläulinge wie den Silbergrünen und den Himmelblauen Bläuling, aber auch dem Damenbrett und dem Kommafalter. Man findet auch viele Nachtfalter, zum Beispiel Scheinzygaenen, Graszünsler, Braune Bunteule und Klee-Bunteule Kalksteinbrüche sind ähnlich artenreich und bilden oft schützende und sonnige Plätze. In der mediterranen Macchia, dem weitverbreiteten Buschland, leben viele Schmetterlinge, besonders auf Kalksteinböden, wo die vorherrschende und artenreiche Pflanzenwelt vielen Falterarten Lebensmöglichkeiten gibt.

Waldland

Im dichten Wald mit geringem Unterwuchs gibt es relativ wenige Schmetterlinge, auf Lichtungen und an Waldwegen dagegen findet man schon mehr, da hier das Tageslicht besser Zugang hat. Viele der Scheckenfalterarten sind an Waldland gebunden, da hier ihre Raupen an verschiedenen Veilchenarten leben. Der Kleine Eisvogel ist ebenfalls ein typisches Waldtier, dessen Raupe an den Blättern von Geißblatt lebt. Die schönsten Waldbewohner sind der Große und der Kleine Schillerfalter, deren Raupen an Weiden und Pappeln leben. Der Weiße Waldportier ist ein anderer europäischer Waldbewohner, der jedoch trockenere Gebiete bevorzugt und gerne mit geschlossenen Flügeln auf Baumstämmen ruht, wo er durch seine Zeichnung auf der Flügelunterseite gut getarnt ist. Im Gegensatz dazu sieht man den zierlichen kleinen Senfweißling langsam durch den Wald fliegen, wo die Futterpflanzen seiner Raupe, Platterbsen, wachsen. Zu den häufigsten heimischen Waldarten gehört das Waldbrettspiel, eine Art, die durch ihre hell-dunkle Fleckenzeichnung sehr gut getarnt ist, wenn sie auf dem mit Lichtflecken überstreuten Waldboden sitzt. Viele Nachtfalter finden sich im Wald, und ihre Raupen leben an Bäumen, an Sträuchern oder an den krautigen Pflanzen des Bodens. Der Mondspinner ist eine charakteristische Art, deren Raupe an vielen Pflanzen lebt, zum Beispiel an Eichen, Weiden, Linden und vielen anderen sommergrünen Bäumen, wo sie in Gesellschaften auftritt. Der sehr hübsche kleine Grüne Eichenwickler ist in Europa weit verbreitet, kann bei Massenvermehrung aber auch sehr schädlich werden, da er vor allem Eichen ganz kahl fressen kann. Manche Arten sind an ganz besondere Waldtypen gebunden, sei es, weil sie besondere Nahrungspflanzen brauchen, sei es, weil sie ein besonderes Mikroklima bevorzugen. Beispiele dafür sind der Buchen-Sichelflügler, der Buchenspinner und der Nagelfleck, die fast ausschließlich an Buchenwälder gebun-

Lichtung im Eichenwald, New Forest, England

den sind. Nadelwälder haben ihre eigene Schmetterlingsfauna, die sich wieder nach der Art der Nadelbäume unterscheidet. Zu den Bewohnern von Kiefernwäldern gehören Arten wie der Kiefernschwärmer, der Kiefernprozessionsspinner, der Kiefernspinner und der seltene und lokale spanische Isabellafalter. Nur an Fichten gibt es einige andere Spinner und Eulenfalter. Zu den Arten, die sowohl Nadel- als auch Laubbäume bewohnen, gehört die Nonne, die man deshalb in verschiedenen Waldtypen findet. Sie hat jedoch eine Vorliebe für Nadelbäume und ist früher oft in riesigen Mengen in Nadelwäldern schädlich geworden. Zu den Waldbewohnern gehören auch jene Arten, die an Heidelbeeren leben. Dazu zählen eine Reihe von Eulen- und Spannerarten. Schließlich sei noch vermerkt, daß auf Waldlichtungen eine recht kurzlebige und besondere Pflanzenwelt vorkommt, die mit dem Höherwachsen der jungen Bäume wieder verschwindet. An diesen Pflanzen gibt es eine Reihe von Schmetterlingen, deren Vorkommen ebenso wie das der Pflanzen zeitlich begrenzt ist. Dazu gehört der früher recht häufige Labkrautschwärmer, den man als Raupe oft in großen Mengen auf Weidenröschen finden konnte, einer temporären Pflanze von Lichtungen.

Obstgärten

Viele Wald- und Heckenarten findet man auch in Obstgärten, wo einige von ihnen als Schädlinge betrachtet werden. Sowohl der Große Fuchs als auch der Baumweißling sind in früheren Zeiten gelegentlich als Schädlinge aufgetreten, wurden aber in den letzten Jahrzehnten so selten, daß sie heute als Raritäten betrachtet werden. Ein anderer schöner Schmetterling, der vor allem in Südeuropa häufig Gärten besucht, ist der Segelfalter, der besonders an Pfirsichbäumen lebt und heute nördlich der Alpen selten geworden ist. Andere Obstgartenbesucher sind im Herbst vor allem die Zackenfalter, die eine besondere Vorliebe für Fallobst haben. Besonders auffallend ist der Trauermantel, der jedoch selten geworden ist. Häufiger sieht man den Admiral mit seinem leuchtenden Rot. In Südeuropa findet man oft das Große Nachtpfauenauge, dessen Raupen an verschiedenen Obstbäumen leben und das als größter Schmetterling Europas gilt. Andere häufige Nachtfalter und nicht selten Schädlinge sind der Frostspanner, der Große Frostspanner, der Ringelspinner und der Apfelwickler. Früher war auch die Kupferglucke gelegentlich in Obstgärten schädlich, findet sich dort heute aber kaum noch und lebt gewöhnlich in Hecken.

Gebirge

Hohe Berglagen scheinen für Schmetterlinge geradezu feindlich zu sein. Es gibt aber eine Reihe von Arten, die ausschließlich an das Leben im Gebirge angepaßt sind. So sind Apollofalter oft in hohen Lagen zu finden; ihre Raupen leben an den fleischigen Blättern des Mauerpfeffers (*Sedum*), der an felsigen Stellen wächst. Viele Mohrenfalter der Gattung *Erebia* sind reine Gebirgsbewohner, die große Höhen erreichen können und dort behende über Felsen und Matten fliegen, so daß man sie nur schwer erbeuten kann. Auch viele Nachtfalter sind an das Leben in großen Höhen angepaßt, obwohl man sie nicht so gut kennt wie die Tagfalter. Die alpinen Matten sind sehr blütenreich und bieten Tag- und Nachtfaltern einen reich gedeckten Tisch, wobei noch hinzugefügt werden muß, daß viele Arten dieser Höhen auch im Flachland vorkommen.

Lebensraum des **Großen Wiesenvögelchens** *Coenonympha tullia*

Heiden und Moore

Heiden und Moore bilden Lebensräume für eine Reihe sehr interessanter Schmetterlinge wie dem Kleinen Wiesenvögelchen, dem Gemeinen Bläuling, dem Nachtpfauenauge, dem Brombeerspinner, der Graseule, dem Braunen Heidekrautspanner, der Geißblattgraseule und dem Großen Wiesenvögelchen. Letztere Art lebt mehr in feuchten Mooren, in Marschen und Sumpfwiesen. Die Raupen dieser Heide- und Moorarten leben häufig an Heidekraut und scharfen Gräsern.

Bretonische Küste in Frankreich

Feuchtland

Man kann nicht immer zwischen Mooren und Feuchtland unterscheiden, und so gibt es eine Reihe von Arten, die mehr oder weniger beiden zuzurechnen sind. Als typische Feuchtlandbewohner können folgende Arten genannt werden: Skabiosen-Scheckenfalter, Randpunktierter Violettsilberfalter, Großer Feuerfalter und Kleiner Ampferfeuerfalter. Viele Nachtfalter leben ebenfalls im Feuchtland, zum Beispiel der Schönbär und die Bleiche Schilfgraseule, die zu einer Gruppe von Nachtfaltern gehört, die hauptsächlich an Riedgräsern leben. Andere Nachtfalterarten sind zwar nicht an Sumpfpflanzen gebunden, brauchen aber eine hohe Luftfeuchtigkeit, um leben zu können. Beispiele dafür sind der Einfarbige Mohrenspanner, der an feuchten Grabenrändern lebt, und bestimmte Bärenspinner, deren Raupen an Algen und Flechten in feuchter Umgebung leben. Die Raupe der Wassermotte lebt an Wasserpflanzen und ist fast rein aquatisch.

Küstenland

In Küstengebieten findet man eine Menge verschiedener Schmetterlinge und kann dort auch sehr gut Wanderfalter beobachten. Besonders an den Nord- und Ostseeküsten finden sich eine Menge interessanter Falterarten, die teils felsige Bereiche bewohnen, teils in den Dünen zu finden sind. An den Küsten des Mittelmeeres findet man ebenfalls besondere Falter, wie den Spanischen Osterluzeifalter und den Erdbeerbaumfalter.

Kulturland

Schmetterlinge besiedeln eine große Vielfalt von Lebensräumen und sind deshalb günstige Objekte für ökologische Untersuchungen. So haben sie auch die Fähigkeit, Gebiete wieder zu besiedeln, die aus verschiedenen Gründen zerstört wurden. Straßenböschungen waren lange Zeit ausgezeichnete Rückzugsgebiete für Schmetterlinge, haben aber leider durch die starke Zunahme des Verkehrs und die damit verbundene größere Abgasmenge einen großen Teil der

Schmetterlingsfauna eingebüßt. Ähnliches gilt für Eisenbahndämme, deren früher günstiges Klima für Schmetterlinge heute nicht mehr vorhanden ist, da man die Unkräuter mit chemischen Mitteln vernichtet und damit auch die Schmetterlinge. In gleicher Weise werden heute die sogenannten Unkräuter in Wiesen und Feldern vernichtet, und damit wird vielen Schmetterlingen die Lebensgrundlage entzogen. Umgekehrt bilden sich in den Gärten und Parks der Städte neue Zufluchtsstätten für Schmetterlinge, die sich an die neuen Bedingungen angepaßt haben und dort nun leben können, soweit nicht chemische Vertilgungsmittel benützt werden. Selbst Balkonkästen können Lebensraum für Schmetterlinge werden, zum Beispiel für die Raupen der Gammaeulen an verschiedenen Pflanzen und jene der Kohlweißlinge an Kapuzinerkresse. Man sollte aber auch nicht vergessen, daß manche Schmetterlinge in der menschlichen Umgebung schädlich geworden sind, indem sie die Vorräte und Gegenstände des menschlichen Haushalts befallen.

Feinde und Krankheiten

Es mag im ersten Augenblick eigenartig erscheinen, daß Schmetterlinge so viele Eier legen, die oft Hunderte und manchmal Tausende umfassen und letztlich doch nur durchschnittlich zwei Individuen ergeben, die zum Erhalt der Population notwendig sind. Betrachtet man jedoch die große Zahl von Raubfeinden, Parasiten und Krankheiten, die die Entwicklungsstadien bedrohen, so ist es beinahe verwunderlich, daß überhaupt einige davon überleben.

Krabbenspinne mit **Braunfleckigem Perlmutterfalter** *Boloria selene*

Dorngrasmücke mit Raupen des **Frostspanners** *Operophtera brumata*

Raubfeinde

Zu den bedeutendsten Feinden der Schmetterlinge gehören die Vögel, die man gelegentlich Tagfalter fangen sieht, häufiger aber mit vielen Raupen im Schnabel ihre Jungen im Nest füttern. Auch Eulen hatten zahlreiche Erdeulenraupen in ihrem Magen, als man sie untersuchte. Ein ebenso ungewöhnlicher Liebhaber von Raupen ist der Fuchs, der bei Nahrungsmangel große Mengen von am Boden lebenden Arten vertilgt, wie Mageninhaltsuntersuchungen ergeben haben. Kleinere Säugetiere wie Mäuse und Spitzmäuse fressen Raupen und Puppen regelmäßig und in großer Anzahl. Fledermäuse orten mit ihrem Ultraschallradar nächtliche Falter und fangen sie mit großem Geschick. Leider hat der Rückgang der Nachtfalter zu einem Rückgang der Fledermäuse geführt.

Viele Insekten leben räuberisch, zum Beispiel Libellen, Raubfliegen, Wespen und Käfer. Libellen und Raubfliegen sind besondere Flugkünstler und jagen ihre Beute im Flug, während Wespen und Käfer in der Regel nach Raupen suchen. Solitäre Wespen stechen ihre Beute, um sie zu betäuben und noch lebend für ihre Larven als Nahrung in die Nester einzutragen. Die großen Laufkäfer der Gattung *Carabus* und noch mehr der prächtige Puppenräuber *Calosoma sycophanta* LINNAEUS sind als wichtige Gegenspieler des Schwammspinners und der Nonne bekannt. Spinnen sind Feinde der Falter und ihrer Raupen, und nicht selten findet man einzelne Schmetterlingsflügel in einem Spinnennetz. Besonders die gut getarnten Krabbenspinnen, die in Blüten lauern, jagen gerne die blütenbesuchenden Tagfalter, und mancher regungslos sitzende Falter erweist sich als Beute dieser Spinnen, die sie aussaugen.

Parasitische Wespen

Die wichtigsten Kontrolleure der Insekten und besonders der Schmetterlinge sind parasitische Wespen und Fliegen, die jedes Jahr unzählige Millionen von Eiern, Raupen und Puppen verzehren. Die Parasiten unter den Wespen nennt man Schlupfwespen, sie gehören aber verschiedenen Familien an. Alle Schlupfwespen haben einen stachelförmigen Legebohrer von unterschiedlicher Länge, mit dem sie ihre Eier in lebende Raupen, Puppen oder sogar in Schmetterlingseier einstechen. Die in Eiern lebenden Wespen sind so klein, daß bald ein Dutzend winziger Wespen aus einem Ei schlüpfen. Schlupfwespenlarven, die sich in Raupen entwickeln, ernähren sich zunächst nur von den Speicherorganen der Raupe, so daß diese am Leben bleibt. Die Larven bohren sich dann einen Weg durch die Raupenhaut und verpuppen sich neben dem Opfer im Freien, wobei die Raupe stirbt, oder sie verpuppen sich mit dieser und verlassen erst die Puppe des Opfers, wobei diese ebenfalls stirbt. In gleicher Weise verhalten sich die Puppenparasiten. Man findet manchmal Raupen des Kohlweißlings an Hausmauern, wo sie sich zur Verpuppung festsetzen. Neben den Raupen sieht man ein Knäuel kleiner, goldgelber Kokons, die der Volksmund Raupeneier nennt. Tatsächlich handelt es sich um Schlupfwespenlarven, die die Raupe verlassen und nun ihre eigenen Kokons angefertigt haben.

Manche der sehr kleinen Schlupfwespen können die Haut des Opfers mit ihrem Legebohrer nicht mehr durchdringen und haben deshalb eine andere Methode entwickelt. Einige legen die Eier auf die Blätter der Nahrungspflanze, wo sie zusammen mit der Nahrung von den Raupen verschluckt werden. Im Körperinnern schlüpfen die Larven sehr rasch und entwickeln sich auf die schon genannte Weise, indem sie zunächst nur Speicherstoffe verzehren. Erst im Endstadium greifen sie lebenswichtige Organe der Raupe an und töten sie dadurch.

Einige besondere Schlupfwespen haben extrem lange Legebohrer, mit denen sie im Holz bohrende Insektenlarven durch starke Holzschichten anstechen können. Da dabei auch bohrende Schmetter-

lingsraupen betroffen sind, seien sie hier genannt. Man denke nur an die weit ins Holz bohrenden Raupen des Weidenbohrers oder des Blausiebs. Schlupfwespen, die so tief sitzende Raupen anstechen, haben Legebohrer, die bis über 10 cm Länge erreichen können. Bei anderen in Holz oder Wurzeln bohrenden Raupen werden die Eier der Schlupfwespen einfach in die Bohrgänge gelegt, und die kleinen Larven kriechen dann auf ihre Opfer zu.
Die so umfangreiche Parasitierung hat man sich in der biologischen Schädlingsbekämpfung zunutze gemacht. Man hat gelernt, auf künstlichen Nährsubstraten große Mengen von Raupen zu ziehen, die dann parasitiert werden. Dadurch entstehen sehr zahlreiche Schlupfwespen, die man im Freien aussetzt, wo sie einen guten Teil

Raupe des **Großen Kohlweißlings** *Pieris brassicae* mit Parasitenkokons

schädlicher Schmetterlingsraupen vernichten, ohne sonst Schaden anzurichten, eine Methode, die sehr zu begrüßen ist.

Parasitische Fliegen
Fliegenparasiten aus der Familie der Raupenfliegen (Tachinidae) sind wichtige Mitarbeiter bei der Kontrolle von Schmetterlingspopulationen. Sie befallen die Raupen wie die Schlupfwespen, haben aber keine langen Legebohrer und sind deshalb unfähig, solche Raupen zu erreichen, die in Bohrgängen oder Blattrollen wohnen. Deshalb werden die Eier auch auf die Körperoberfläche geklebt, von wo sich die Larven ins Innere einbohren. In der Regel verlassen die ausgewachsenen Larven die Raupe und verpuppen sich neben dieser. Man kann sie leicht von Schlupfwespenpuppen und Kokons unterscheiden, da sie sich in kleinen, glatten und eiförmigen Tönnchen verpuppen, deren Hülle aus der letzten erhärteten Larvenhaut besteht, die die Puppe umgibt. Dieses Puparium genannte Gebilde ist oft charakteristisch gezeichnet und ermöglicht das Bestimmen der jeweiligen Raupenfliegenart.

Milben
Eine Gruppe von Parasiten, die recht wenig bekannt ist, wird von den Milben gebildet. Rote Milben findet man oft am Körper und auf den Flügeln von Tagfaltern, besonders an Arten der Familie Augenfalter, aber auch an einigen Nachtfaltern. Dabei handelt es sich um Jugendstadien aus den Familien Erythraeidae und Trombidiidae, die als erwachsene Tiere ein räuberisches Leben führen. Sie heften sich an die Schmetterlinge, von deren Körpersäften sie sich ernähren, bis sie als ausgewachsene Tiere abfallen und offensichtlich wenig Schaden an den Schmetterlingen anrichten. Andere wenig auffallende Milben leben am Kopf unter dem zusammengerollten Rüssel oder sogar im Tympanalorgan, dem Ohr der Nachtfalter aus der Familie der Noctuidae. Wieder andere Milbenarten benützen die Falter einfach als Transportvehikel, indem sie sich an ihnen anklammern, ohne Nahrung aufzunehmen. Wie der Autor Treat in seinem interessanten Buch über Milben und Schmetterlinge schreibt, ist es oft schwierig zu unterscheiden, ob Milben nur Anhalter oder Entführer sind.

Pilze
Pilze haben ihren Platz zwischen Parasiten und Krankheitserregern (Viren und Bakterien) und sind oft wirksame Kontrolleure von Populationen. Der wichtigste Pilz, der überwinternde Schmetterlingsraupen befällt, ist eine Art der Gattung *Cordyceps.* Die Raupe wird im Boden befallen, und das Myzel des Pilzes durchdringt alle Gewebe der Raupe. Schließlich bildet es einen Fruchtkörper, der an einem langen Stiel über die Bodenoberfläche emporragt. Die eingeschrumpfte und erhärtete Raupe bildet mit dem Fruchtkörper des Pilzes einen sehr eigenartigen Anblick. Mancherorts werden diese Gebilde als „Gemüseraupen" betrachtet, und in den Gebirgen Asiens sammelt man sie als wertvolle Bestandteile von Medikamenten und mißt ihnen magische Fähigkeiten zu.

Krankheiten
Jeder, der schon einmal größere Mengen von Schmetterlingsraupen gezogen hat, wird die Erfahrung gemacht haben, daß bakterielle und viröse Infektionen katastrophale Wirkungen gehabt haben und die meisten der Raupen töteten. Befallene Raupen werden lethargisch und fressen nicht mehr, verlieren meist ihre Farbe und werden schwarz, und oft werden im letzten Stadium der Krankheit übelriechende Flüssigkeiten abgegeben. Tote Raupen verfärben sich und fallen formlos zusammen. Der am besten bekannte Erreger von Raupen ist *Bacillus thuringiensis* Berliner, der heute künstlich in großen Mengen gezüchtet wird und als biologisches Bekämpfungsmittel dient.
Viruserkrankungen spielen ebenfalls eine große Rolle bei den Schmetterlingen, finden sich bei anderen Insektengruppen jedoch selten. Die Anfangssymptome sind ähnlich wie bei den bakteriellen Erkrankungen, die Raupen verändern ihre Farbe aber kaum, erschlaffen meist und fallen von den Nahrungspflanzen, bevor sie sterben. Die Verwendung von Virusinfektionen zur biologischen Schädlingsbekämpfung wird heute ebenfalls umfassend untersucht. Meist werden Krankheiten durch Kontakt mit Ausscheidungen von befallenen Raupen übertragen. Andere werden vermutlich durch Vögel und sonstige Räuber übertragen, die befallene Raupen fressen, selbst jedoch nicht angesteckt werden, sondern nur Keime ausscheiden, die sie mit den Exkrementen verschleppen. Die meisten Keime werden durch Wind und Wasser verbreitet, brauchen aber besondere Bedingungen, um wirklich virulent zu werden, zum Beispiel Streß in Massenpopulationen.
Manche befallenen Raupen sterben nicht, werden aber geschwächt und übertragen die Keime auf die Nachkommenschaft der folgenden Generationen. Damit ist in der Regel eine kontinuierliche Überträgerkette gesichert.

Abwehrsysteme

Giftige Haare
Im Gegensatz zu anderen Insekten wie Bienen und Wespen können Schmetterlinge nicht stechen oder beißen, wehren sich aber auf andere Weise und können einem Angreifer sehr zusetzen. Die einem Stich ähnlichsten Waffen besitzen manche Raupen, besonders die des Goldafters und der Prozessionsspinner. Sie besitzen zahlreiche Haare mit Widerhaken, die mit Gift versehen sind, und jeder, der einmal damit in Berührung gekommen ist, wird sich an den sehr unangenehmen Nesselausschlag erinnern, der durch diese Haare an empfindlichen Hautstellen entstanden ist. Auch andere haarige Raupen wie die des Braunen Bärenspinners können ähnliche Wirkungen erzeugen, obwohl deren Haare nicht giftig sind. Die meisten Vögel verschmähen deshalb haarige Raupen als Beute. Eine Ausnahme davon macht der Kuckuck. Man kann auch annehmen, daß eine dichte Behaarung einen gewissen Schutz gegen parasitische Wespen und Fliegen, die ärgsten Feinde der Raupen, bildet.
Der Goldafter benützt die giftigen Raupenhaare in allen Entwicklungsstadien. Wenn sich die Raupe verpuppt, bleibt die abgestreifte Raupenhaut im Kokon und schützt die Puppe. Das geschlüpfte weibliche Tier überträgt diese Haare auf ihren „Goldafter". Wenn sie Eier legt, plaziert sie diese Haare auf das klebrige Eigelege und schließt damit den Schutzzyklus. Beide Geschlechter demonstrieren mit ihrem gelbbraunen „Goldafter", wenn sie angegriffen werden, obwohl nur das Weibchen giftige Haare trägt. Das Männchen ahmt also das Weibchen nach und genießt dadurch Schutz, ein besonderer Fall von Mimikry. In den Tropen gibt es noch weit wirksamere Giftsysteme dieser Art. Dabei werden Haare zu mächtigen Dornen umgewandelt, die innen hohl und voll Gift sind und mit ihren scharfen Spitzen wie Injektionsnadeln in die Haut eindringen können. Solche Berührungen können lebensgefährlich sein.

Übelschmeckende Arten
Viele Schmetterlinge schützen sich durch schlechten Geschmack oder durch Giftstoffe im Körper. Einige Raupenarten leben an Pflanzen, die Giftstoffe enthalten, die für diese nicht gefährlich sind, jedoch im Körper der Raupen gespeichert werden. Solche Tiere werden von Räubern nicht angegriffen. Auch hier gibt es in den Tropen die hervorragendsten Fälle, wobei ein Falter für einen Vogel schon tödlich sein kann. Die Giftstoffe werden nämlich von der Raupe über die Puppe in den Falter weitergegeben. Andere, wie die Zygaenen oder Bluttröpfchen, erzeugen ihre Giftstoffe selbst, die sogar gegen die schlimmsten Räuber wirksam sind. Die meisten schlecht schmeckenden Insekten haben ein gemeinsames Merkmal,

nämlich eine deutliche Farbzeichnung, die gewöhnlich aus roten oder gelben Streifen im Kontrast zu weiß oder schwarz besteht. Diese Warnfärbung zeigt unmittelbar an, daß hier ein ungenießbares Tier lebt. Viele ungenießbare Arten leben in Gruppen und verstärken dadurch die abschreckende Wirkung ihrer Warnfarben. Als Beispiel dafür mag die Raupe des Jakobskrautbären gelten, die leuchtend gelb und schwarz gestreift ist und in Gesellschaft an Jakobs-Kreuzkraut lebt.

Mimikry

Manche Arten, die nicht giftig sind, haben die gleichen Farbmuster wie die geschützten Arten entwickelt und genießen deshalb fast den gleichen Schutz, sie täuschen also falsche Tatsachen vor. Mimikry dieser Art ist vor allem in den Tropen verbreitet, wo es eine besonders große Vielfalt von Arten und Individuen gibt. Es ist nämlich notwendig, daß eventuelle Angreifer lernen, daß die genannten Farbmuster Ungenießbarkeit signalisieren, und das geht schneller, wenn möglichst viele Individuen vorkommen. Die in Europa interessantesten Mimikryfälle werden von den Glasflüglern und einigen Schwärmern gestellt, die sehr stark an Bienen und Wespen erinnern. Der Hornissenschwärmer gibt ein ausgezeichnetes Beispiel für ein Insekt, das ein anderes aus einer anderen Gruppe fast vollständig nachahmt. Die schmalen, glasigen Flügel zusammen mit der charakteristischen gelben und schwarzen Ringelung des Körpers lassen diesen Schmetterling einer Hornisse sehr ähnlich sehen, und nur ein Spezialist wird das Tier aus der Nähe betrachten. Es ist kein Wunder, wenn sich Nichtfachleute vor diesen Tieren fürchten.
Die Raupe des Buchenspinners gehört zu den ungewöhnlichsten europäischen Arten. Ihre vorderen Beinpaare sind extrem verlängert, und das ganze Tier sieht einer Spinne sehr ähnlich. Die jungen, noch kleinen Raupen gleichen hingegen Ameisen. Mit dieser merkwürdigen Körperform ist eine weitere Eigenschaft verbunden. Die Raupe besitzt nämlich eine Drüse, die Ameisensäure enthält, die bei Gefahr dem Angreifer entgegengespritzt wird. Die gleiche Fähigkeit hat die Raupe des Gabelschwanzes, die sich zudem sehr imponierend verhält, indem sie Vorder- und Hinterende des Körpers aufrichtet und dreht und die gabelförmig verlängerten hintersten Beine nach vorne über den Kopf wendet. Ein kleiner Drache könnte das nicht besser machen.

Schreckfärbung

Einige Schmetterlinge versuchen, Angreifer durch Schreckfärbung zu vertreiben. Das wird ausgezeichnet von den Roten Ordensbändern demonstriert, die am Tage gewöhnlich an Baumstämmen ruhen und ihre leuchtend roten Hinterflügel mit den braunen, flechtenartig gezeichneten Vorderflügeln bedecken. Wenn der Schmetterling gestört wird, zieht er die Vorderflügel nach vorn, und plötzlich werden die roten Hinterflügel sichtbar. Der Angreifer schreckt vor dieser ungewöhnlichen Erscheinung zurück, und der Falter hat Zeit, sich durch einen raschen Abflug in Sicherheit zu bringen. Die Kombination von hellen und dunklen Farben kann auch im Flug einen Angreifer verwirren. Farbmuster sind oft so angeordnet, daß man sie im Flug gut erkennen kann. Setzt sich der Falter aber zur Ruhe, so werden die auffallenden Farben verborgen, das Tier verschwindet buchstäblich in der Umgebung. In den Tropen gibt es sogar Schmetterlinge, die neben ihrer Schreckfärbung auch schnarrende Geräusche zum Abschrecken benützen. Tagfalter benützen die bunte Färbung der Oberseite ihrer Flügel als Signale für den Geschlechtspartner, die Unterseite der Flügel ist dagegen tarnfarbig. So ist die Flügeloberseite des männlichen Aurorafalters durch leuchtend orangefarbene Flügelspitzen ausgezeichnet, die Unterseite dagegen grün und weiß gefleckt und der Umgebung hervorragend angepaßt, wenn der Falter in der Vegetation ruht, wobei er die Flügel über dem Rücken zusammenschlägt.

Augenflecken

Augenflecken werden von Schmetterlingen vielfältig als Schutzeinrichtungen verwendet. Viele Arten haben sehr auffallende Augenflecken, die Vögel oder andere Angreifer verwirren oder schrecken sollen. Die Raupe des Mittleren Weinschwärmers hat auf den Seiten des Bruststücks Augenflecken, die beim ersten Blick nicht sonderlich auffallen. Wird die Raupe aber gestört, so zieht sie ihren Kopf in das Bruststück zurück, das gleichzeitig stark anschwillt und eine Art falschen Kopf mit großen Augen an den Seiten darstellt. Man hat diese Zeichnung mit einer kleinen Schlange verglichen, die einen Angreifer schon erschrecken kann. Auch hier gibt es in den Tropen noch viel hervorragendere Beispiele.
Eine andere Aufgabe der Augenflecken ist es, die Aufmerksamkeit eines Angreifers von den besonders verletzlichen Körperteilen abzulenken. Bei vielen Schmetterlingen sind die Augenflecken deshalb zum Flügelrand hin verlagert und bilden falsche Ziele für Vögel und andere kleine Tiere wie Eidechsen, die zum Beutefang nach den wichtigsten Körperteilen greifen. Man findet nicht selten Schmetterlinge, die an diesen Flügelstellen herausgebissene Löcher aufweisen, was die Tiere offensichtlich in keiner Weise behindert. Viele Zipfelfalter haben Augenflecken und kleine schwanzartige Verlängerungen an den Hinterflügeln, die in Ruhe wie ein falscher Kopf mit Augen und Fühlern aussehen. Verstärkt wird die Wirkung, indem die kleinen Verlängerungen überkreuzt werden und durch Flügelbewegungen wie normales Fühlerspiel aussehen. Dadurch werden Angreifer nicht nur zur falschen Seite abgelenkt, die Falter können auch in unerwarteter Richtung abfliegen.

Tarnung

Das bei Schmetterlingen wohl am weitesten verbreitete Verteidigungssystem ist die Tarnung. Das Grundprinzip der Tarnung ist eine so weitgehende Anpassung an die Umwelt, daß das Tier in seiner Umgebung nicht mehr zu erkennen ist. Raupen aus der Familie der Spanner (Geometridae) sehen aus wie Zweige, indem sie sowohl Farbe als auch Strukturen nachahmen, sie nehmen auch eine Körperhaltung ein, die schräg abstehend vom Stamm die Zweigähnlichkeit noch unterstreicht. Solange sie bewegungslos verharren, kann man sie kaum erkennen. Erst wenn sie laufen, erkennt man ihre Natur als Schmetterlingsraupen. Selbst kleinste Details wie Knospen oder Blattnarben werden genau wiedergegeben. Der Zwischenraum der Beine wird oft von fransenartigen Auswüchsen der Haut ausgefüllt, die Schattenbildung zwischen Raupe und Unterlage verhindern und den Übergang völlig verwischen. In gleicher Weise dienen

Aurorafalter *Anthocharis cardamines* mit orangefarbenen Flügelspitzen

Aurorafalter *Anthocharis cardamines,* ruhend

C-Falter *Polygonia c-album,* Tarnung als totes Laub

bestimmte Färbungen und Schattierungen dem Verwischen der Körperlichkeit, einer wesentlichen Grundlage der Tarnung. Die Wirkung entsteht durch Gegenfärbung, indem die dem Licht ausgesetzten Körperteile dunkler gefärbt sind als die im Schatten liegenden, besonders an der Körperunterseite. Auf diese Weise erscheint die Raupe als gleichmäßig gefärbter flacher Gegenstand. Raupen wie die des Pappelschwärmers, die mit dem Rücken nach unten an Zweigen ruhen, zeigen den Hell-Dunkel-Effekt in umgekehrter Folge, um den Gegenschatteneffekt zu erreichen.

Viele Nachtfalter haben Flügelmuster, die mit der Baumrinde der Stämme, auf denen sie ruhen, übereinstimmen. Diese Zeichnungen finden sich oft auf Vorder- und Hinterflügeln und dienen außerdem dazu, die Körperumrisse des Insektes aufzulösen. Auch Farbänderungen in der Umwelt werden berücksichtigt. Das bekannteste Beispiel ist der Birkenspanner, ein weiß gefärbter Falter, der mit dunklen Pünktchen bedeckt ist. In ländlichen Gegenden mit flechtenbewachsenen Baumstämmen ruht der Falter gut getarnt daran. In Industriegegenden dagegen verschwinden die Flechten der Baumstämme durch Rauch und Abgase, und die Stämme erscheinen nun dunkel. Hier tritt nun eine fast schwarze Form des Birkenspanners auf, die auf den dunklen Stämmen kaum zu erkennen ist. Aus der Häufigkeit der weißen oder schwarzen Formen kann man Schlüsse über den Luftzustand der jeweiligen Gegend ziehen. Daß diese als Industriemelanismus bezeichnete Erscheinung real ist, kann man daran erkennen, daß zum Beispiel in Großbritannien durch verschärfte Emissionsgesetze die Schadstoffwirkung herabgesetzt wurde, wodurch Flechten wieder besser wachsen. Damit stieg auch wieder die Zahl der weißen Birkenspinnerformen. Es gibt noch eine Reihe weiterer sogenannter Industriemelanismen (schwarze Formen), deren Ursachen aber noch nicht so ganz geklärt sind.

Viele Schmetterlinge tarnen sich, indem sie tote Gegenstände nachahmen. Die Flügelform spielt bei dieser Art von Tarnung eine große Rolle. Der C-Falter hat gezackte Flügelkanten und ruht mit herabhängenden Flügeln an einem Pflanzenstengel, so daß er einem vertrockneten Blatt gleicht. Unterstützt wird diese Erscheinung durch die bräunliche Marmorierung der Flügelunterseite. Ähnliche Färbungen findet man bei vielen Schecken- und Augenfaltern. Bei manchen tropischen Faltern kommen noch fensterartige Flecken dazu, die an Löcher in absterbenden Blättern erinnern. Das klassische Beispiel ist jedoch der indische Blattfalter, der sogar das Blattgeäder nachahmt.

Vogelmistmimikry verschiedener Art ist bei Schmetterlingen sowohl bei den Faltern als auch bei den Raupen weit verbreitet. Man findet sie bevorzugt auch bei Puppen, die auf der Blattoberseite befestigt werden. Die Vorderflügel des Weißen Glanzspinners sind mit Grau und Weiß gezeichnet und erreichen in der Ruhehaltung einen Effekt, der dem eingangs beschriebenen entspricht. Die Raupen des C-Falters und der Erleneule haben eine ähnliche Färbung und verstärken ihre Wirkung noch, indem sie sich zu einer vogelmistähnlichen Haltung einkrümmen, wenn sie ruhen. Die Raupe der Erleneule verändert ihre Färbung jedoch im letzten Stadium zu einer auffallenden Gelb-Schwarz-Streifung und trägt lange, spatelförmige Haare. Vermutlich tritt diese Umfärbung erst im letzten Raupenstadium ein, weil kleinere Raupen den Abschreckungseffekt einfach nicht erreichen können. Ähnliche Änderungen des Aussehens während der Entwicklung findet man bei den Raupen des Kleinen Nachtpfauenauges. Solange sie klein sind, ist ihre Farbe schwarz, und so können sie unentdeckt an den Stengeln von Ginster und anderen Pflanzen ruhen. Später, wenn sie größer werden, ist diese Färbung nicht mehr tarnend genug. Nun werden sie grün und schwarz und gleichen sich dadurch sehr gut ihrer Umgebung an. Raupen, die an Nadelbäumen leben, sind sich fast alle sehr ähnlich. Sie tragen Längsstreifen von meist grüner und weißer Farbe, die unter den Nadeln fast völlig verschwindet. Gute Beispiele dafür liefern Kiefernspanner und Forleule.

Kokons und andere Einrichtungen

Die Puppe ist ein sehr verletzliches Stadium im Entwicklungszyklus der Schmetterlinge, da sie faktisch unbeweglich und leicht zerstörbar ist. Zu den völlig ausgesetzten Puppen gehören einige, die ungenießbar sind und Warnfarben aufweisen wie die des Harlekin. Die meisten anderen vertrauen jedoch einer guten Tarnung. Die Puppe des Großen Kohlweißlings gehört zu jenen, die sich farblich an die Unterlage anpassen können. Man hat festgestellt, daß diese Anpassung durch Farben hervorgerufen wird, die die Raupe kurz vor der Verpuppung wahrnimmt. Viele Puppen liegen im Boden, unter Rinde oder zwischen abgestorbenem Laub und sind braun oder schwarz gefärbt. Viele Puppen werden außerdem von einem Gespinst geschützt, das sie umgibt und das man Kokon nennt. Der bekannteste und wirtschaftlich wichtige Kokon ist der des Seidenspinners *Bombyx mori* LINNAEUS, der rund 500 Meter ungeteilten Faden enthält. Andere Kokons, zum Beispiel die des Gabelschwanzes, bestehen aus Seide und Fragmenten anderer Stoffe wie Holz, so daß sie so hart sind, daß der schlüpfende Falter besondere Chemikalien benützen muß, um den Kokon aufzubrechen und einen Weg ins Freie zu bahnen. Der Kokon des Kleinen Nachtpfauenauges ist besonders kompliziert. Er ist birnenförmig mit einer vorgebildeten Öffnung zum verlängerten Ende. In dieser Öffnung sind jedoch steife, nach außen gerichtete Haare eingebaut, die wohl den Falter nach außen lassen, aber wie eine Reuse jedes Eindringen verhindern.

Einige Raupen spinnen Blätter zusammen, und andere, die in Gemeinschaften leben, erzeugen große Gemeinschaftsgespinste, die eine große Schutzwirkung haben. Seidenfäden werden von bedrohten Raupen oft als Fluchtwege benützt. Sie lassen sich an einem Faden hängend rasch von der Futterpflanze herab, geraten dabei oft in drehende Bewegungen und sind dann fast unsichtbar. Wenn die Gefahr vorüber ist, klettern sie an dem Faden wieder zur alten Nahrungsstelle empor.

Geräusche

Einen sehr unerwarteten Effekt bei einigen Verteidigungsmethoden erzeugen Geräusche. Manche Puppen können eine Art zirpender

Geräusche erzeugen, die offenbar einen verwirrenden Effekt auf Räuber haben. Den spezialisiertesten Gebrauch von Geräuschen machen jedoch Falter der Familie Bärenspinner. Die meisten der Arten sind Nachtfalter und ungenießbar, können aber keinen Gebrauch von ihrer Warnfarbe machen. Dafür erzeugen sie Geräusche im Ultraschallbereich, der für Fledermäuse, die ihre ärgsten Feinde sind, hörbar ist. Diese verbinden die Geräusche mit der Ungenießbarkeit der Falter und greifen nicht an. Andere genießbare Nachtfalter hören die Orientierungsrufe der Fledermäuse, die ja ebenfalls im Ultraschallbereich liegen und die wie Radar ausgestrahlt werden, um Beute zu orten, und können der Verfolgung einer Fledermaus ausweichen. Töne so hoher Frequenzen sind für den Menschen nicht mehr wahrnehmbar, spielen im Leben der Insekten aber eine große Rolle. Aber nicht nur Falter können solche Geräusche wahrnehmen, auch Raupen können das, da sie die hohen Töne, die das Flügelschwirren ihrer ärgsten Feinde, der Schlupfwespen, erzeugen, hören können und durch entsprechende Verhaltensweisen beantworten, zum Beispiel durch Herumschlagen mit dem Körper. Damit wollen sie verhindern, daß ein Parasit auf ihrem Körper landet und darauf Eier legt.
Zu den bemerkenswertesten Tonerzeugern gehört der Totenkopfschwärmer, der ebenfalls zirpende Geräusche hervorbringt. Diese dienen offensichtlich dazu, Bienen zu beruhigen, wenn der Falter in Bienenstöcke eindringt, um dort Honig zu stehlen. Honig ist nämlich seine Hauptnahrung. Die Töne stimmen mit dem Weiselgesang überein, den junge Bienenköniginnen erzeugen, um die anderen Bienen im Stock zu beruhigen, bevor sie aus den Zellen schlüpfen.

Flucht

Das grundlegendste Verteidigungssystem ist Flucht, wenn Gefahr droht. Viele Schmetterlinge fliegen sehr schnell und können rasch ausweichen. Andere lassen sich zu Boden fallen und schlüpfen wie Mäuse in ein Versteck, oft ein besseres Mittel gegen die Verfolgung von Vögeln. Die Raupe des Punktierten Fleckleibbärs rollt sich bei Gefahr zunächst ein zu einem Ball, nach einigen Sekunden aber flüchtet sie durch erstaunlich schnelles Weglaufen, was ihr den wissenschaftlichen Namen lubricipeda eingetragen hat, was nicht weniger als schnellfüßig bedeutet.
Widerstand gegen Krankheiten und extreme Umweltbedingungen ist von der physiologischen Anpassung abhängig, die sich wahrscheinlich sehr schnell einstellt. Hinweise darauf findet man bei zahlreichen schädlichen Arten, die im Verlauf von wenigen Jahren starke Resistenz gegen Insektizide entwickelt haben und die Pflanzenschützer vor immer neue Probleme stellen. Trotz aller dieser Verteidigungssysteme ist die Mortalität der Schmetterlinge immer sehr hoch. Als Ausgleich dafür wird eine große Anzahl von Nachkommen erzeugt, die wieder für den nötigen Ausgleich sorgen. Die Nachkommenzahl ist auch abhängig von der Fürsorge, die für sie getroffen wird. Wenn sehr viele Eier produziert werden, ist die Fürsorge gering, im entgegengesetzten Fall gibt es relativ wenig Eier, die jedoch gut geschützt sind. Schließlich entstehen in beiden Fällen ungefähr so viele erwachsene Tiere wie vorher.

Schmetterlinge als Schädlinge

Schädliche Arten leben normalerweise an wilden Pflanzen, die mit kultivierten Arten nahe verwandt sind und auf denen sie genauso gut leben können. Mit der Intensivierung der Landwirtschaft und der Einführung ausgedehnter Monokulturen einzelner Pflanzenarten, die über große Flächen vorkommen, entstehen ausgezeichnete Bedingungen für die starke Vermehrung der Schädlinge. Besonders in den Tropen und Subtropen können riesige Flächen befallen werden.

Erdeulen

Meist verursachen die Raupen der Schmetterlinge die großen Schäden, es gibt in den Tropen aber auch Falter aus der Familie der Eulenfalter, die Früchte zerstören können. Sie stechen nämlich mit ihrem besonders spitzen und harten Rüssel Löcher in die Früchte, um deren Saft aufzusaugen. In diese Wunden gelangen Fäulniskeime und zerstören die Früchte. Einige der schädlichsten Raupenarten leben am Boden an der Basis der Pflanzen und beißen sie dort durch, so daß die Pflanzen umfallen und sterben. Diese Raupenarten gehören überwiegend zu den Eulenfaltern mit typischen europäischen Vertretern wie der Saateule und der Violettschwarzen Erdeule. Ähnliche Schäden werden manchmal von den Raupen des Hopfenwurzelbohrers und des Kleinen Hopfenwurzelbohrers erzeugt, die gewöhnlich in Wurzeln bohren, auf frisch umgepflügtem Grasland, aber auch Kulturpflanzen angreifen können. Viele Eulenraupen leben auch an Wurzeln, und die Raupen der Saateule findet man regelmäßig in ausgehöhlten Wurzeln von Rüben und in Kartoffelknollen. Die Raupen der Graseule können vor allem in nördlicheren Gebieten zu einer großen Plage auf Wiesen und Weiden werden, wo sie das Gras zerstören.

Blattfresser

Die verbreitetste Form von Schäden durch Raupen entsteht durch Zerstörung von Blättern, da die meisten Schmetterlingsraupen Blattfresser sind. Der Große und der Kleine Kohlweißling sind wohl die bekanntesten Vertreter für diese Gruppe von Schädlingen, sie leben an Kohl und verwandten Pflanzen. Bei Massenvermehrung können sie in kurzer Zeit ein Kohlfeld zu einer Sammlung von Skeletten ruinieren. Solche Ausbrüche werden in der Regel von einer raschen Verminderung der Populationsgröße gefolgt, da nunmehr die Parasiten sehr zahlreich werden und die Raupen vernichten. Während man die Raupen des Großen Kohlweißlings leicht auf der Nahrungspflanze finden kann, sind die des Kleinen Kohlweißlings zunächst schwer zu erkennen, da sie im Herzstück der Kohlpflanzen verborgen sind und sich erst durch den verursachten Schaden zu er-

Großer Kohlweißling *Pieris brassicae,* Raupen an Kohlpflanzen

Eichen vom **Eichenwickler** *Tortrix viridana* entlaubt

kennen geben. Das gilt auch für die Raupen der Kohleule, die häufig an gleicher Stelle zu finden ist, aber nur selten großen Schaden anrichtet.

Forst- und Baumschädlinge

Eine wichtige Gruppe von Laubfressern bilden jene Arten, die an Waldbäumen leben und durch ihre Tätigkeit die Holzproduktion vermindern. Die Schadwirkung ist nicht immer gleich erkennbar, da sich die Bäume anscheinend wieder erholen, ihre Widerstandskraft ist jedoch herabgesetzt, und oft kommt es zu nachfolgenden Krankheiten und Pilzinfektionen. Die Raupen des Eichenwicklers können in so großen Mengen auftreten, daß ganze Wälder völlig kahlgefressen werden und aussehen, als sei ein früher Herbst über sie hingegangen. Aber ein zweiter Laubtrieb ersetzt das Fehlende, und es scheint keine bedeutenden Dauerschäden zu geben. Eine wichtige Gruppe von Laubfressern bilden die verschiedenen Frostspanner, die als Falter nur im Spätherbst oder im zeitigen Frühjahr zu finden sind. Alle drei Arten haben Raupen, die im Frühjahr schlüpfen und dann an Blatt- und Blütenknospen fressen, wodurch oft der Obstansatz stark vermindert wird. Die sehr auffallenden Raupen des Harlekin leben an schwarzen und roten Johannisbeeren und an Stachelbeeren und können besonders in Gärten manchen Schaden anrichten.

Nadelwälder können einige sehr gefährliche Schädlinge aufweisen, zu denen besonders der Kiefernprozessionsspinner zu rechnen ist. In den Kiefernwäldern des Mittelmeergebiets verursacht er ausgedehnte Schäden, und die Bekämpfer sind den nicht ungefährlichen Gifthaaren ausgesetzt. Im Norden werden die Nadelwälder von den Raupen des Kiefernspanners, des Kiefernspinners und der Nonne

Raupe der **Gemüseeule** *Lacanobia oleracea* in Tomaten

angegriffen, die zeitweise enorme Schäden verursacht haben. Das gilt ebenso für die Forleule, die in Zentraleuropa ein bekannter Schädling ist. Sie tritt neuerdings auch in Schottland als Schädling auf.

Der Schwammspinner gehört zu den laubfressenden Arten und ist besonders in etwas wärmeren Gebieten in Europa verbreitet, wo man ihn oft in Obstplantagen finden kann. Durch einen Zufall wurde diese Art in Nordamerika eingeschleppt, und sie bildet nun eine große Gefahr für die Laubwälder dieser Region. Wie so oft fehlen bei verschleppten Lebewesen die natürlichen Feinde, so daß die Vermehrung fast ungehindert erfolgen kann und zu riesigen Populationen führt.

Andere Schädlinge an Bäumen sind solche, die in Holz bohren. Die bedeutendsten davon sind jene aus der Familie der Holzbohrer. Der größte europäische Falter aus dieser Gruppe ist der Weidenbohrer, dessen riesige, nach Holzessig riechenden Raupen in Pappeln und Weiden bohren und dabei lange Gänge erzeugen, so daß die Bäume schließlich eingehen. Das kleinere Blausieb ist mancherorts häufiger und lebt hauptsächlich in Ästen, die sie so durchbohren, daß sie schließlich abbrechen. Diese Art kann Obstbäumen gefährlich werden. Die Raupen vieler Glasflügler bohren ebenfalls in Holz und können, wie der Hornissenschwärmer, lange Gänge in Pappelstämmen erzeugen. Meist brauchen die holzbohrenden Raupen mehrere Jahre zur Entwicklung, da das Holz, das sie in Sägespäne verwandeln, nur sehr wenig Nährstoffe enthält und das Wachstum deshalb sehr langsam verläuft. Vergleichbare Schäden können in krautigen Pflanzenstengeln von bohrenden Raupen hervorgerufen werden. So bohrt die Raupe der Violettroten Graswurzeleule in Kartoffeln, Tomaten und Chrysanthemen und zerstört sie. Besonders spezialisiert sind Raupenarten, die in Zwiebeln leben und diese aushöhlen. In Mitteleuropa gibt es nicht viele davon, aber im Osten kann ein Knoblauchfeld schon sehr leiden.

Frucht- und Samenfresser

Früchte und Samen von Kulturpflanzen werden ebenfalls befallen, und starke Verluste in der Produktion können auftreten. Die Blasenstirneule ist in Südeuropa und Afrika ein bekannter Schädling an Tomaten, Mais und Baumwolle. Die Raupen dieser Art sind unter vielen populären Namen bekannt und werden eifrig bekämpft. Auch viele Arten von Kleinschmetterlingsraupen sind Schädlinge von wirtschaftlicher Bedeutung wie der Olivenbraune Erbsenwickler. Seine madenartigen Raupen leben eingeschlossen in den Hülsen und zerstören dort die Erbsen. Die Raupen des Apfelwicklers, der dem Erbsenwickler verwandt ist, sind an oder besser in Äpfeln schädlich und werden intensiv bekämpft. Die jungen Raupen gelangen in die kleinen Fruchtanlagen und bohren sich schließlich erwachsen durch den Apfel ins Freie, wo sie sich an einem Faden zu Boden lassen. Der Apfel ist natürlich durch die Bohrlöcher verdorben.

Kleidermotten

Wohl der bekannteste aller Schädlinge unter den Kleinschmetterlingen ist die Kleidermotte, eine Art der Familie Echte Motten oder Tineiden. Die gewöhnliche Kleidermotte hat eine kleine, madenförmige Raupe, die sich von einem weiten Spektrum tierischer Substanzen ernährt und im Bereich des Menschen Wolle, Filz, Federn, Pelze und Seide angreift. In manchen Gegenden geht diese früher so häufige Art stark zurück, was unter anderem auf die starke Zunahme von synthetischen Fasern zurückzuführen ist, die die Raupen der Kleidermotte nicht fressen können. Sie brauchen auch eine gewisse Luftfeuchtigkeit und können in unseren Wohnungen die durch Zentralheizung erzeugte trockene Luft nicht ertragen. Ein anderer Hausschädling ist Hofmannophila pseudopretella aus der Familie der Oecophoridae. Diese kosmopolitische Art lebt an allen möglichen organischen Substanzen sowohl aus dem Pflanzen- als auch aus dem Tierreich und findet sich oft in Vogelnestern und Wespenbauten im Dachboden. Die madenförmigen Raupen leben in Abfallstoffen und können an Teppichen und Möbeln schwere Schäden erzeugen, besonders wenn die Umgebung feucht ist.

Bekämpfung

Die Methoden der Bekämpfung ändern sich laufend und entsprechen sowohl den Möglichkeiten als auch den gesellschaftlichen Erfordernissen. Der Status eines Schädlings kann sich in kurzer Zeit ändern und die Notwendigkeit einer Bekämpfung verschwinden. Früher war zum Beispiel der Baumweißling ein gefürchteter Schädling an Obstbäumen, ist aber heute so selten geworden, daß er eher unter Schutz gestellt werden müßte. Dagegen wurden andere Arten durch neue Kulturmethoden schädlich, und nicht zuletzt werden durch die modernen Transportmittel manche Arten aus anderen Kontinenten eingeschleppt und vermehren sich im Übermaß.

Der Gebrauch von **Insektiziden** wird sehr kontrovers beurteilt, und in manchen Fällen wurde auch nachgewiesen, daß der Gebrauch über längere Zeit hin mehr Schaden als Nutzen verursacht hat. Chemische Insektizide werden oft als schädlich für den Menschen betrachtet, und in den letzten Jahren wurden für ihren Gebrauch erhebliche gesetzliche Einschränkungen erlassen. Davon ist besonders das DDT betroffen, eine Substanz, die ursprünglich als harmlos betrachtet wurde. Daneben wurden noch eine Reihe weiterer Substan-

zen verboten. Bekämpfungsmittel werden heute mit amtlichen Siegeln versehen, die zeigen, daß die Mittel zumindest im gegenwärtigen Zeitpunkt verwendet werden können. Das sollte aber unbedingt nach den Anweisungen der Hersteller und mit großer Vorsicht erfolgen.
Viele Insekten sind durch den regelmäßigen Gebrauch von Insektiziden resistent geworden, und in einigen Fällen wurden sogar neue Schädlinge erzeugt, da das natürliche Gleichgewicht gestört wurde. Die Bekämpfungsmittel können aber auch nützliche Insekten wie Bienen töten und haben eine indirekte Wirkung auf Vögel und Säugetiere, die sich von ihnen ernähren. Die Wirkung von DDT auf Vogeleier ist hinreichend bekannt.
In neuerer Zeit werden **biologische Bekämpfungsmethoden** sehr erfolgreich angewandt, ohne anderes Leben im Freien ernsthaft zu gefährden. Eine sehr einfache Methode zur Förderung natürlicher Bekämpfung ist die Verbreitung von Nistkästen für insektenfressende Vögel in Baumbeständen, wodurch die Populationen deutlich vergrößert werden können. In der Landwirtschaft kann durch wechselnde Feldfrucht, Verwendung resistenter Pflanzensorten und sorgfältige Reinigung des Bodens eine an der Basis wirkende Vorsorge ermöglicht werden. Zu den mehr ausgeklügelten Methoden gehört die Anwendung von Viren und Bakterien, die aus der Luft versprüht werden und nur Insekten befallen, die Schäden verursachen. Besonders wirkungsvoll erwies sich diese Methode bei der Bekämpfung des Kiefernprozessionsspinners. Es gibt aber noch eine Reihe weiterer Beispiele dafür. Die sehr starke Wirkung von Sexuallockstoffen oder Pheromonen wurde in doppelter Weise zur Bekämpfung von schädlichen Schmetterlingen verwendet. In manchen Fällen, zum Beispiel beim Schwammspinner, wurde das Pheromon in Nordamerika verwendet, um die Männchen wegzufangen, oder es wurde in solchen Mengen freigesetzt, daß die Männchen sehr verwirrt wurden und den Geschlechtspartner nicht mehr finden konnten. In Europa verwendet man Lockstoffallen, um festzustellen, wann die Schädlinge auftreten, um dann angemessene Bekämpfungsmaßnahmen einzuleiten. So geschieht dies mit dem Olivenbraunen Erbsenwickler. Die Pheromonmethode hat sicher eine große Zukunft, da sie absolut umweltfreundlich ist und noch dazu weitgehend artspezifisch. Wenn man einmal die Chemie aller unserer Schmetterlingsarten kennt, kann man die Stoffe auch synthetisch herstellen und gezielt bestimmte Arten angehen. Glücklicherweise hat die moderne Chemie auf diesem Gebiet Methoden entwickelt, die es erlauben, selbst mit kleinsten Mengen die Zusammensetzung dieser Stoffe zu erforschen.
Gartenbesitzer verschiedenster Art können heute eine umfangreiche Reihe von Bekämpfungsmitteln benützen. Auf den relativ kleinen Arealen ist es jedoch am besten, wenn man schädliche Raupen mit der Hand einsammelt und sie in kleinen Behältern vernichtet, die mit Wasser gefüllt sind. Damit verhindert man größere Umweltbelastungen. Wenn das aber nicht möglich ist, sollte man am besten ein Insektizid verwenden, das aus Pflanzenwirkstoffen besteht und das sich relativ schnell zersetzt und keine Rückstände hinterläßt. Solche Stoffe sind jedenfalls den chemischen Bekämpfungsmitteln vorzuziehen. Man sollte auch den Garten sauber halten und Unkräuter entfernen, die als Brutstätten von Ungeziefer dienen. Andererseits wird heute die Meinung vertreten, daß gerade durch die Unkräuter Schmetterlinge gefördert werden, da sie vielfach als Nahrungspflanzen dienen, wie die Brennesseln für viele unserer Zackenfalter. Man muß hier abwägen, welche Art von Garten man pflegen will. Man muß sehen, ob die kleinklimatischen Bedingungen ausreichend sind. Brennesseln allein genügen nicht, sie müssen auch von den Faltern angenommen werden, und das beruht auf den jeweiligen Umweltbedingungen. Schließlich muß man bedenken, daß sogenannte naturbelassene Flächen eine bestimmte Mindestgröße haben müssen, damit sie überhaupt ihre Funktion ausüben können. Es könnte andererseits eine interessante Aufgabe für den Gärtner sein, in diesem Zusammenhang Beobachtungen anzustellen, um die Bedeutung solcher Faktoren festzuhalten. Die Wissenschaft weiß leider noch immer zu wenig, um in solchen Fragen ausreichende Antwort zu geben.

Schmetterlingsjagd in den Julischen Alpen in Jugoslawien

Schmetterlinge sammeln

Schmetterlinge zu sammeln ist ein seit langem eingeführtes und populäres Steckenpferd, das in neuerer Zeit stark von den Naturschützern kritisiert wird. Im siebzehnten und achtzehnten Jahrhundert wurden Schmetterlingssammler als exzentrische Menschen betrachtet und oft als Objekte kräftigen Spotts gebraucht. In der Mitte des neunzehnten Jahrhunderts begann man das Sammeln zu respektieren, und das setzte sich bis in unser Jahrhundert fort. Manchmal vergleicht man heute Schmetterlingssammeln mit dem Sammeln von Vogeleiern, das bei uns längst verboten ist. Dieser Vergleich ist jedoch nicht gültig, da Vögel eine ganz andere Populationsdynamik haben als Insekten. Man muß nur die Zahl der Eier vergleichen, um das zu erkennen. Vögel haben im Vergleich zu Insekten sehr kleine Eizahlen, die außerdem in einem Nest untergebracht sind, während ein Schmetterling seine oft viele Hunderte zählenden Eier meist über größere Flächen verteilt. Das bedeutet aber nicht, daß man bedenken- und gedankenlos sammeln soll oder kann, und man sollte sich genau überlegen, ob man größere Mengen dieser wunderschönen Tiere töten soll, um sie vielleicht als Handelsobjekt zu verwenden. Unsere Schmetterlingsfauna ist leider schon sehr dezimiert, und zudem ist es schwierig, mit Landwirten, Förstern und anderen Entwicklungsleuten zu einer geeigneten Zusammenarbeit zu kommen und Schutzprogramme zu entwickeln, wenn Insektenliebhaber noch große Mengen dieser Tiere fangen. Das gilt natürlich nicht nur für den Fang, sondern auch für die Erhaltung von Biotopen.

Sammeln mit einem Klopfschirm

Die meisten der europäischen größeren Tag- und Nachtfalter sind bei einiger Kenntnis im Feld zu bestimmen, das heißt man muß sie nicht unbedingt fangen. Es gibt aber auch Artengruppen, deren einzelne Arten ohne genaue Untersuchung nicht bestimmbar sind. Man muß sie fangen und mit einer gut bestimmten Sammlung vergleichen. Als Beispiel möge die Pyramideneule dienen, von der man annahm, daß sie als einzige Art in ganz Europa vorkommt. Neuerdings hat man jedoch festgestellt, daß zwei Arten vorkommen, deren Ursprung noch dazu sehr unterschiedlich ist. Um hier die Arten genau feststellen zu können, muß man die Tiere fangen und anatomisch untersuchen. Nur so kann man die Existenz von Svenssons Pyramideneule feststellen.
Die folgende Beschreibung von Sammelgeräten soll nicht nur dem Anlegen einer Sammlung dienen, sondern auch jenen helfen, die Insekten genauer untersuchen wollen oder sie züchten möchten.
Das einfachste **Netz** zum Schmetterlingsfang besteht aus einem Draht- oder Rohrbügel, der an einem kurzen und stabilen Schaft befestigt wird. Der Netzbeutel aus Gaze oder Tüll wird heute aus Baumwolle oder Kunstfasern erzeugt. Sammler von Tagfaltern benützen meist grüne oder anders dunkel gefärbte Netze, die am Tage

nicht so auffällig sind. Die Sammler von Nachtfaltern hingegen benützen weiße Netze, in denen sie ihre nächtliche Beute leichter erkennen können. Meist sind die Netzbügel durch Gelenke zusammenlegbar und können auf diese Weise leichter transportiert werden. Der Netzbeutel sollte konisch zulaufen, damit die gefangenen Falter nicht zu wild umherflattern können und sich dabei beschädigen. Außerdem sollte der Netzbeutel so lang sein, daß man ihn über den Bügel schlagen kann und ihn damit verschließt. Gefangene Falter können dann nicht mehr entweichen.

Die Technik des Fangs mit einem Netz braucht einige Übung und auch Kenntnis des Verhaltens der verschiedenen Falterarten, vor allem ihres Flugverhaltens. Mit leichtem, aber schnellem Schlag, der mehr über den Boden streicht, sollte der Falter ins Netz befördert werden. Dann schlägt man mit einer drehenden Bewegung den Netzbeutel über den Bügel und schließt damit den Beutel, so daß der Falter nicht mehr flüchten kann. Zu starke Schläge beschädigen den Falter, der dann weder in der Sammlung gebraucht, noch ins Freie gesetzt werden kann, da er schon zu stark beschädigt ist. Dornen und andere harte Pflanzenteile können nicht nur den Falter, sondern auch den Netzbeutel beschädigen. Erfahrene Sammler haben deshalb immer Reparaturmaterial bei sich. Will man die Falter lebend untersuchen, bringt man sie in eine durchsichtige Dose, die aber nicht dem direkten Sonnenlicht ausgesetzt werden soll, wenn man die Falter am Leben erhalten will.

Das viel stärkere **Streifnetz**, das an einem kräftigen Bügel befestigt ist und einen starken Netzbeutel besitzt, wird oft zum Sammeln von Schmetterlingsraupen benützt, indem man über den Boden oder im Gebüsch streift. Man kann damit viele Raupen sammeln, weiß aber oft nicht, an welchen Futterpflanzen die Raupen leben, wenn man sie auf diese Weise abstreift. Diese Methode eignet sich besonders in der Dämmerung und nachts, wenn viele Raupen aus dem Boden kommen und an ihren Nahrungspflanzen emporsteigen. Ein noch wirksameres Werkzeug zum Sammeln von Schmetterlingsraupen ist der **Klopfschirm.** Seine einfachste Form ist ein umgekehrter Regenschirm, den man unter einen Busch stellt und diesen mit einem Stock bearbeitet. Die durch kurze, scharfe Schläge heruntergeschleuderten Raupen landen in dem umgekehrten Regenschirm und können dort eingesammelt werden. Der Begriff Schlagen ist recht unglücklich, da er mit der Beschädigung der Pflanze verbunden werden kann. Tatsächlich werden die Pflanzen jedoch nicht zerstört, wenn man die richtige Technik anwendet. Es gibt verschiedene Formen von Klopfschirmen, die auch unterschiedlichen Aufgaben dienen, die einfachste und beste Form ist jedoch ein rechteckiges weißes Tuch, das über einen Draht- oder Rohrrahmen gezogen wird, den man einklappen kann. Auf diese Weise ist das Netz dann leicht zu transportieren. Man kann aber auch ein einfaches weißes Laken unter das Gebüsch legen und die genannte Schlagtechnik anwenden.

Eine weniger ergiebige, aber sehr lohnende Methode, um Schmetterlinge in allen Entwicklungsstadien zu finden, ist das **Suchen** an geeigneten Plätzen. Der erfahrene Sammler kennt natürlich solche Stellen, die an sonnigen, geschützten Plätzen liegen, wo die Falter gerne rasten und sich sonnen. Er wird auch nach Spuren von Raupen suchen, zum Beispiel nach Fraßstellen an Blättern und Gespinsten an den Nahrungspflanzen, etwa zusammengesponnenen Blättern. Auch Kotballen, abgestorbene Blätter und veränderte Blütenstände können Hinweise geben. Auf der Unterseite von Blättern und Zweigen kann man Eier finden, die oft in Gelegen befestigt sind. Puppen findet man oft im Boden um die Futterpflanze, und man kann sie durch vorsichtiges Graben herausholen. Für den Schmetterlingssammler ist eine gute Kenntnis der heimischen Pflanzen notwendig, da nur dadurch besonders spezialisierte Arten gefunden werden können, die mit anderen Methoden kaum nachweisbar sind.

In der Mitte des neunzehnten Jahrhunderts entdeckte der bekannte britische Schmetterlingssammler EDWARD DOUBLEDAY das Prinzip des **Köderns** von Nachtfaltern, als er bemerkte, daß die Tiere von leeren Zuckersäcken in seinem Lebensmittelgeschäft angelockt wurden. Die Technik besteht darin, daß man aus Zucker, Wein, Obstsäften und ähnlichen Stoffen ein Gemisch bereitet, das man auf Baumstämme und andere geeignete Unterlagen streicht. In der Dämmerung und nachts suchen die Nachtfalter solche Stellen auf und saugen an dem Saft. Dann ist es nicht schwer, die Falter zu fangen, die trotzdem sehr scheu sein können und sich bei ungeschickten Bewegungen fallen lassen. Die Rezepte für die Zusammensetzung der Ködermasse haben etwas Geheimnisvolles an sich, da sie selten von den Sammlern preisgegeben werden. Jeder hat seine eigene „Mixtur“ und sucht ständig, sie zu verbessern. Die Grundsubstanzen sind Rohzucker oder Melasse, die mit Bier vermischt und zu einer dickflüssigen Substanz eingekocht werden. Zusätze sind Rum, Wein und Fruchtaroma, deren Anteil jeweils erprobt werden muß. Besonders Nachtfalter aus der Familie der Eulenfalter werden von der Köderflüssigkeit angezogen, und man kann auf diese Weise nicht nur die häufigen Arten finden, sondern auch seltene Arten, die mit anderen Sammelmethoden kaum zu entdecken sind.

Daß Nachtfalter vom Licht angezogen werden, ist weithin bekannt und wurde als Fangmethode von den Sammlern seit langer Zeit angewendet. In den 40er Jahren wurde diese Methode durch eine Erfindung verbessert, die heute noch in Gebrauch ist, nämlich die Quecksilberdampflampe. Diese Lampe verbreitet Licht im ultravioletten Spektralbereich und hat eine beinahe magische Anziehungswirkung auf Nachtfalter. Die Ursache dafür ist, daß Schmetterlinge das ultraviolette Licht sehen können und sich auch danach orientieren, während dieses Licht für den Menschen unsichtbar bleibt. Die Falter unterliegen allerdings einer Fehlorientierung und kommen so an die **Lichtfalle.** Diese besteht aus einer runden Trommel, auf der oben ein konischer Trichter sitzt, in dem sich die Lichtquelle befindet, die von flügelartigen Lamellen umgeben ist. Falter, die vom Licht angezogen werden, gelangen an diese Lamellen und gleiten durch den Trichter in den zylindrischen Sammelbehälter. Im Sammelbehälter sollten zerbrochene Eierkartons oder grobe Holzwolle dafür sorgen, daß die Falter Ruheplätze finden. Sonst flattern sie nämlich die ganze Nacht umher und beschädigen sich so stark, daß sie weder für die Sammlung noch für das Weiterleben im Freien geeignet sind.

Lichtfallen sollte man am frühen Morgen untersuchen und die Exemplare, die nicht gebraucht werden, bis zum folgenden Abend, an dem man sie dann wieder ins Freie entlassen kann, in eine abgedunkelte Kiste setzen. Man muß darauf achten, daß Vögel diese verlockende Nahrungsquelle nicht finden, sonst ist am Morgen die Fangtrommel leer. Diese Art der Ernährung von Vögeln muß wohl als etwas unnatürlich betrachtet werden. Haben sie einmal eine solche Nahrungsquelle gefunden, warten sie in der Nähe, um ihr eigenes Fest zu veranstalten.

Eine bessere Methode ist es, die Lampe vor einem ausgespannten weißen Tuch aufzuhängen und die anfliegenden Falter zu registrieren oder zu fangen. Auf diese Weise erhält man Arten, die gewöhnlich nicht in die Lichtfallen gelangen. Außerdem kann man die Flugzeiten der einzelnen Arten besser beobachten, wenn man nur die Geduld hat, eine ganze Nacht am Leuchttuch zu verbringen. Viele Arten fliegen nämlich nicht direkt zum Licht, sondern setzen sich schon in einigem Abstand von der Lichtquelle in die Vegetation. Diese Arten wird man nie in einer Lichtfalle finden. Bei dieser Art des Sammelns muß man regelmäßig die Umgebung der Lichtquelle absuchen.

Hier ist auch eine Warnung am Platze. Lampen, die ultraviolettes Licht ausstrahlen, sind für das menschliche Auge gefährlich, wenn nicht Schutzbrillen getragen werden. Außerdem können diese Lampen explodieren, wenn Regentropfen darauf fallen. Ein Regenschutz ist deshalb immer angebracht. Es gibt heute eine ganze Reihe verschiedener Lampentypen wie die sogenannten Schwarzlichtlampen, die nur ultraviolettes Licht ausstrahlen, oder die kleinen superaktinischen Leuchtstoffröhren, die nur wenig Strom verbrauchen. Alle diese Lampen brauchen elektrische Energie, die man entweder aus der Steckdose mit entsprechend langen Zuleitungen gewinnen kann oder durch motorgetriebene Generatoren, die heute für den Campingtourismus hergestellt werden. In abgelegenen Gegenden kann man auch heute noch mit einer Petroleumlampe mit Glühstrumpf gute Erfolge erzielen, und selbst ein erleuchtetes Zimmer mit offenen Fenstern kann viele Nachtfalter anlocken. Die besten Nächte zum Lichtfang sind solche, in denen der Himmel bedeckt ist, die Luft warm und feucht ist und wenig Wind weht. Außerdem muß man sich den Lichtfangplatz auswählen, da viele Falter nur kurze Strecken fliegen und ihren Lebensraum deshalb kaum verlassen. In der Regel geht man deshalb dorthin, wo die Falter leben. Das setzt allerdings einige Kenntnis der Tiere voraus.

Mit der vermehrten Kenntnis der **Sexuallockstoffe** hat sich eine ganz neue Sammelmethode ergeben. Man hält ein frisches Weibchen, das meist aus einer Zucht stammt, in einem Käfig und erwartet die anfliegenden Männchen. Besonders bei den sogenannten Spinnern hat sich diese Methode sehr bewährt. Die schon an anderer Stelle erwähnte Bekämpfungsmethode beruht auf dem gleichen Prinzip. Man kann hier natürlich auch Fallen verwenden wie bei dem normalen Lichtfang.

Schmetterlingszucht

Die interessanteste Methode, Schmetterlinge zu studieren, ist die Zucht. Auf diese Weise kann man den vollständigen Lebenskreislauf einer Art beobachten und erhält dazu noch völlig einwandfreie Exemplare für die Sammlung. Viele Arten können in Gefangenschaft zur Fortpflanzung gebracht werden, was bei den Nachtfaltern relativ leicht gelingt. Tagfalter hingegen brauchen Wärme, Sonnenlicht und Nahrung, bevor sie sich fortpflanzen. Bei Nachtfaltern, die wie die sogenannten Spinner keine Nahrung aufnehmen, ist es relativ einfach, eine Eiablage zu erhalten, wenn man die Weibchen mit Zweigen der Nahrungspflanze in einen Karton steckt. Nach dem Schlüpfen der Raupen aus den Eiern muß ganz frisches Futter gereicht werden, das man dann auch erneuern muß, sobald es welk wird. Manche Raupenarten leben nur an wachsenden Pflanzenteilen, und in diesem Fall muß man sie an den Zweigen der Nahrungspflanze „ausbinden“. Das bedeutet nichts anderes, als daß

man den betreffenden Pflanzenteil mit dünnem Stoff einhüllt und diesen so gut zubindet, daß weder die Raupen entweichen noch Parasiten eindringen können.
Ganz kleine Raupen werden mit einem weichen Pinsel transportiert, wenn man sie an eine andere Stelle bringen will, zum Beispiel beim Wechsel der Nahrung. Besonders wichtig ist, daß Abfälle und Kotballen regelmäßig und vollständig entfernt werden, da man dadurch Infektionskrankheiten vermeiden kann. Sauberkeit, frisches Futter und möglichst kleiner Besatz sind die Grundvoraussetzungen für ein gutes Gelingen der Zucht.
Wenn die Raupen heranwachsen, bringt man sie mit Ausnahme der allerkleinsten in Zuchtkäfige, deren Wände zum größeren Teil aus Drahtgaze bestehen. Man kann sie aber auch in weithalsigen Gläsern halten, die mit einem dünnen Stoff zugebunden sind. Wichtig ist, daß eine ausreichende Luftzirkulation möglich ist. Die Futterpflanzen werden am besten eingetopft, wenn das aber nicht möglich ist, stellt man sie in ein kleines Gefäß mit Wasser, dessen Öffnung mit Watte verstopft wird, um zu verhindern, daß Raupen hineinkriechen und ertrinken.
Wohl das gefährlichste Problem bei der Zucht ist Erkrankung der Raupen. Stellt man irgendwelche Symptome fest, was leider meist zu spät erfolgt, müssen die kranken Tiere sofort isoliert und die benützten Behälter gründlich gereinigt werden. In der Regel sterben befallene Tiere, der Rest kann aber gerettet werden, wenn man frisches Futter reicht, Temperaturschwankungen vermeidet und keine zu große Feuchtigkeit aufkommen läßt. Der Besatz ist, wie schon erwähnt, möglichst klein zu halten. Parasitierte Exemplare sind nicht zu retten, man sollte aber die schlüpfenden Parasiten, Schlupfwespen und Fliegen, sammeln und mit den nötigen Daten versehen, das heißt mit Fundort, Datum und Wirtsart. Solche Fakten fördern die Kenntnis der Biologie der einzelnen Schmetterlingsarten. Der Züchter sollte sich auch über Lebensweisen der einzelnen Arten informieren, um die bevorzugten Nahrungspflanzen kennenzulernen, Methoden der Zucht zu erfahren, Ort und Weise der Verpuppung zu kennen und sonstige besondere Lebensgewohnheiten festzustellen. Es ist vielleicht am einfachsten, wenn man im Frühjahr mit der Raupenzucht beginnt. Diese Tiere wachsen ohne Unterbrechung und liefern im Sommer die Falter. Raupen, die man im Sommer oder Herbst findet, überwintern entweder als Raupe oder Puppe und liefern die Falter erst im folgenden Jahr. Solche Arten sind schwieriger zu behandeln. Überwinternde Raupen und Puppen gibt man in einen Behälter, der mit Moos oder Torf gefüllt wird und den man mäßig feucht hält. Den Behälter bringt man an einen kühlen Platz oder an eine geschützte Stelle im Freien, denn Frost macht unseren einheimischen Arten nichts aus, sondern ist für die weitere Entwicklung sogar notwendig.
Das Angebot eines geeigneten Verpuppungsplatzes ist sehr wichtig, variiert aber von Art zu Art. Manche brauchen einen Zweig, andere kriechen in den Boden und bauen kleine Erdhöhlen. Vor dem Schlüpfen der Falter sollte man die Puppen in einen Behälter geben, in den man Zweige gibt, an denen die Falter emporklettern können, damit sie in geeigneter Lage ihre Flügel entfalten. Auch Streifen von rauhem Papier erfüllen den gleichen Zweck. Bei diesem Vorgang, der insgesamt etwa eine Stunde dauert, sollte man die Falter auf keinen Fall stören. Die Flügel könnten sonst verkrüppelt bleiben. (An dieser Stelle sei auf das Buch von FRIEDRICH, „Handbuch der Schmetterlingszucht" hingewiesen.)

Die Schmetterlingssammlung

Schmetterlinge, die für eine Sammlung benötigt werden, muß man zunächst töten. Dieser Vorgang sollte, wenn er nötig ist, möglichst rasch erfolgen, damit sich das Exemplar nicht selbst beschädigt. Gewöhnlich benützt man Behälter, die mit Zyankali gefüllt sind, das in Gips eingegossen ist. Heute verwendet man auch einige weniger gefährliche Mittel wie Essigäther (Aethylazetat), eine flüchtige Substanz, die man in einem getränkten Wattebausch in den Behälter gibt. Der Dampf dieser Flüssigkeit tötet ein Insekt nach etwa 20 Minuten. Andere geeignete Stoffe sind zum Beispiel Tetrachlorkohlenstoff. In allen Fällen sollte man immer große Vorsicht üben, da es sich um gefährliche Gifte handelt.
Wenn ein Schmetterling getötet worden ist, muß er aufgespannt werden. Gleich nach dem Töten sind die Muskeln des Tieres sehr starr, man wartet deshalb einige Stunden, bis sich die Starre auflöst, muß aber Sorge tragen, daß das Tier nicht austrocknet. Dafür verwendet man einen Behälter, der mit Watte, Sand oder Torf ausgekleidet ist und feucht gehalten wird. Um Schimmelbildung zu vermeiden, gibt man einige Kristalle von Thymol oder andere konservierende Stoffe in die sogenannte „Weichdose". Um den direkten Kontakt mit der feuchten Unterlage zu vermeiden, legt man ein Gitter aus verzinktem Draht in den Behälter und erst darauf den Schmetterling. Auf die gleiche Weise weicht man alte, schon trockene Exemplare auf, die allerdings mindestens zwölf Stunden in der Weichdose liegen müssen. Hier muß jeder Sammler selbst Erfahrungen machen.
Das weiche Exemplar kann nun genadelt und gespannt werden. Die besten Insektennadeln bestehen aus rostfreiem Stahl und werden in verschiedenen Stärken hergestellt, haben aber immer die gleiche standardisierte Länge. Die Nadel geeigneter Stärke sticht man durch die Mitte des Bruststücks (Thorax), so daß etwa ein Drittel über dem Falter hervorragt. Zum Spannen wird ein Spannbrett verwendet, das in der Mitte eine Rinne hat, die mit Kork oder einem anderen weichen Material ausgelegt ist. Dahinein sticht man nun die Nadel, während die Flügel auf den seitlichen Bretteilen ausgebreitet werden. Mit einer steifen Nadel werden nun die Flügel in die richtige Position gebracht, indem man an der Flügelbasis in die kräftigen Adern sticht und den Flügel bewegt. Streifen aus durchsichtigem Papier werden über die Flügel gelegt und in der richtigen Position mit Stecknadeln am Spannbrett befestigt. Dann läßt man das Tier mehrere Wochen trocknen und nimmt es dann von dem Spannbrett ab. Die korrekte Lage der Flügel kann unschwer aus den beigefügten Bildern entnommen werden. Daraus sieht man auch, daß Fühler und Hinterleib (Abdomen) in eine bestimmte Lage gebracht werden müssen. Das geschieht ebenfalls mit der Spannadel, und die Körperteile werden mit Nadeln fixiert. Spannbretter mit Faltern sollten an einem dunklen und trockenen Ort aufbewahrt werden, der auch vor Ungeziefer geschützt werden kann.
Jedes Exemplar einer Sammlung sollte einen Fundortzettel tragen, der an der Nadel befestigt wird und Angaben über Fundort und Datum enthalten soll. Dazu können Angaben über den Biotop, die Nahrungspflanze und den Sammler beigefügt werden. Auch geographische, an Karten orientierte Angaben sind sehr nützlich. Außerdem sollte jeder Sammler und Züchter ein Tagebuch führen, das über seine Tätigkeit Auskunft gibt und die Einzelheiten einer Zucht beschreibt. Solche Sammelnotizen sind besonders interessant und notwendig, wenn es sich um Sammlerreisen in entferntere Länder handelt. In solch einem Fall sind biologische und meteorologische Notizen besonders wichtig.
Gewöhnlich bewahrt man Insekten in den üblichen Insektenkästen auf, die aus Holz gefertigt werden, mit einer weichen Steckunterlage versehen sind und einen Deckel mit Glas tragen, der ganz dicht befestigt werden muß. Der Grund dafür ist, daß Sammlungen oft von Schadinsekten befallen werden, vor allem von Käfern der Gattung Anthrenus, die gewöhnlich als Museumskäfer bezeichnet werden. Ihre haarigen Larven können in kurzer Zeit eine Sammlung völlig zerstören. Andere Schädlinge sind Speckkäfer, Silberfischchen und Kleidermotten. Falls die Kästen nicht ganz dicht sind, muß man sie desinfizieren. Dazu gibt man Kristalle von Paradichlorbenzol oder Naphthalin in die Kästen, die man dann aber möglichst nicht in ei-

Lebensraum von *Thymelicus acteon* in Dorset, England

Unbearbeitete Wiesen, Lebensraum vieler Schmetterlinge

nem Wohn- oder Schlafzimmer aufbewahren sollte. Die Dämpfe dieser Substanzen sind nämlich nicht ganz harmlos. Schäden erkennt man übrigens daran, daß unter den Faltern Staubflecken entstehen. Da die kristallinen Substanzen verdampfen, muß man die Behandlung in regelmäßigen Abständen wiederholen. Ein anderer Schadfaktor ist Tageslicht. Dieses bleicht viele Farben der Schmetterlinge, und Exemplare, die einige Zeit bei Tageslicht aufbewahrt wurden, verlieren einen großen Teil ihrer Farben und sehen dann ganz blaß aus. Wertvolle Schmetterlingssammlungen werden deshalb leider im Dunkeln aufbewahrt, und Interessenten, die große Museen besuchen, müssen damit vorlieb nehmen, daß man ihnen nur gewünschte Exemplare zeigt. In den vergangenen Jahren hat man auch DDT und Lindan zum Desinfizieren verwendet, Kontaktgifte, die auch für den Menschen schädlich sein können. Die beste Methode, solche Praktiken zu vermeiden, ist die Verwendung von guten, einwandfrei schließenden Insektenkästen, die man nicht vergiften muß. Außerdem ist es wichtig, daß man keine befallenen Exemplare in die Sammlungskästen einschleppt.
Heute sammeln viele Entomologen mit der Kamera, und das verbreitet sich immer mehr mit der Technik der Kleinbildspiegelreflexapparate. Es ist nicht immer leicht, lebende Insekten zu fotografieren, man lernt aber viel über das Verhalten der Tiere dabei. Fotos dieser Art sind immer lebendiger als Reihen toter, gespannter Exemplare. Beobachter mit künstlerischer Begabung zeichnen oder malen Schmetterlinge und ihre Entwicklungsstadien. Von den Verhaltensweisen selbst der gewöhnlichsten einheimischen Schmetterlingsarten weiß man relativ wenig, so daß jede Art von Beobachtung, ob Nahrungsaufnahme, Balz oder anderes, registriert werden sollte. Publikationen dieser Art sind immer willkommen und jedem Sammler möglich. Manche Sammler wirken isoliert im Verborgenen, andere jedoch möchten ihre Erfahrungen austauschen und treten einer Vereinigung bei, die lokal, national oder international verbreitet sein kann. In vielen Ländern werden heute Verbreitungskarten der einzelnen Arten erarbeitet, und jeder Beitrag ist willkommen, da er letztlich den modernen Naturschutzgedanken dient. Diese Vorstellungen schließen mit ein, daß Falter und ihre Lebensräume geschützt werden und so für zukünftige Generationen des Menschen erhalten bleiben. Als Anzeiger für Lebensqualität sind Schmetterlinge in diesem Zusammenhang von großer Bedeutung.

Naturschutz

Es ist nicht möglich, eine bestimmte Schmetterlingsart isoliert zu schützen, da jede Art Bestandteil eines komplexen Systems von Pflanzen und Tieren ist. Es ist vielmehr wichtig, die Lebensräume zu schützen, in denen Tiere und Pflanzen, Insekten, Vögel und Säugetiere sowie alle anderen Lebewesen zusammenleben. Andererseits muß man es als gefährliches Anzeichen betrachten, wenn bestimmte Arten seltener werden oder ganz verschwinden. Das bedeutet nämlich, daß die Lebensqualität abnimmt.

Nadelbaumplantagen

Manche Leute glauben, daß Naturschutz nicht notwendig ist und weisen auf die großen offenen Flächen hin, die es auf dem Land und in den Wäldern noch gibt. Sie fragen, ob es so wichtig ist, wenn einzelne Arten verschwinden und wenn wir der landwirtschaftlichen Entwicklung im Wege stehen oder Bauprojekte verhindern, zum

Beispiel Siedlungen oder Straßen. In unserer Zeit, in der die Zahl der Weltbevölkerung ständig zunimmt, besteht die Gefahr, daß es bald keine unberührte Natur mehr gibt und daß immer mehr Arten von Lebewesen verschwinden. Leider können wir uns der Entwicklung und dem Fortschritt nicht in den Weg stellen. Es bleibt die Hoffnung, daß die Natur durch ihre Fähigkeit, sich selbst zu regulieren, auch hier regulierend wirkt. Das Grundprinzip dieser Fragestellung ist nicht, ob man einzelne Arten erhalten soll, sondern ob man, wie vorhin schon erwähnt, Schlüsse auf die Qualität unseres Lebens ziehen kann.

Es gibt heute nicht mehr so viele Schmetterlinge wie vor einigen Jahrzehnten, und es ist wichtig, daß man herausfindet, warum das so ist. Große landwirtschaftliche Flächen wurden durch die modernen Methoden der Agrikultur verändert oder zerstört. Feuchtland wird durch Entwässerung verändert, und dies hat zum Beispiel dazu geführt, daß in Britannien der Große Feuerfalter verschwunden ist. Andere Populationen dieser Art sind im ganzen Bereich von Europa sehr stark gefährdet. Vielfach werden heute Hecken zerstört und mit Drahtzäunen ersetzt. Auf diese Weise sind viele Lebensräume von Insekten verlorengegangen. Dazu kommt noch, daß Insekten- und Pflanzengifte verwendet werden, die die überlebenden Tiere angreifen. So hat man die früher so vielfältigen Straßenböschungen und Eisenbahndämme heute weitgehend in sterile Landschaften verwandelt. Es kommt noch dazu, daß Pflanzengifte, die auf landwirtschaftlichen Flächen verwendet werden, durch Wind und Wasser verfrachtet werden und in nahegelegene Gebiete gelangen, wo sie die Populationen von Schmetterlingen beeinflussen können.

Durch die Verwendung von Düngemitteln in der Landwirtschaft werden viele Nahrungspflanzen der Schmetterlinge beeinflußt. Die meisten Schmetterlingsarten leben nämlich an bestimmten Kräutern, die keine Düngemittel vertragen. Mit der Verwendung solcher Mittel werden die Kräuter verdrängt, und damit verschwinden auch die Schmetterlinge. Das ist der Grund, warum die Schmetterlingsfauna unserer Wiesen und Felder so arm geworden ist. Jeder Eingriff in die Natur, die der Mensch vornimmt, hat schwerwiegende Folgen. Ein ganz bezeichnendes Beispiel dieser Art wurde in den letzten Jahren in England festgestellt. Dort hat man zur Bekämpfung der Kaninchen die *Myxomatosis* eingeführt, die diese Tierart stark reduziert hat. Als Folge nahm der Zuwachs von Sträuchern stark zu, da der Verbiß nun geringer war. Der Schwarzgefleckte Bläuling starb in relativ kurzer Zeit aus, denn seine Lebensweise ist an bestimmte Ameisen gebunden, die nur in offenem Grasland leben können und mit dem Aufkommen von Sträuchern verschwinden.

Durch die Zunahme großer Monokulturen in Form von Nadelbäumen wurde der Bestand jener Schmetterlinge gefährdet, die an Mischwald und Laubhölzer gebunden sind. Heute hat die Forstwirtschaft glücklicherweise erkannt, daß Mischwälder besser gedeihen als Monokulturen und damit den Bestand einer natürlichen Schmetterlingsfauna ermöglichen. Unterstützt wurde diese Erkenntnis durch die Tatsache, daß in den Nadelwaldmonokulturen bestimmte Schädlinge aufkamen, die wie die Nonne große Flächen zerstörten. Aufforstungen von Heideflächen und Almen gefährden in gleicher Weise ganz besondere Lebensgemeinschaften.

Heute spielt die Luftverschmutzung eine große Rolle, denn sie reicht über große Entfernungen hinweg. Sowohl die Emissionen der Industrie als auch die der privaten Haushalte und nicht zuletzt des Verkehrs werden durch Wind und Wetter über große Strecken verlagert und gelangen als gefährlicher Niederschlag wieder zu Boden. Der heute berüchtigte saure Regen gehört zu diesen üblen Erscheinungen. Meist übersehen werden die Autoabgase, deren Wirkung an den Straßenböschungen leicht erkannt werden können. Wenn man heute die Natur schützen will, genügt es nicht, auf das Auto einen Aufkleber mit „Atomenergie – nein danke" zu kleben; nimmt man nämlich die Natur wirklich ernst, so muß man das Autofahren aufgeben. Welche Wirkung die Abgase sonst noch haben, ist in den Arbeiten von KETTLEWELL über den Industriemelanismus zu erfahren.

In vielen Gebieten Europas hat die Entwicklung von Siedlungsgebieten große Flächen bestimmter Lebensräume vernichtet, oft in völlig unnötiger Weise. Hierher gehören auch Entwicklungsprojekte des Tourismus, die besonders an Küsten und im Gebirge wirksam wurden. Große Flächen wurden zum Beispiel in den Bergen abgehobelt, um Skipisten zu erzeugen. Andererseits sollte hier einmal hervorgehoben werden, daß der Bau von Autobahnen nicht unbedingt schädlich ist. Solche Straßen entlasten normale Landstraßen mit deren Fauna am Straßenrand und vermindern letztlich die Emission von Abgasen, da der Verkehrsfluß gefördert wird, wenn man den Verkehr schon nicht einschränken kann.

Oft wird behauptet, daß Schmetterlingssammler für den Rückgang der Schmetterlingsfauna verantwortlich sind, wie man in gelegentlichen Pressemitteilungen erfahren kann. Tatsächlich sind die wenigsten Schmetterlingsarten durch Sammler gefährdet, es sei denn, daß ihre Populationen schon auf die Größe des Aussterbens geschrumpft sind. Es sei allerdings nicht verschwiegen, daß in einzelnen besonderen Fällen Sammler kleine Populationen ausgerottet haben. Dazu kommt, daß in den letzten Jahren das Geschäft des Schmetterlingshandels immer mehr zugenommen hat. Zahlreiche Insektenbörsen ermuntern diesen Handel und machen das ernsthafte Sammeln von Insekten suspekt. Es bleibt zu hoffen, daß auch hier die menschliche Vernunft wieder zum Tragen kommt.

Es gibt eine ganze Reihe von Gesellschaften, Vereinen und Arbeitsgemeinschaften, die sich mit Insektensammeln beschäftigen. Alle haben in ihren Satzungen die Verpflichtung, die Natur zu schützen und zu bewahren. Dazu kommt, daß in vielen internationalen Vereinbarungen der Naturschutzgedanke verankert ist. Programme zur Erfassung der Fauna in Verbreitungskarten werden in vielen Ländern gefördert. Da diese meist zeitlich gegliedert sind, kann man die Veränderungen der letzten fünfzig Jahre ganz gut daraus ablesen. Es ist zu wünschen, daß mehr Mittel für solche Untersuchungen bereitgestellt werden.

In den meisten europäischen Ländern gibt es heute Naturschutzgesetze und Verordnungen, die sich mit dem Schutz der Schmetterlinge beschäftigen, ihre Lebensräume schützen und das Sammeln einzelner Arten verhindern. Diese Art der Schutzmaßnahmen ist jedoch sehr fragwürdig, wenn nicht die Lebensräume in größerem Umfang geschützt werden. Die Einrichtung von Naturschutzgebieten ist eine Möglichkeit, diese Forderung zu erfüllen. Neben diesen gesetzgeberischen Maßnahmen müssen die Menschen unserer Zeit lernen, daß die Natur nicht unbeschränkt ausgenützt werden kann, da für zukünftige Zeiten Reserven vorhanden sein müssen, die letztlich unseren Nachkommen zugute kommen. Das Vorkommen von Schmetterlingen ist deshalb nicht nur eine Frage von Ästhetik, sondern einfach ein Anzeiger für den Zustand unserer Natur.

Die wichtigste Grundlage für einen wirksamen Naturschutz ist eine wirksame Erhaltung ausreichend großer Lebensräume. Das kann schon damit beginnen, daß man im eigenen Garten bestimmte Pflanzen setzt oder einfach wachsen läßt. In der folgenden Liste werden Pflanzen genannt, die als Nahrungspflanzen für Tag- und Nachtfalter dienen können. Der Landwirt wird aufgefordert, nicht jeden Quadratmeter seines Besitzes umzupflügen und zu düngen, sondern wie in früheren Zeiten kleine Zellen unberührt zu lassen und damit unserer natürlichen Tierwelt eine Überlebenschance zu geben. Der Sammler selbst sollte sich so verhalten, daß er sich keiner Kritik aussetzen muß.

Literatur

CARTER, D. J., B. HARGREAVES: Raupen und Schmetterlinge Europas und ihre Futterpflanzen, Hamburg und Berlin 1987

DANESCH, O., W. DIERL: Schmetterlinge. Tagfalter und Nachtfalter. Stuttgart 1965 und 1968

EIDMANN, H., T. KÜHLHORN: Lehrbuch der Entomologie. Hamburg und Berlin 1970

FORSTER, W., TH. A. WOHLFAHRT: Die Schmetterlinge Mitteleuropas. Bd. 1–5. Kosmos-Verlag, Stuttgart 1955–1971

HARZ, K., W. ZEPF: Schmetterlinge. München 1973

HERING, M.: Biologie der Schmetterlinge. Berlin 1926

HERING, M.: Lepidopterologisches Wörterbuch. Stuttgart 1940

HIGGINS, L. G., N. D. RILLEY: Tagfalter Europas und Nordwestafrikas. Hamburg und Berlin 1971

KALTENBACH, T., P. V. KÜPPERS: Kleinschmetterlinge. Melsungen 1987

MERZ, E., H. PFLETSCHINGER: Die Raupen unserer Schmetterlinge. Kosmos-Verlag, Stuttgart 1982

NOVAK, I., F. SEVERA: Der Kosmos-Schmetterlingsführer. Kosmos-Verlag, Stuttgart 1981

WEBER, H.: Lehrbuch der Entomologie. Stuttgart 1968

WEIDEMANN, H.-J.: Tagfalter. Bd. 1 und 2. Melsungen 1986/1988

ZAHRADNIK, J.: Der Kosmos-Insektenführer. Kosmos-Verlag, Stuttgart 1989

Daneben gibt es eine Reihe nationaler und internationaler Zeitschriften, die sich mit Schmetterlingskunde beschäftigen (z. B. „Entomologische Zeitschrift" mit Beilage „Insektenbörse", Alfred Kernen-Verlag, Essen). Diese kann man in den Bibliotheken der großen Museen oder der Insektenkundlichen Vereine einsehen. Weitere Informationen liefern die großen Museen im In- und Ausland. In der folgenden Liste sind die größten Naturkundemuseen der Bundesrepublik Deutschland genannt:

Museum Alexander Koenig in Bonn
Museum für Naturkunde in Karlsruhe
Museum für Naturkunde in Stuttgart
Senckenberg-Museum in Frankfurt am Main
Überseemuseum in Hamburg
Zoologische Staatssammlung in München

Erklärung von Fachausdrücken

Abdomen Hinterleib, letzter Körperabschnitt des stets dreigeteilten Körpers
Antennen Fühler, gegliederte Fortsätze am Kopf mit zahlreichen Sinnesorganen. Sie können einfach, gezähnt oder gefiedert sein, um die Oberfläche zu vergrößern. Sitz der Geruchsorgane
Art Biologische Grundeinheit. Alle Individuen einer Art müssen fähig sein, miteinander fruchtbare Nachkommen zu erzeugen
Bruststück Thorax. Mittlerer Körperabschnitt eines Schmetterlings. Trägt gewöhnlich zwei Paar Flügel und drei Paar Beine
Ei Anfangsstadium in der Entwicklung eines Schmetterlings. Entwicklungsstadium: In der Entwicklung eines Schmetterlings unterscheidet man vier Stadien: Ei, Raupe, Puppe und Falter. Die Raupe hat, bedingt durch die Zahl der Häutungen, meist drei bis fünf Stadien
Fühler Antennen
Gattung In der modernen Systematik werden mehrere verwandte Arten in eine Gattung gestellt, deren Name stets mit großem Buchstaben geschrieben wird im Gegensatz zu jenem der Art. Der Begriff Gattung wird im gewöhnlichen Sprachgebrauch leider in ganz anderem Sinn verwendet
Kopf Er trägt die Fühler, die Augen, die Palpen und den Saugrüssel. In ihm befindet sich das Nervenzentrum. Zahlreiche Sinnesorgane sind über die Oberfläche verteilt
Kutikula Insekten haben ein Außenskelett, das von einer erhärteten Schicht aus Chitin und Sklerotin gebildet wird. Es ist außerordentlich widerstandsfähig gegen äußere Einflüsse und sehr leicht
Lebensraum dem Begriff Biotop ähnlich, Habitat
Mimikry Nachahmung gefährlicher oder ungenießbarer Arten durch harmlose. Eine vor allem in den Tropen häufige Schutzmethode. Es werden nicht nur Schmetterlinge nachgeahmt, sondern auch Wespen und Wanzen
Nachtfalter Die Großschmetterlinge, im Gegensatz zu den Kleinschmetterlingen, werden in Tag- und Nachtfalter eingeteilt, eine eher auf systematischer Grundlage basierende Teilung
Palpen Am Kopf um den Rüssel sitzende kleine Fortsätze, die zahlreiche Sinnesorgane tragen
Puppe Nach der Raupe drittes Entwicklungsstadium, in dem die grundlegende Verwandlung zum Falter erfolgt
Rasse Die moderne Vererbungswissenschaft zeigt, daß jede Individuengruppe eine eigene Erbmasse besitzt. Vereinigt man solche Gruppen zu größeren Einheiten, so kann man von Rassen sprechen
Raupe Zweites Entwicklungsstadium der Schmetterlinge, als Freßstadium dient sie der Ansammlung von Speicherstoffen, die dann in der Puppe zum Bau des Falters verwendet werden
Rüssel Die meisten Schmetterlinge tragen einen langen, eingerollten Saugrüssel, mit dem sie Blütensäfte saugen. Nur einige wenige Kleinschmetterlinge besitzen kauende Mundwerkzeuge
Schreckfärbung Unerwartet auftauchende Farben und Muster, wie

Kleiner Fuchs *Aglais urticae* in den Royal Horticultural Society Gardens

Geäder Die Flügel eines Schmetterlings werden von röhrenartigen Verstärkungen durchzogen, die zugleich Nerven enthalten und den Bluttransport besorgen
Generation Folge voneinander abstammender Tiere, die je nach Art ein- oder mehrmals im Jahr auftreten können
Habitat Bestimmter Lebensraum, in dem eine Art vorkommt, meist durch Vorkommen der Nahrungspflanze und durch das Kleinklima bedingt
Hinterleib Abdomen
Kleinschmetterlinge Traditionell teilt man die Schmetterlinge in Groß- und Kleinschmetterlinge, die aber kaum eine wissenschaftliche Grundlage haben. Mottenartige Falter werden in diese Gruppe gerechnet
Kokon Alle Schmetterlingsraupen sind fähig, Seidenfäden zu erzeugen. Bei vielen Gruppen, besonders bei den sogenannten Spinnern, werden kunstvolle Gespinste angefertigt, die beim Seidenspinner als echte Seide Verwendung finden
Augenflecken und Kontrastfarben, werden unvermittelt vorgezeigt und schrecken eventuelle Angreifer ab
Tagfalter Eine Gruppe von Großschmetterlingen, die hauptsächlich bei Tage und im Sonnenschein fliegen
Thorax Bruststück
Tympanalorgan Viele Schmetterlinge besitzen Gehörorgane, die wie eine Trommel funktionieren. Mit diesen Sinnesorganen hören sie unter anderem die Orientierungsrufe der Fledermäuse, ihrer ärgsten Feinde. Die Organe sind hauptsächlich auf Thorax oder Abdomen zu finden
Unterart Systematische Einheit, die parallel zum Begriff Rasse verwendet wird, dieser aber nicht entspricht
Verbreitung Jede Schmetterlingsart hat entsprechend ihrer ökologischen Valenz und ihrer Entwicklungsgeschichte ein bestimmtes Verbreitungsgebiet, das sich im Laufe der Zeit ändern kann
Warnfärbung Durch besondere Farben ausgezeichnetes Farbmuster, das auf die Gefährlichkeit bestimmter Arten hinweist

natürliche Größe

Spiegelfleck-Dickkopffalter *Heteropterus morpheus* Pallas Familie Hesperiidae. Diese Art hat eine eigenartige Verbreitung. Man findet sie in Westfrankreich und dann wieder im östlichen Mitteleuropa und Norditalien bis Zentralasien. Sie ist stellenweise häufig und fliegt im Norden auf feuchten Wiesen, im Süden auf trockenen Hängen. Die Raupe hat einen braunen Kopf und einen hellgrauen Körper mit dunkler Rückenlinie und weißen Seitenlinien. Sie lebt an Gräsern wie Zwenke (*Brachypodium*) oder *Molinia coerulea*, wo sie ein Grasblatt zu einer Röhre zusammenspinnt und darin überwintert. Der Falter fliegt von Juni bis August auf Wiesen und Waldlichtungen. Seine Zeichnung ist sehr charakteristisch und kann kaum mit einer anderen Art verwechselt werden.

Gelbwürfeliger Dickkopffalter *Carterocephalus palaemon* Pallas Familie Hesperiidae. Die Verbreitung ist ebenfalls sehr eigentümlich. Sie erstreckt sich durch das mittlere Europa nach Osten, erstreckt sich über Nordeuropa und bildet Inseln in England und Südnorwegen. Die Falter sind lokal nicht selten und fliegen in offenem Waldland. Die Raupe ist zuerst hellgrün, später wird sie bräunlich mit rosa Streifen. Sie lebt an verschiedenen Gräsern, besonders an Zwenke (*Brachypodium*) und Trespe (*Bromus*), an denen sie Blätter zu einer Schutzhülle zusammenspinnt. Nach der Überwinterung in dieser Hülle verpuppt sie sich in einem Kokon an der gleichen Stelle. Der Falter fliegt von Mai bis Juli und legt die Eier einzeln an Grasblätter. Der sehr aktive Falter lebt zwei bis drei Wochen.

Ockergelber Braundickkopffalter *Thymelicus sylvestris* Poda Familie Hesperiidae. Die Art ist in Mittel- und Südeuropa weit verbreitet und kommt auch in Nordafrika vor, fehlt jedoch in Skandinavien. Der Falter fliegt auf Grasland und an Waldrändern, wo er nicht selten ist. Der Kopf der Raupe ist dunkelgrün, der Körper gelbgrün mit dunkler Rückenlinie und gelben Seitenlinien. Sie lebt im Frühjahr an verschiedenen Gräsern wie Zwenke (*Brachypodium*) und Honiggras (*Holcus lanatus*) zwischen zusammengesponnenen Grasblättern. Die Verpuppung erfolgt ebenfalls in einem ähnlichen Gespinst. Der Falter ist im Juni und Juli zu finden.

Schwarzkolbiger Braundickkopffalter *Thymelicus lineola* Ochsenheimer Familie Hesperiidae. Dieser Falter kommt in Süd- und Mitteleuropa vor, findet sich aber auch im südlichen Skandinavien. Er fliegt gewöhnlich auf offenem Grasland und steigt im Gebirge bis zu 2000 m hoch. Die Raupe hat einen braunen Kopf, während der Körper grün gefärbt ist, eine dunkle Rückenlinie und gelbe Seitenlinien besitzt. Sie lebt an verschiedenen Gräsern wie Zwenke (*Brachypodium*) und Quecke (*Agropyron repens*). Nach der Verpuppung, die im Frühsommer zwischen zusammengesponnenen Grasblättern in einem Kokon erfolgt, schlüpft der Falter nach drei Wochen und fliegt oft mit der vorhergehenden Art zusammen. Beide Arten sind sich sehr ähnlich, können aber dadurch unterschieden werden, daß letztere auf der Unterseite schwarz gefärbte Fühlerkolben hat.
Die dritte Art der Gattung *Thymelicus*, die auf der folgenden Seite beschrieben wird, der Mattscheckige Braundickkopffalter, unterscheidet sich von den beiden vorhergehenden durch eine gekrümmte Reihe hellerer Flecken, die am Vorderflügel beider Geschlechter im äußeren Flügelteil zu finden sind. Außerdem ist die Unterseite einheitlich orangegelb.

Schwarzkolbiger Braundickkopffalter *Thymelicus lineola,* saugend

Spiegelfleck-Dickkopffalter *Heteropterus morpheus*

Ockergelber Braundickkopffalter *Thymelicus sylvestris,* ruhend

Gelbwürfeliger Dickkopffalter *Carterocephalus palaemon*

natürliche Größe

Mattscheckiger Braundickkopffalter *Thymelicus acteon* ROTTEMBURG Familie Hesperiidae. Dieser Falter ist in West- und Zentraleuropa weit verbreitet, fehlt aber in Skandinavien. Er lebt auf Weiden und trockenen Hängen und kann im Gebirge 2000 m erreichen. Die Raupe ist grün mit einer dunkleren Rückenlinie und blaßgelben Seitenstreifen. Sie lebt an Trespe (*Bromus*) und Zwenke (*Brachypodium*), spinnt Grasblätter an den Rändern zusammen und bildet daraus ein röhrenförmiges Gehäuse. Zur Verpuppung wird ein ähnliches Gespinst angefertigt. Der Falter fliegt im Frühjahr und Frühsommer, je nach klimatischen Verhältnissen, die einzelnen Exemplare leben jedoch nur rund zwei Wochen. Der Flug ist schnell und schwirrend. Sie besuchen gerne Blüten, unter denen besonders Hauhechel(*Ononis*), Skabiosen und Knautien bevorzugt werden.

Kommafalter *Hesperia comma* LINNAEUS Familie Hesperiidae. Dieser Falter ist in Europa weit verbreitet, kommt stellenweise aber nur recht lokal vor. Man findet ihn auf Matten und anderem offenem Grasland, meist auf Kalkböden. Er kann bis 2500 m in den Bergen aufsteigen. Die Raupe besitzt einen schwarz gefärbten Kopf, ihr Körper ist olivgrün und schwarz gesprenkelt. Sie lebt an Schaf-Schwingel (*Festuca ovina*) und anderen Gräsern und spinnt aus einem Grasblatt eine röhrenförmige Hülle. Die erwachsene Raupe verpuppt sich in einem Kokon, der nahe dem Boden zwischen den Halmen der Futterpflanze befestigt wird. Der Falter schlüpft nach etwa zehn Tagen und kann von Juni bis September beobachtet werden. Er fliegt dicht über dem Boden und wird besonders von den niedrigwüchsigen Disteln der Gattung *Cirsium* angezogen. Von dem sehr ähnlichen Rostfarbigen Dickkopffalter unterscheidet er sich durch silbrige, eckige Flecken auf der Unterseite der Hinterflügel. Nur die Männchen tragen den schwarzen, kommaförmigen Duftschuppenfleck.

Rostfarbiger Dickkopffalter *Ochlodes venata* BREMER UND GREY Familie Hesperiidae. Dieser weitverbreitete und häufige Dickkopffalter ist in ganz Europa verbreitet und kommt außerdem über das nördliche Asien bis China und Japan vor. Der Falter fliegt bis 2000 m auf grasigen Plätzen an Hängen, Waldrändern, Ödland und Wiesenrainen, oft im Küstengebiet. Die Raupe trägt einen großen schwarzbraunen Kopf, ihr Körper ist blaugrün gefärbt mit einer dunkleren Rückenlinie und gelben Seitenlinien. Sie lebt an verschiedenen Gräsern einschließlich Zwenke (*Brachypodium*) und Knäuelgras (*Dactylis glomerata*), an denen sie mit zusammengesponnenen Blättern ein Gehäuse baut. An gleicher Stelle fertigt sie einen Kokon an, in dem sie sich verpuppt. Der Falter schlüpft nach etwa drei Wochen und fliegt je nach Gegend von Juni bis August. Bei sonnigem Wetter ist er stets unterwegs, ruht zwischendurch auf einem Blatt, um sich schnell wieder auf den Weg zu machen. Während in Nordeuropa nur eine Generation im Jahr zu finden ist, kommen im wärmeren Südeuropa bis zu drei Generationen vor. Auch hier sind die Männchen durch den schwarzen Kommafleck zu erkennen.

Kommafalter *Hesperia comma*

Mattscheckiger Braundickkopffalter *Thymelicus acteon*

Rostfarbiger Dickkopffalter *Ochlodes venata*

natürliche Größe

Malvenwürfelfalter *Pyrgus malvae,* Raupe

Malvenfalter *Carcharodus alceae*

Dunkler Dickkopffalter *Erynnis tages* LINNAEUS Familie Hesperiidae. Dieser häufige Falter ist in Mittel- und Südeuropa weit verbreitet und kommt auch im südlichen Skandinavien vor. Man findet ihn an Straßenböschungen, Heiden, Wiesen, Waldrändern und anderem Grasland bis zu 2000 m Höhe. Die Raupe hat einen braunen Kopf, ihr Körper ist gelblich-grün gefärbt und trägt eine dunkle Rückenlinie sowie undeutliche hellere Seitenlinien. Sie lebt an den Blättern von Hornklee (*Lotus corniculatus*) und anderen Arten dieser Pflanzenfamilie wie Hufeisenklee (*Hippocrepis*) und Kronwicke (*Coronilla*), wo sie Blättchen zu einem Gehäuse zusammenspinnt. Wenn sie erwachsen ist, spinnt sie auf der Nahrungspflanze einen Kokon, in dem sie bis zum Frühjahr überwintert und sich erst dann verpuppt. Die Falter fliegen von Mai bis Juni oder später, im südlichen Europa gibt es auch zwei Generationen im Juli und August. In den Gebirgen gibt es nur eine Generation im Juli und August. Die Geschlechter unterscheiden sich bei dieser Art nur wenig. Es gibt auch keine andere Art, die verwechselt werden könnte.

Malvenfalter *Carcharodus alceae* ESPER Familie Hesperiidae. Die Art ist in Süd- und Zentraleuropa weit verbreitet, geht aber nicht über Frankreich und Süddeutschland nach Norden. Sie findet sich auf blütenreichen Hängen und anderem Gelände, wo die Nahrungspflanze vorkommt, und steigt in den Gebirgen bis 1500 m. Die Raupe hat einen schwarzen Kopf und einen graugrünen Körper mit dunklerer Rückenlinie und blassen Seitenlinien. Hinter dem Kopf gibt es einen schwarzen Halskragen mit gelben Flecken. Sie lebt an Malven (*Malva*), Eibisch-Arten (*Althea*) und Ibisch (*Hibiscus*). Dort findet man sie in einem zusammengesponnenen Blatt. Je nach Gegend fliegt der Falter von April bis August. In wärmeren Gebieten findet man zwei bis drei Generationen, in kälteren und höheren Lagen dagegen nur eine. Es gibt noch eine Reihe weiterer sehr ähnlicher Arten, die in ganz Europa vorkommen und die oft nur vom Spezialisten unterschieden werden können. Wie bei den anderen Dickkopffaltern zeichnen sich diese durch ihren schnellen, schwirrenden Flug aus. Die männlichen Tiere haben Falten auf den Vorderflügeln, die Duftschuppen enthalten.

Malvenwürfelfalter *Pyrgus malvae* LINNAEUS Familie Hesperiidae. Diese Art ist in Europa weit verbreitet, fehlt aber in den nördlichen Teilen wie Nordskandinavien, nördliches Britannien und Irland. Die Art fliegt mit Vorliebe auf kalkreichem Boden und erscheint in Europa mit mehreren Generationen bis zu 2000 Meter Meereshöhe. Man findet die Falter an Straßenböschungen, Waldlichtungen, Feldrainen und Wiesen. Die Raupe hat einen schwarzen Kopf und einen purpurbraunen Körper, der auf der Unterseite grünlich gefärbt ist. Sie lebt an wilden Erdbeeren (*Fragaria*), Fingerkraut (*Potentilla*), Malven (*Malva*) und Odermennig (*Agrimonia*) in einer Röhre aus zusammengesponnenen Blättern. Wenn sie erwachsen ist, spinnt sie am Fuß der Nahrungspflanze einen Kokon. Je nach Gegend fliegen die Falter von April bis August. Im Süden gibt es gewöhnlich zwei Generationen, im Norden dagegen nur eine. Wie alle Dickkopffalter fliegen auch diese mit raschem, schwirrendem Flug und sonnen sich gerne auf offenen Bodenstellen mit ausgebreiteten Flügeln. Es gibt eine Reihe sehr ähnlicher und schwer zu unterscheidender Arten.

Malvenwürfelfalter *Pyrgus malvae*

Dunkler Dickkopffalter *Erynnis tages,* in Paarung

Dunkler Dickkopffalter *Erynnis tages,* ruhend

Malvenwürfelfalter *Pyrgus malvae*

Papilio machaon

Iphiclides podalirius

⁴⁄₅ natürlicher Größe

Schwalbenschwanz *Papilio machaon* LINNAEUS Familie Papilionidae. Dieser große Tagfalter ist in Europa weit verbreitet und kommt auch in Nordafrika und Asien vor. Aus dem großen Verbreitungsgebiet wurde eine Reihe von Unterarten beschrieben. Als Lebensraum gelten blütenreiche Wiesen, Gärten, Triften und Hügel, und in den Gebirgen wird die Art bis 2000 m gefunden, im Himalaya sogar bis über 5000 m. Die Raupe ist sehr charakteristisch gefärbt mit grüner Grundfarbe und schwarzen, orange gefleckten Querbändern. Sie lebt an vielerlei doldenblütigen Gewächsen wie Fenchel (*Foeniculum vulgare*), Haarstrang (*Peucedanum officinale*), Möhren (*Daucus carota*) und anderen. Man konnte sie früher häufig in Küchengärten finden. Die Puppe wird mit einem Seidenfaden als Gürtel an der Nahrungspflanze oder der umgebenden Vegetation befestigt, oft an roten Stengeln. Die Puppendauer mag zwei Wochen oder sechs Monate betragen, je nach Generation und Lokalität. Im Norden gibt es nur eine Generation, im Süden dagegen zwei bis drei pro Jahr. Die Falter fliegen von August bis September, und ein Individuum weist eine Lebensdauer von drei bis vier Wochen auf.

Schwalbenschwanz *Papilio machaon*

Segelfalter *Iphiclides podalirius* SCOPOLI Familie Papilionidae. Der Name dieser Art bezieht sich auf sein Flugverhalten, da vor allem die männlichen Tiere gerne im Aufwind von Hügelkuppen segeln. Es handelt sich um eine wärmeliebende Art, die in Mitteleuropa nur lokal vorkommt, in Südeuropa aber weit verbreitet ist. Die Raupe dieses Schmetterlings ist grün mit roten Flecken an gelben, diagonalen Linien. Sie hat eine asselförmige Form und paßt gut in die Vegetation, so daß sie nur schwer zu finden ist. Nahrungspflanzen sind Schlehdorn (*Prunus spinosa*), Kirschen (*Prunus cerasus*) und andere *Prunus*-Arten, aber auch Vogelbeere (*Sorbus aucuparia*). Die erwachsene Raupe verpuppt sich in der Regel an einem Zweig des Nahrungsbaums. Die Puppen der Sommergeneration sind grün, während die im Herbst entstandenen und überwinternden gelb oder braun sind. Nördlich der Alpen gibt es meist nur eine Generation, südlich dagegen zwei, die entweder von Mai bis Juli oder von April bis August fliegen. Es ist bemerkenswert, daß die Überwinterung der Puppe durch die Tageslänge bestimmt wird. Solche, die in den langen Sommertagen entstehen, sind grün und schlüpfen in wenigen Wochen, die anderen sind braun und überwintern.

Schwalbenschwanz *Papilio machaon*

Segelfalter *Iphiclides podalirius,* ruhend

Segelfalter *Iphiclides podalirius,* saugend

Zerynthia rumina

Parnassius apollo

natürliche Größe

Spanischer Osterluzeifalter *Zerynthia rumina* LINNAEUS Familie Papilionidae. Diese Tagfalterart gibt es in Südwesteuropa; sie kommt in Spanien, Portugal und Südfrankreich vor. Auch in Nordafrika ist sie zu finden, man hat von dort die Unterart *ornatior* BLACIER beschrieben. Die Variation des Flügelmusters ist bedeutend, und viele Rassen und Formen wurden benannt. Als Lebensraum gelten unkultivierte, offene Gelände, alte Weinberge und ähnliches an Hügeln und in den Bergen bis 1500 m, die Hauptverbreitung liegt jedoch an den Meeresküsten. Die Raupe ist grau oder rotgrau mit sechs Reihen rötlichbrauner Dornen entlang des Körpers. Sie lebt an verschiedenen Arten von Osterluzei (*Aristolochia* spp.), einer giftigen Pflanze, deren Stoffe in den Falter übergehen und diesen ungenießbar machen. Die Falter fliegen von Februar bis Mai, je nach Lokalität und Höhenlage. Es gibt im ganzen Verbreitungsgebiet nur eine Generation im Jahr. Weiter nach Osten gibt es noch einige Arten aus dieser Gattung, zum Beispiel den Gewöhnlichen Osterluzeifalter *Zerynthia polyxena* DENIS UND SCHIFFERMÜLLER, der in Süd- und Südosteuropa vorkommt, unter anderem in Südtirol und Niederösterreich. Er unterscheidet sich durch das Fehlen der roten Flecken auf den Flügeln. Andere gibt es am Balkan und in Kleinasien.

Apollofalter *Parnassius apollo* LINNAEUS Familie Papilionidae. Dieser große und sehr eindrucksvolle Falter ist ein Tier des Hügel- und Berglands, und er kommt weit verbreitet in Europa zwischen 700 und 2000 m vor. In Nordeuropa findet man ihn dagegen bis zu den Meeresküsten. Die Art ist sehr variabel, und zahlreiche Rassen und Formen wurden beschrieben. In der Regel tragen beide Geschlechter rote Flekken auf den Hinterflügeln, in der Sierra Nevada in Spanien gibt es aber eine Unterart, ssp. *nevadensis* OBERTHUER, deren rote Flecken von gelben ersetzt sind. Der Falter ist in den letzten Jahrzehnten immer seltener geworden, was vor allem auf der Zerstörung seiner Lebensräume beruht. Die samtig schwarze Raupe, die an den Seiten eine Reihe rötlicher Flecken trägt, lebt in Mitteleuropa am Weißen Mauerpfeffer (*Sedum album*), in Nordosteuropa an der Fetthenne (*Sedum telephium*). Sie frißt bemerkenswerterweise nur bei Sonnenschein. Die erwachsene Raupe verpuppt sich in einem lockeren Kokon am Boden zwischen den Stengeln der Nahrungspflanze oder unter Steinen; der Falter braucht etwa eine Woche zur Entwicklung. Einzelne Exemplare können aber auch viel länger ruhen und auf diese Weise Schlechtwetterperioden überbrücken. Die Falter fliegen im Juli und August und können vor allem auf feuchterem und blütenreichem Gelände beobachtet werden, wo sie besonders Distelblüten besuchen und auf diesen auch übernachten. Sie fliegen sehr schwerfällig mit langsamem Flügelschlag. In vielen Ländern in Europa ist diese Art unter Naturschutz gestellt worden, und sie findet sich auch im Washingtoner Artenschutzabkommen. Es ist jedoch zweifelhaft, ob das Sammel- und Handelsverbot allein ausreicht, die Art zu erhalten. In Europa gibt es zwei weitere Arten von Apollofaltern, den Schwarzen Apollo *Parnassius mnemosyne* und den Alpenapollo *Parnassius delphius.* Letzterer ist auf die Hochlagen der Alpen beschränkt, wo er an einer Steinbrechart lebt, der andere findet sich in Waldtälchen mit der Nahrungspflanze Lerchensporn. Beide sind in Deutschland geschützt.

Spanischer Osterluzeifalter *Zerynthia rumina*

Apollofalter *Parnassius apollo*

natürliche Größe

Senfweißling *Leptidea sinapis* LINNAEUS Familie Pieridae. Dieser zarte, kleine Schmetterling findet sich lokal fast in ganz Europa, fehlt aber im Küstengebiet der Nordsee. Die Art ist an Waldland gebunden und fliegt in Lichtungen, an Waldrändern und in Parks. Die Raupe ist gelblichgrün mit einer dunklen Linie am Rücken und leuchtend gelben Seitenlinien. Sie lebt an den Blättern verschiedener schmetterlingsblütiger Pflanzen, unter anderem an Waldblatterbse (*Lathyrus pratensis*), Knollenblatterbse (*Lathyrus tuberosus*) und Hornklee (*Lotus corniculatus*). Die Puppe wird am Stengel der Nahrungspflanze befestigt und gleicht einem abgestorbenen Blatt. Der Flug ist langsam flatternd; die Falter findet man in Frühjahr und Sommer. Je nach Gegend findet man zwei oder mehr Generationen im Jahr.

Moorgelbling *Colias palaeno* LINNAEUS Familie Pieridae. Die Verbreitung dieser Art reicht von Zentraleuropa und Skandinavien über den ganzen sibirischen Raum bis Japan. Man findet sie auf Moorgelände, auf dem die Nahrungspflanze der Raupe wächst, in den Alpen bis über 2500 m. Die Verbreitung und die Nahrungspflanze lassen darauf schließen, daß der Moorgelbling ein Eiszeitrelikt ist, das heißt mit dem Vorstoß des Eises verbreitet wurde und dann auf Hochmooren mit passender Vegetation zurückgeblieben ist. Die Raupe ist tiefgrün mit leuchtend gelben Streifen auf beiden Seiten. Sie lebt am Laub der Moor-Heidelbeere (*Vaccinium uliginosum*) und überwintert an der Pflanze in einem frühen Stadium. Die Falter sieht man im Juni und Juli fliegen; es gibt nur eine Generation im Jahr. Wie alle Gelblinge ist auch dieser nur in den heißesten Tagesstunden aktiv. Entwässerung und Torfabbau haben in den vergangenen Jahrzehnten zahlreiche Lebensräume verkleinert oder sogar vernichtet, so daß viele Populationen ausgestorben sind.

Goldene Acht *Colias hyale* LINNAEUS Familie Pieridae. Die Verbreitung dieser Wanderfalterart erstreckt sich von Zentraleuropa bis Südrußland. In manchen Jahren erscheinen große Mengen dieser Falter an der Nordseeküste vor Deutschland und den Niederlanden, und manchmal erreichen sie die Südküste von England. Meist findet man die Falter in der Nähe von blühender Luzerne und Klee im Flachland, in der Wanderphase können die Tiere in den Alpen aber auch Höhen von 2000 m erreichen. Die Raupe ist dunkelgrün mit einer unterbrochenen roten und orangefarbenen Linie auf beiden Seiten. Sie lebt an den Blättern von Klee (*Trifolium*), Luzerne (*Medicago*) und Wicken (*Vicia* und *Coronilla*). Die erwachsene Raupe verpuppt sich an einem Stengel der Nahrungspflanze; der Falter schlüpft nach etwa siebzehn Tagen. Er fliegt von Mai bis Juni und von August bis September. Eine dritte Generation ist aber möglich, wenn die klimatischen Verhältnisse ausreichend sind. In ungünstigen Gebieten sterben die Falter in der Winterkälte, und jedes Frühjahr muß eine Neuzuwanderung erfolgen.
Ein auffallendes Merkmal fast aller Weißlinge (Pieridae) ist der Unterschied der Geschlechter in Zeichnung und Farbe. Die Männchen sind kräftiger und dunkler gefärbt als die Weibchen, die aber oft erheblich variieren können. So gibt es normale grünlich-weiße Tiere, mehr oder weniger gelbliche Exemplare und ganz weiße.

Moorgelbling *Colias palaeno*

Goldene Acht *Colias hyale*, saugend

Senfweißling *Leptidea sinapis*, Raupe

Senfweißling *Leptidea sinapis*

natürliche Größe

Bergers Heufalter *Colias australis* VERITY Familie Pieridae. Dieser Tagfalter wurde in Mitteleuropa erst 1947 als eigene Art erkannt. Das Vorkommen erstreckt sich über Süd- und Mitteleuropa, der Falter tritt aber gelegentlich auch als Wanderer auf. Er bevorzugt warme, trockene Wiesen, Halden und steinige Hänge, auf denen die Nahrungspflanze wächst. Die Raupe ist dunkelgrün mit zwei gelben Streifen auf dem Rükken und einem ebensolchen Streifen auf jeder Körperseite. Sie lebt an den Blättern von Hufeisenklee (*Hippocrepis comosa*) und Bunter Kronenwicke (*Coronilla varia*). In den nördlicheren Gegenden fliegt die Art in zwei Generationen von Mai bis Juni und von August bis September, während es im Süden drei Generationen gibt. Obwohl die Entwicklungsstadien und die Biologie ganz deutlich verschieden sind, ist es meist sehr schwierig, diese Art von der vorhergehenden, der Goldenen Acht, sicher zu unterscheiden. Die Grundfarbe ist meist deutlich klarer und leuchtender, die schwarzen Flecken auf den Vorderflügeln sind in der Regel kleiner, und der orangefarbene Fleck auf dem Hinterflügel ist größer und leuchtender. Relativ gut kann man die beiden Arten nach ihrem Vorkommen unterscheiden, da sie kaum die gleichen Lebensräume bewohnen und deshalb auch nicht zusammen vorkommen können. Auch bei dieser Art ist das Weibchen deutlich heller gefärbt als das Männchen, meist fast weiß. Es gibt aber auch gelbe Formen, die wie männliche Tiere aussehen. Nach Osten, vor allem in Asien, gibt es eine Reihe sehr ähnlicher Arten, die besonders die hohen Gebirge bewohnen.

Postillion *Colias croceus,* Raupe

Postillion *Colias croceus,* Puppe

Postillion, Wandergelbling *Colias croceus* GEOFFROY Familie Pieridae. Diese Art ist in den warmen Gebieten Südeuropas und Afrikas zu Hause, findet sich aber auch im Vorderen Orient. Als Wanderfalter fliegt die Art in manchen Jahren aber auch weit nach Norden und kann dann sogar in Skandinavien und England gefunden werden. Die Raupe ist dunkelgrün mit einem gelben Band auf beiden Körperseiten, das von roten Strichen markiert wird. Sie lebt an den Blättern von Luzerne (*Medicago*), Klee (*Trifolium*), Wicken (*Vicia*) und anderen leguminosen Pflanzen. Die erwachsene Raupe verpuppt sich an einem Pflanzenstengel, und der Falter schlüpft nach etwa achtzehn Tagen. Im Süden erscheinen die Falter in einer ununterbrochenen Reihe von Generationen, während im Norden nur zwei vorkommen, nämlich die eingewanderten im Sommer und deren Nachkommen im Herbst. Da die Art den Winter nicht überdauern kann, muß jedes Jahr eine Neubesiedlung stattfinden. Die Variation dieser Art ist beträchtlich. So gibt es ganz weiße Weibchen (forma *helice*).

Bergers Heufalter *Colias australis,* Raupe

Bergers Heufalter *Colias australis,* ruhend

Postillion *Colias croceus,* ruhend

4/5 natürlicher Größe

Zitronenfalter *Gonepteryx rhamni* LINNAEUS Familie Pieridae. Dieser Falter ist in Europa mit Ausnahme des nördlichen Skandinavien weit verbreitet. Man findet die Art auch noch weithin im gemäßigten asiatischen Bereich. Die Höhenverbreitung erstreckt sich bis 2000 m; die Falter fliegen in offenem Gelände und lichten Gehölzen. Die Raupe ist blaugrün mit einer blassen Linie tief unten an den Seiten. Sie lebt an Faulbaum (*Rhamnus frangula*) und an

Zitronenfalter *Gonepteryx rhamni,* schlüpfend

Kreuzdorn (*Rhamnus catharticus*). Die erwachsene Raupe verpuppt sich an einem Zweig oder Ast der Futterpflanze. Die ausgedehnten, grünen Flügelscheiden der Puppe erinnern an ein verbogenes Blatt. Der Falter fliegt von Juli bis September und nach der Überwinterung vom zeitigen Frühjahr – der Witterung entsprechend – bis Juli. Vermerkt sei noch, daß die Tiere in den heißen Sommermonaten eine Ruhepause einhalten. Durch diesen eigenartigen Lebenszyklus zählt der Zitronenfalter zu den langlebigsten Schmetterlingen überhaupt; einige Exemplare können bis zu zehn Monate leben. Trotz des mehrmaligen Erscheinens verläuft die Entwicklung nur über eine Generation. Den Falter sieht man häufig in Gärten, Parks und an Waldrändern.

Kleopatrafalter *Gonepteryx cleopatra* LINNAEUS Familie Pieridae. Diese Art ist in Südeuropa verbreitet und findet sich in Portugal, Spanien und Italien, aber auch in Nordafrika. Ganz selten findet man Falter in nördlicheren Gegenden. Diese sind zugewandert oder eingeschleppt. Die Art bewohnt Wiesengelände und offenes Buschland und steigt in den Gebirgen bis zu 2000 m hoch. Die Raupe erinnert an jene des Zitronenfalters, ist aber stärker blau gefärbt und zeigt stärkere Seitenlinien. Sie lebt an verschiedenen Arten von Faulbaum (*Rhamnus*). Die Falter fliegen von März bis Juni und von August bis September je nach Gegend. Die Art ist ebenfalls nur in einer Generation vorhanden und legt die gleichen Ruhepausen ein wie der Zitronenfalter. Die männlichen Falter sind leicht an dem leuchtenden Orange der Vorderflügel zu erkennen, während die Weibchen jenen der Zitronenfalter gleichen.

Zitronenfalter *Gonepteryx rhamni,* saugend

Kleopatrafalter *Gonepteryx cleopatra,* saugend

natürlicher Größe

Großer Kohlweißling *Pieris brassicae,* Puppe

Baumweißling *Aporia crataegi* LINNAEUS Familie Pieridae. Diese sehr leicht zu erkennende Art ist in ganz Europa und sehr weit in Nordskandinavien verbreitet und findet sich auch im ganzen gemäßigten Asien. Die Falter fliegen in offenem Gelände mit Hecken und in Obstgärten. Diese Art war früher sehr häufig und galt jahrelang als Schädling an Obstbäumen. Heute ist die Art sehr selten und sollte eigentlich unter Naturschutz gestellt werden. Die Raupe ist auf der Oberseite rotbraun mit schwarzen Streifen auf dem Rücken und auf den Seiten, auf der Unterseite grau. Sie lebt an den Blättern von Weißdorn (*Crataegus*), Schlehdorn (*Prunus spinosa*) und verschiedenen Obstbäumen. Die Raupen überwintern in einem gemeinsamen Nest, das aus Gespinstfäden angefertigt wird. Im folgenden Frühjahr verlassen die Raupen dieses Gespinst, um durch kräftige Nahrungsaufnahme die Entwicklung abzuschließen. Die Verpuppung erfolgt auf der Nahrungspflanze; die Falter schlüpfen nach etwa drei Wochen. Die Falter fliegen von Mai bis Juli, und man findet sie oft auf blühendem Klee und an Luzerne.

Großer Kohlweißling *Pieris brassicae* LINNAEUS Familie Pieridae. Die Verbreitung dieses wohlbekannten Falters erstreckt sich über ganz Europa bis Nordafrika und den Himalaja. Zu den gewöhnlich häufigen Populationen kommen fast jedes Jahr noch Zuwanderer aus dem Süden. Die graugrüne Raupe ist schwarz punktiert und trägt eine gelbe Rückenlinie und ebensolche Seitenlinien. Sie lebt an kreuzblütigen Pflanzen, besonders an Kohl (*Brassica*), aber auch an Kapuzinerkresse (*Tropaeolum*) und skelettiert diese Pflanze oft vollständig. Schlupfwespen sorgen allerdings dafür, daß die Populationen nicht zu groß werden. Die erwachsenen Raupen verpuppen sich an der Nahrungspflanze oder in der näheren Umgebung an Zäunen und Mauern. Überwinternde Puppen findet man oft an Häusern unter Fenstersimsen und dergleichen. Die Falter fliegen je nach Klima in zwei bis drei Generationen im April–Mai, Juli–August und später. Sie besuchen gerne Blüten, und man findet sie häufig in offenem Gelände und in Gärten.

Baumweißling *Aporia crataegi,* in Paarung

Großer Kohlweißling *Pieris brassicae,* saugend

Großer Kohlweißling *Pieris brassicae,* saugend

natürliche Größe

Kleiner Kohlweißling *Pieris rapae,* Puppe

Kleiner Kohlweißling *Pieris rapae,* Raupe

Kleiner Kohlweißling *Pieris rapae* Linnaeus Familie Pieridae. Die Verbreitung dieser Art in Europa entspricht der des Großen Kohlweißlings, erstreckt sich aber noch weiter nach Osten bis Sibirien und Japan. Bei uns ist die Art recht häufig, schwankt aber im Vorkommen von Jahr zu Jahr. Sie wurde in Neuseeland, Australien und Nordamerika eingeschleppt und ist dort zu einem ernsthaften Schädling geworden. Die Raupe ist blaugrün mit einer gelben Rükkenlinie und einer Reihe gelber Flecken an jeder Seite. Sie lebt an Kohl (*Brassica*) und verwandten Pflanzen, aber auch an Wau (*Reseda*) und Kapuzinerkresse (*Tropaeolum*). Erwachsene Raupen verpuppen sich an der Nahrungspflanze und weisen dann eine grüne Farbe auf, oder an Zäunen und Mauern in der Nähe. Sie sind dann braun bis grau gefärbt. Die Falter fliegen je nach Gegend zwischen März und Oktober und können zwei bis vier Generationen hervorbringen. Vom Großen Kohlweißling unterscheidet sich der Kleine Kohlweißling durch die Größe, vom nachfolgenden Rapsweißling, der ebensogroß ist, durch die einfarbige Unterseite der Hinterflügel.

Rapsweißling *Pieris napi* Linnaeus Familie Pieridae. Dieser Falter bewohnt mit Ausnahme des hohen Nordens ganz Europa, kommt in Nordafrika vor, findet sich in Sibirien und Japan und schließlich auch in Nordamerika. In Mitteleuropa findet sich der Falter überall und steigt im Gebirge bis 1500 m. Er fliegt auf Wiesen, Ödland und an Waldrändern. Die Raupe ist grün mit einer dunkleren Rückenlinie und einer Reihe kleiner gelber Flecken an den Seiten. Sie lebt an verschiedenen wildwachsenden kreuzblütigen Pflanzen wie Hederich (*Raphanistrum*) und Acker-Senf (*Sinapis*). Kulturpflanzen werden weniger befallen. Die Verpuppung erfolgt auf der Nahrungspflanze oder an Zäunen und Mauern mit der jeweiligen Farbanpassung. Die Falter fliegen von März bis zum Herbst in zwei bis drei Generationen, während die Puppe überwintert. Über 1500 m fliegt in den Alpen eine sehr ähnliche Art, der Alpenkohlweißling *Pieris bryoniae.*

Rapsweißling *Pieris napi,* in Paarung

Kleiner Kohlweißling *Pieris rapae,* saugend

Kleiner Kohlweißling *Pieris rapae,* saugend

natürliche Größe

Resedafalter *Pontia daplidice* LINNAEUS Familie Pieridae. Dieser Falter ist in Südeuropa und Nordafrika zu Hause, kommt aber als ausgeprägter Wanderfalter gelegentlich in fast allen anderen Teilen Europas vor.

Aurorafalter *Anthocharis cardamines,* Puppe

Leider ist sein Erscheinen heute wie bei vielen anderen Tagfaltern stark zurückgegangen. Die Art bevorzugt Ödland auf trockenen, sandigen Böden und steigt in den Gebirgen bis zu 2000 m Höhe. Die Raupe hat einen gelben Kopf, der mit schwarzen Punkten übersät ist, und der Körper ist blaugrau mit glänzend schwarzen Flecken und gelben Linien am Rücken und auf den Seiten. Sie lebt an den Blättern von Wau (*Reseda*), Gänsekresse (*Arabis*), Ackersenf (*Sinapis*) und anderen kreuzblütigen Pflanzen. Die Falter fliegen je nach Gegend von Februar bis September in zwei oder mehr Generationen. Sie besuchen gerne blühende Kleefelder. Die Geschlechtsunterschiede sind auf den Bildern gut zu erkennen.

Aurorafalter *Anthocharis cardamines* LINNAEUS Familie Pieridae. Der Schmetterling fliegt in ganz Europa mit Ausnahme vom südlichen Spanien, Nordschottland, Nordskandinavien und Finnland. Die Falter fliegen immer in Waldnähe oder im Wald, an den Rändern und auf Lichtungen, meist auf feuchten Böden mit einer reichen Flora. In den Alpen kommt die Art bis gegen 2000 m vor. Die Raupe ist blaß blaugrün auf der Oberseite und dunkelgrün auf der Unterseite mit einem weißen Band auf beiden Körperseiten. Sie lebt an vielen verschiedenen kreuzblütigen Pflanzen, zum Beispiel an Wiesenschaumkraut (*Cardamine pratensis*), Raukensenf (*Sisymbrium officinale*), Lauchhederich (*Alliaria officinalis*) und Kresse (*Nasturtium*). Die erwachsene Raupe verläßt die Nahrungspflanze und verpuppt sich in der umgebenden Vegetation, wo sie bis zu elf Monaten ruht. Die Falter fliegen bis zu zwei Monaten zwischen März und Mai je nach Gegend. Der Aurorafalter ist ein Musterbeispiel für Geschlechtsunterschiede: das Männchen trägt einen leuchtend orangefarbenen Fleck auf den Vorderflügeln, der den Weibchen fehlt. Die Unterseite der Hinterflügel ist grünlich und gelb marmoriert und verleiht dem ruhenden Falter, der mit zusammengeklappten Flügeln sitzt, eine gute Tarnung in der Umgebung.

Resedafalter *Pontia daplidice*

Resedafalter *Pontia daplidice*

Aurorafalter *Anthocharis cardamines*

natürliche Größe

Nierenfleck *Thecla betulae,* ruhend

Blauer Eichenzipfelfalter *Quercusia quercus,* Raupe

Brombeerzipfelfalter *Callophrys rubi* LINNAEUS Familie Lycaenidae. Dieser weitverbreitete Falter kommt in ganz Europa vor und auch bis Sibirien. Bei uns findet sich der Falter besonders auf Heiden, Waldlichtungen und an Waldrändern. Die Raupe ist leuchtend grün mit einer dunkleren Linie am Rücken und schrägen, gelben Streifen auf den Seiten. Sie lebt an vielen verschiedenen Pflanzen, unter anderem an Stechginster (*Ulex*), Brombeeren (*Rubus*) und Faulbaum (*Rhamnus*), wo sie an den Früchten lebt. Die erwachsene Raupe verpuppt sich an der Basis der Nahrungspflanze in einem dünnen Gespinst; der Falter schlüpft etwa acht Monate später nach der Überwinterung im folgenden Frühjahr. Die Puppe kann zirpende Geräusche erzeugen. Je nach Gegend findet man die Falter zwischen März und Juli, in Mitteleuropa in der Regel im späten Frühjahr. Die Falter fliegen nur über kurze Strecken, aber sehr schnell, und sind durch ihre Färbung sehr schlecht zu erkennen, besonders wenn sie mit zusammengeklappten Flügeln ruhen, da die Unterseite ganz grün gefärbt ist.

Nierenfleck, Birkenzipfelfalter *Thecla betulae* LINNAEUS Familie Lycaenidae. Dieser Falter ist in Europa zwischen dem südlichen Skandinavien und Norditalien verbreitet. Er bevorzugt baumbestandene Gegenden und muß als Waldart angesehen werden, die man wegen der Lebensart wenig sieht. Die Raupe hat einen braunen Kopf, der Körper ist leuchtend grün mit keilförmigen gelben Zeichnungen auf dem Rücken und einer gelben Seitenlinie tief unten am Körper. Sie lebt an den Blättern von Schlehdorn (*Prunus spinosa*), Pflaume (*Prunus domestica*) und Birke (*Betula*). Wenn die Raupe erwachsen ist, verwandelt sich die Farbe in ein rötliches Purpur, bevor sie sich auf oder unter einem Blatt der Nahrungspflanze verpuppt. Die Falter findet man von Juli bis Oktober, manchmal an Brombeerblüten saugend.

Brombeerzipfelfalter *Callophrys rubi,* ruhend

Nierenfleck *Thecla betulae*

Blauer Eichenzipfelfalter *Quercusia quercus*

Blauer Eichenzipfelfalter *Quercusia quercus* LINNAEUS Familie Lycaenidae. Dieser Falter findet sich in fast allen Teilen Westeuropas und fehlt nur im nördlichen Skandinavien und Finnland. In den Gebirgen kommt die Art bis gegen 1700 m Höhe vor. In Spanien, Portugal und Nordafrika gibt es eine deutlich unterscheidbare Rasse (ssp. *ibericas* STAUDINGER), die eine sehr helle Unterseite aufweist und viel weniger Zeichnung auf den Flügeln besitzt. Die Raupe ist rotbraun mit einer schwarzen Rückenlinie und einer Serie dunkelbrauner, schräger Linien auf beiden Körperseiten. Sie lebt an jungen Blättern von Eiche (*Quercus*) und gelegentlich an Esche (*Fraxinus*), Weide (*Salix*) und Edelkastanie (*Castanea sativa*). Die Verpuppung erfolgt auf der Blattunterseite oder dem Baumstamm auf einem kleinen Polster von Gespinstfäden. Die Falter fliegen im Juli und August, sind aber als echte Waldart kaum zu beobachten. Auch bei dieser Art ist ein deutlicher Geschlechtsunterschied zu bemerken, da das Männchen leuchtend blaue Flecken aufweist, das Weibchen aber nicht. Die kurz geschwänzten Hinterflügel zeigen außerdem eine Kopfmimikry, die Angreifer irritieren soll.

natürliche Größe

Eichenzipfelfalter *Nordmannia ilicis* ESPER Familie Lycaenidae. Dieser Falter ist weit verbreitet und nicht selten, fehlt aber im südlichen Spanien und auf den britischen Inseln. Die Falter fliegen auf buschigen Böden im Hügelland, wo kleine Eichenbüsche vorkommen. Im Gebirge steigt die Art bis zu 1700 m. Die Raupe hat einen schwarzen Kopf und einen blaßgrünen Körper mit ei-

Eichenzipfelfalter *Nordmannia ilicis,* ruhend

ner dunkleren Rückenlinie und einer Reihe schräger dunkelgrüner Streifen an den Seiten. Sie lebt an den Blättern verschiedener Eichenarten (*Quercus*), zeigt aber eine besondere Vorliebe für niederes Gebüsch. Die Raupen überwintern auf der Unterseite von Blättern und wachsen im folgenden Frühjahr zur vollen Größe heran. Die Falter fliegen im Juni und Juli, man sieht sie aber selten, da sie eine sehr verborgene Lebensweise führen.

Ulmenzipfelfalter *Strymonidia w-album* KNOCH Familie Lycaenidae. Dieser Schmetterling ist in Süd- und Zentraleuropa verbreitet, kommt auch im südlichen Skandinavien vor, fehlt jedoch in Spanien und Portugal. In den Ländern um die Nordsee ist die Art recht selten. Man findet die Art in baumbestandenem Gelände, in Parks, an Waldrändern und dergleichen, wo die Ulme, die Nahrungspflanze, wächst. Die Raupe hat einen schwarzen Kopf, und ihr Körper ist gelblichgrün mit einer Reihe von diagonalen dunkelgrünen Streifen an den Körperseiten. Sie lebt an Blüten, Knospen und jungen Blättern von verschiedenen Ulmenarten (*Ulmus*). Die Puppe wird in der Regel an Blättern oder Zweigen befestigt. Die Falter fliegen im Juni und Juli, halten sich dabei hauptsächlich in den Baumkronen auf und sind deshalb schwer zu beobachten. Zur Nahrungsaufnahme kommen sie manchmal in Bodennähe an die Blüten von Brombeeren (*Rubus*) und Liguster (*Ligustrum*). Der wissenschaftliche Name dieser Art beruht auf der eigentümlichen weißen, w-förmigen Zeichnung auf der Unterseite der Hinterflügel.

Pflaumenzipfelfalter *Strymonidia pruni* LINNAEUS Familie Lycaenidae. Diese Art ist in Zentraleuropa weit verbreitet, kommt aber nur lokal vor. In Osteuropa ist sie häufiger, in Südeuropa fehlt sie dagegen fast vollständig, ebenso wie in Westfrankreich und den Niederlanden. In den Ländern um die Nordsee kommt die Art nur vereinzelt im Küstengebiet vor. Die Art bevorzugt lichten Wald und lockere Gebüsche, wo die

Ulmenzipfelfalter *Strymonidia w-album,* saugend

Pflaumenzipfelfalter *Strymonidia pruni,* Raupe

Nahrungspflanze Schlehdorn wächst. Die Raupe hat einen blaßbraunen Kopf und einen gelbgrünen Körper mit einer rotpurpurnen, doppelten Linie auf dem Rücken. Sie lebt an Knospen und sich entwickelnden Blättern von Schlehdorn (*Prunus spinosa*), Pflaume (*Prunus domestica*) und verwandten Pflanzen. Die Puppe wird auf Blättern oder an Zweigen befestigt, wo sie jedoch nur schwer entdeckt werden kann. Sie zeigt nämlich eine ausgeprägte Vogelmistmimikry, sie ist dunkel mit weißen Flecken und gedrungen gebaut. Die Falter fliegen im Juni und Juli, und man kann sie recht oft an den Blüten von Himbeeren und Brombeeren (*Rubus*) und an Honigtau saugend finden.

Pflaumenzipfelfalter *Strymonidia pruni*

natürliche Größe

Kleiner Feuerfalter *Lycaena phlaeas,* ruhend

Kleiner Feuerfalter *Lycaena phlaeas,* Raupe

Kleiner Feuerfalter, Feuervögelchen, *Lycaena phlaeas* LINNAEUS Familie Lycaenidae. Diese häufige und weit verbreitete Art findet sich in ganz Europa. Es gibt einige beschriebene Unterarten, so zum Beispiel die Subspezies *hibernica* GOODSON in Irland, die auf der Unterseite sehr viel bunter gezeichnet ist. Lebensräume sind Wiesen, Straßenböschungen, Feuchtland und Hügel von Meereshöhe bis 2000 m. Die Raupe ist dunkelgrün, manchmal mit einem rosa Streifen auf dem Rücken und auf beiden Körperseiten. Sie lebt an verschiedenen Ampferarten (*Rumex*) und an Knöterich (*Polygonum*). Die Raupen der Herbstgeneration überwintern an der Nahrungspflanze. Die Verpuppung erfolgt an einem Stengel oder Blatt, und der Falter schlüpft nach etwa einem Monat. Es gibt gewöhnlich zwei oder drei Generationen dieses Schmetterlings im Jahr, vom Frühjahr bis in den September hinein. Die arktische Unterart *polaris* COURVOISIER bringt es nur zu einer Generation, die im Juni und Juli fliegt.

Großer Ampferfeuerfalter *Lycaena dispar* HAWORTH Familie Lycaenidae. Dieser prachtvolle Falter kommt sehr lokal in weit zerstreuten Kolonien in Zentraleuropa vor. Falter aus den Niederlanden gehören zur Unterart *batavus* OBERTHUER, während die anderen europäischen Populationen zur Unterart *rutilus* WERNEBERG gehören. Die Raupe ist leuchtend grün und stimmt in der Farbe ausgezeichnet mit der Nahrungspflanze Fluß-Ampfer (*Rumex hydrolapathum*) und Wasser-Ampfer (*Rumex aquaticus*) überein. Die Raupen erzeugen in besonderen Drüsen am Rücken eine süße Flüssigkeit und werden deshalb gerne von Ameisen besucht, die diesen Saft aufnehmen, die Raupen andererseits durch ihre Anwesenheit schützen. Die Falter der Unterart *batavus* haben nur eine Generation im Jahr und fliegen im Juni und Juli, während die der Unterart *rutilus* zwei Generationen hervorbringen und im Mai und Juni und wieder im August und September erscheinen.

Brauner Feuerfalter *Heodes tityrus* PODA Familie Lycaenidae. Diese Art findet sich lokal in vielen Gegenden Mittel- und Südeuropas, fehlt aber im südlichen Spanien, in Skandinavien und auf den Britischen Inseln. Die Art lebt auf Wiesen und Waldlichtungen hauptsächlich in tiefen Lagen, kann aber bis 1700 m in den Gebirgen emporsteigen. Die alpine Unterart *subalpinus* SPEYER kommt gewöhnlich auf Almwiesen in Höhen zwischen 1300 und 2000 m vor. Die Raupe ist hellgrün oder purpurn und weiß gefleckt. Sie lebt an den Blättern von Ampfer (*Rumex*). Je nach Höhe gibt es ein bis zwei Generationen, die von April bis August fliegen können.

Großer Feuerfalter *Lycaena dispar,* ruhend

Kleiner Feuerfalter *Lycaena phlaeas,* ruhend

Großer Feuerfalter *Lycaena dispar,* saugend

natürliche Größe

Violetter Feuerfalter *Heodes alciphron* ROTTEMBURG Familie Lycaenidae. Die Verbreitung dieser hübschen Art erstreckt sich von Westeuropa bis Kleinasien und Iran. Sie fehlt den britischen Inseln, den Niederlanden, Belgien und Fennoskandien. Die nördliche Unterart *alciphron* findet sich auf Wiesen des Flachlands, während die südliche Unterart *gordius* SULZER auf den subalpinen Almen bis zu 2000 m fliegt. Die Raupe ist hellgrün mit dunklen Linien am Rücken und auf den Seiten. Sie lebt am Ampfer (*Rumex*) und überwintert auf der Nahrungspflanze, bevor sie sich im folgenden Frühjahr im Boden verpuppt. Die Falter der nördlichen Unterart fliegen im Juni und Juli, während die Flugperiode in Südeuropa von Juni bis August läuft. Die Falter fliegen auf warmem, trockenem Wiesenland und besuchen gerne die Blüten von Himbeeren, Brombeeren (*Rubus*) und Thymian (*Thymus*).

Kleiner Ampferfeuerfalter *Palaeochrysophanus hippothoe* LINNAEUS Familie Lycaenidae. Das ist eine in West- und Nordeuropa weit verbreitete Art, die jedoch sehr lokal vorkommt. Nach Osten findet man sie bis Sibirien. Auf den britischen Inseln und in den Niederlanden kommt sie nicht vor. Es gibt eine Reihe beschriebener Unterarten, in denen die Ausdehnung der Purpurfarbe und die Intensität der Zeichnung variiert. Die Lebensräume reichen von feuchten Wiesen des Flachlands zu subalpinen Almen in Höhen bis zu 2300 m. Die Raupe hat einen braunen Kopf und einen dunkelgrünen Körper mit einer dunkleren Rückenlinie und einer weißen Linie

Violetter Feuerfalter *Heodes alciphron* ssp. *gordius,* ruhend

entlang beider Körperseiten. Sie lebt an Ampfer (*Rumex*) und Knöterich (*Polygonum*), wo sie überwintert und im folgenden Frühjahr zur vollen Größe heranwächst. Die Falter fliegen je nach Gegend von Juni bis August, und es gibt eine Generation im Jahr. Die Populationen haben in den vergangenen Jahren sichtlich abgenommen, vermutlich durch Entwässerung der Lebensräume.

Feuerfalter, Dukatenfalter *Heodes virgaureae* LINNAEUS Familie Lycaenidae. Diese Art ist in Mitteleuropa weit verbreitet und recht bekannt, wird in diesem Buch aber nicht abgebildet. Die Falter fliegen auf feuchten, blumenreichen Wiesen und unterscheiden sich nur wenig vom Großen Ampferfeuerfalter, der lediglich etwas größer ist. Auch hier gibt es große Geschlechtsunterschiede, da nur die männlichen Tiere die glänzende Goldfarbe zeigen, während die Weibchen gefleckt und braun überstäubt sind.

Langgeschwänzter Bläuling *Lampides boeticus* LINNAEUS Familie Lycaenidae. Diese Art ist hauptsächlich in den Tropen und Subtropen verbreitet und findet sich von Afrika bis zu den pazifischen Inseln. Als Bewohner Südeuropas kommt sie gelegentlich auch als Wanderfalter nach Mitteleuropa mit einer Nordgrenze in Deutschland und den Niederlanden, aber auch Südengland. Die Art findet sich vor allem auf Ödland bis zu Höhen von 2000 m. Die Raupe variiert in der Farbe von hellgrün bis rotbraun mit einer dunkleren Rückenlinie und schrägen Streifen auf den Körperseiten. Sie lebt an Sämlingen von verschiedenen schmetterlingsblütigen Pflanzen, zum Beispiel an Blasenstrauch (*Colutea*), und kann in den Tropen an Erbsen (*Pisum*) schädlich werden.

Kleiner Ampferfeuerfalter *Palaeochrysophanus hippothoe*

Langgeschwänzter Bläuling *Lampides boeticus*, Raupe

Langgeschwänzter Bläuling *Lampides boeticus*, saugend

Kleiner Ampferfeuerfalter *Palaeochrysophanus hippothoe*

natürliche Größe

Kleiner Bläuling *Cupido minimus* Fuessly Familie Lycaenidae. Dieser kleine Falter ist in Europa fast überall weit verbreitet und nicht selten, fehlt aber der südlichen iberischen Halbinsel, den Niederlanden und großen Teilen Nordeuropas. Die Art lebt auf trockenen, unkultivierten Flächen im Flachland und an Hängen von Bergen, meist auf Kalkböden, im Küstengebiet auch auf Dünen. Die Raupe hat einen schwarzen Kopf, die Körperfarbe variiert von blaßbraun bis gelb mit rosafarbenen Zeichnungen am Rücken und auf den Seiten. Sie lebt an den Keimlingen von Wundklee (*Anthyllis vulneraria*) und verwandten Pflanzen und überwintert in der Blumenkrone einer alten Blüte. Die Verpuppung erfolgt im folgenden Frühjahr gewöhnlich an einem Grashalm. Die Falter fliegen je nach Gegend in unterschiedlich vielen Generationen von April bis September. Diese Art ist die kleinste der Bläulinge, die in Europa vorkommen.

Kurzschwänziger Bläuling *Everes argiades* Pallas Familie Lycaenidae. Die Art ist in Zentral- und Südeuropa weit verbreitet, fehlt aber in Teilen Spaniens und in den Küstenländern des Nordens. Als Lebensraum gelten Heiden und Weiden, oft auf feuchten Böden und bis zu 500 m Höhe. Die Raupe hat einen glänzend schwarzen Kopf, der Körper ist blaßgrün gefärbt. Die

Kleiner Bläuling *Cupido minimus*

Rückenlinie ist dunkler gefärbt, ebenso die schrägen Streifen an den Körperseiten. Sie lebt an Sämlingen und Blättern verschiedener schmetterlingsblütiger Pflanzen, besonders an Schneckenklee (*Medicago*) und Hornklee (*Lotus*), und überwintert an der Nahrungspflanze. Die Verpuppung erfolgt im Frühjahr; die Falter schlüpfen nach etwa zwei Wochen. Sie fliegen von April bis September mit zwei oder mehr Generationen im Jahr.

Silberfleckbläuling *Plebejus argus* Linnaeus Familie Lycaenidae. Die Art ist über fast ganz Europa verbreitet, fehlt aber im nördlichen Fennoskandien. Es gibt eine ganze Reihe gut unterscheidbarer beschriebener Unterarten, zum Beispiel in den höheren Alpen (ssp. *aegidion* Meisner) und Spanien (ssp. *hypochionus* Rambur). Der Lebensraum dieser Art besteht aus sandigen Heiden und Hügeln mit armen Böden, besonders auf Kalkuntergrund. Die Raupe ist entweder blaßgrün mit purpurnen und rosa Streifen oder olivgrün mit rötlichen Zeichnungen. Sie lebt vor allem an den Blüten und Blättern von Stechginster (*Ulex europaeus*), Hornklee (*Lotus*), Besenginster (*Cytisus*), Heidekraut (*Calluna*). Die Verpuppung erfolgt tief unten an der Nahrungspflanze; der Schmetterling schlüpft nach etwa achtzehn Tagen. Die Falter fliegen von Mai bis August entsprechend der Gegend in ein bis zwei Generationen. Eine bemerkenswerte Eigenschaft dieses Bläulings und vieler anderer Arten aus der Familie ist die Bildung von Übernachtungsgesellschaften (siehe Bild rechts oben). Viele Falter vereinigen sich am Abend in relativ geringem Abstand in der Vegetation und sitzen meist mit dem Kopf nach unten an Pflanzenstengeln und Grashalmen. Die Art ist sehr geschlechtsdimorph, da die Weibchen kaum blaue Farbtöne aufweisen, sondern überwiegend braun sind. Auf der Unterseite der Hinterflügel haben beide Geschlechter blaugrün metallisch glänzende Flecken.

Silberfleckbläuling *Plebejus argus,* in Schlafgemeinschaft

Kleiner Bläuling *Cupido minimus*

Silberfleckbläuling *Plebejus argus,* saugend

natürliche Größe

Gemeiner Bläuling *Lycaeides idas* LINNAEUS Familie Lycaenidae. Die wirkliche Verbreitung dieser Art ist noch immer unsicher, da zwei Arten miteinander verwechselt werden, nämlich der Gemeine Bläuling und Reverdins Bläuling (*Lycaeides argyrognomon* BERGSTRASSER). Der Gemeine Bläuling ist in Europa weit verbreitet, fehlt aber den britischen Inseln und Teilen der iberischen Halbinsel. Sein Lebensraum findet sich auf trockenen, sandigen Heiden und Hügeln bis zu Höhen von 1500 m. Die Raupe ist grün und trägt rote und braune Zeichnungen. Sie ist mit Ameisen in einer Symbiose verbunden, die die Raupen wegen ihrer süßen Ausscheidungen in ihre Nester eintragen, wo sie überwintern und sich meist auch verpuppen. Als Gegenleistung ernähren sich die Schmetterlingsraupen von der Brut der Ameisen. Die Falter fliegen von Juni bis August mit einer Generation im Norden und zwei im Süden. Der Silberfleckenbläuling ist sehr ähnlich, unterscheidet sich aber durch einen Dorn am Vorderbein.

Dunkelbrauner Bläuling *Aricia agestis* DENIS UND SCHIFFERMÜLLER Familie Lycaenidae. Dieser Schmetterling lebt in fast allen Teilen von Zentral- und Südeuropa, fehlt aber in Spanien, Portugal und Fennoskandien. Gewöhnlich findet man den Falter auf Kalkböden und sandigen Heiden. Die Raupe hat einen schwarzen Kopf, der Körper ist grün mit purpurfarbenen Linien auf dem Rücken und den Seiten des Körpers. Sie lebt an den Blättern des Sonnenröschens (*Helianthemum*), des Reiherschnabels (*Erodium*) und des Storchschnabels (*Geranium*). Die Raupen der letzten Generation überwintern und verpuppen sich an der Basis der Futterpflanze im folgenden Frühjahr. Die Falter fliegen zwischen April und August je nach Gegend. Gewöhnlich erzeugt die Art zwei Generationen, im Süden gibt es aber auch drei Generationen im Jahr.

Nördlicher Dunkelbrauner Bläuling *Aricia artaxerxes* FABRICIUS Familie Lycaenidae. Früher wurde diese Art als Unterart des Dunkelbraunen Bläulings betrachtet. Sie fliegt in Zentral- und Nordeuropa, die Verbreitung ist aber nur ungenügend bekannt, da die Bestimmungen immer noch unsicher sind. Im nördlichen England gibt es eine Unterart ssp. *salmacis* FABRICIUS, während die Unterart des kontinentalen Europa zur ssp. *allous* GEYER gehört. Die grüne Raupe ist schlanker als jene des Dunkelbraunen Bläulings, und die Seitenlinien sind weiß. Sie lebt an den Blättern von Sonnenröschen (*Helianthemum*) und Reiherschnabel (*Erodium*). Sie überwintert und wird erst im folgenden Frühjahr erwachsen. Die Falter fliegen von Juni bis August, der Gegend entsprechend.

Hauhechelbläuling *Polyommatus icarus* ROTTEMBURG Familie Lycaenidae. Diese häufige und weitverbreitete Art findet sich von Nordafrika bis in die Arktis. Man findet sie auf Wiesen und offenem Hügelland bis zu Höhen von 2000 m. Die Raupe hat einen schwarzen Kopf, der Körper ist hellgrün mit dunklerer Rückenlinie und weißen Seitenlinien. Sie lebt an Blüten und Blättern von Hornklee (*Lotus corniculatus*), Hauhechel (*Ononis spinosa*), Klee (*Trifolium*) und verwandten Pflanzen. Die Raupe überwintert; sie verpuppt sich an der Nahrungspflanze. Die Falter fliegen von April bis September, und je nach Gegend können bis zu drei Generationen entstehen.

Gemeiner Bläuling *Lycaeides idas*

Dunkelbrauner Bläuling *Aricia agestis*

Dunkelbrauner Bläuling *Aricia agestis*

Hauhechelbläuling *Polyommatus icarus,* ruhend

Hauhechelbläuling *Polyommatus icarus*

natürliche Größe

Silbergrüner Bläuling *Lysandra coridon* Poda Familie Lycaenidae. Dieser Schmetterling findet sich in großen Teilen Europas mit Ausnahme von Skandinavien und einigen südlichen Teilen von Spanien und Italien. Die Art lebt auf Wiesen und offenem Hügelland, besonders auf Kalk- und Kreideböden. Die Raupe hat einen glänzend schwarzen Kopf, der Körper ist grün mit leuchtend gelben Streifen. Sie lebt an Hufeisenklee (*Hippocrepis comosa*) und anderen schmetterlingsblütigen Pflanzen. Sie überwintert auf der Nahrungspflanze und vollendet die Entwicklung im folgenden Frühjahr. Die Verpuppung erfolgt am Boden zwischen Wurzeln. Die Falter fliegen im Juli und August.

Himmelblauer Bläuling *Lysandra bellargus* Rottemburg Familie Lycaenidae. Dieser schöne Schmetterling ist weit verbreitet und findet sich von Südeuropa bis zur baltischen Küste. Er fliegt fast an den gleichen Stellen wie der Silbergrüne Bläuling, und gelegentlich kommt es zu Kreuzungen zwischen den beiden Arten. Die Raupe ist dunkelgrün mit gelborangen Längsstreifen und einer „Honigdrüse", die Ameisen anlockt. Sie lebt an den Blättern von Hufeisenklee (*Hippocrepis comosa*) und verwandten Pflanzen und verpuppt sich, wenn sie erwachsen ist, am Boden in einem dünnen Kokon aus Seide und Erde. Es gibt zwei Generationen, und die Raupe überwintert an der Nahrungspflanze, um im folgenden Jahr die Entwicklung zu vollenden. Die Falter sieht man im Mai und Juni sowie wieder von Juli bis September, den klimatischen Gegebenheiten der Umwelt entsprechend. Wie bei der vorhergehenden Art ist auch bei dieser der Geschlechtsdimorphismus sehr stark ausgeprägt.

Violetter Waldbläuling *Cyaniris semiargus* Rottemburg Familie Lycaenidae. Dieser Schmetterling ist weit verbreitet und nicht selten in Europa, fehlt aber im nördlichen Fennoskandien, im südlichen Spanien und in England. Lebensräume bilden unkultiviertes Land und alpine Matten bis zu 2000 m Höhe. Die Raupe ist grün mit dunklerer Rücken- und Seitenlinie. Ihr Kopf ist glänzend schwarz. Sie lebt an Blüten, Samen und Blättern von Grasnelke (*Armeria maritima*), Wundklee (*Anthyllis vulneraria*), Klee (*Trifolium*) und verwandten Pflanzen. Die Raupe überwintert noch ganz klein in einem vertrockneten Blütenkelch. Im späten Frühjahr verpuppt sich die Raupe an der Nahrungspflanze, der Falter schlüpft nach etwa siebzehn Tagen. Die Falter fliegen von Juni bis August, entsprechend der Höhenlage. Sie versammeln sich gerne um Pfützen und feuchte Stellen, um dort Wasser zu trinken. Die Art hat nur eine Generation im Jahr.

Himmelblauer Bläuling *Lysandra bellargus*

Silbergrüner Bläuling *Lysandra coridon,* an der Nahrung

Himmelblauer Bläuling *Lysandra bellargus,* Weibchen

Violetter Waldbläuling *Cyaniris semiargus,* ruhend

natürliche Größe

Faulbaum-Bläuling *Celastrina argiolus,* Raupe

Himmelblauer Steinklee-Bläuling *Glaucopsyche alexis* PODA Familie Lycaenidae. Die Art ist in Süd- und Mitteleuropa weit verbreitet und findet sich auch im südlichen Skandinavien. Im nördlichen Teil des Verbreitungsgebietes ist die Art jedoch lokal und selten. Auf der iberischen Halbinsel findet man sie jedoch nur in den Pyrenäen und in der Sierra Nevada. Sie lebt auf Wiesen und Waldlichtungen hauptsächlich im Flachland. In den Gebirgen steigt sie bis 1300 m. Die Raupe ist grün oder braun mit einer dunkleren Rückenlinie und schwarzen Diagonalstreifen. Sie lebt an Tragant (*Astragalus*), Ginster (*Cytisus*) und anderen Schmetterlingsblütlern und überwintert an der Nahrungspflanze. Diese Art hat nur eine Generation im Jahr und fliegt im April und Mai. Bemerkenswert sind die großen schwarzen Flecken auf der Unterseite der Vorderflügel.

Faulbaum-Bläuling *Celastrina argiolus* LINNAEUS Familie Lycaenidae. Dieser weitverbreitete Schmetterling ist in ganz Europa zu finden, mit Ausnahme vom nördlichen Fennoskandien, und reicht nach Osten durch Sibirien bis Japan. Die Art ist auch in Nordamerika weit verbreitet. Der Lebensraum reicht von Waldlichtungen bis zu Hecken und Gärten. Die Raupen haben viele Farbvarianten, die von Gelbgrün mit blassen Linien bis zu Bräunlichgrün mit gelben Streifen und purpurroten Zeichnungen reichen. Sie lebt an Knospen, Blüten, Beeren und jungen Blättern verschiedener Sträucher, besonders von Stechpalme (*Ilex*) im Frühjahr und Efeu (*Hedera helix*) im Herbst. Andere Nahrungspflanzen sind Faulbaum (*Rhamnus*) und Pfaffenhütchen (*Euonymus*). Die Verpuppung erfolgt in der Regel auf der Nahrungspflanze. Dieser Schmetterling hat zwei Generationen im Jahr, und die Falter fliegen von April bis Mai und von Juli bis August. Man sieht sie selten an Blüten saugen, dagegen öfter an Pfützen, Aas oder am Saft beschädigter Bäume. Auch hier ist der Geschlechtsunterschied sehr stark ausgeprägt.

Himmelblauer Steinklee-Bläuling *Glaucopsyche alexis*

Faulbaum-Bläuling *Celastrina argiolus*

Faulbaum-Bläuling *Celastrina argiolus,* Raupe

natürliche Größe

Schwarzgefleckter Bläuling *Maculinea arion* LINNAEUS Familie Lycaenidae. Diese interessante Art ist in Mittel- und Südeuropa weit verbreitet und findet sich auch in Spanien in den zentralen Gebirgen. Die im südlichen England früher vorhandenen Populationen sind heute offenbar ausgestorben. Die Raupe ist zunächst trüb rosa gefärbt und verändert sich nach und nach mit den Blütenknospen des Feldthymian (*Thymus serpyllum*), an denen sie lebt. Nach der dritten Häutung wandert die Raupe von der Nahrungspflanze weg, bis sie von Ameisen gefunden wird, die von ihrer „Honigdrüse“ mit süßen Sekreten angezogen werden. Sie wird von den Ameisen in den Bau getragen und verfärbt sich dort bräunlich-weiß. Dort ernährt sie sich von Ameisenlarven. Im folgenden Frühjahr verpuppt sie sich im Nest, und der Falter schlüpft nach etwa drei Wochen. Die Schmetterlinge fliegen von Juni bis August auf Trockenrasen, wo die Nahrungspflanze wächst und die Wirtsameisen vorkommen. Es muß hervorgehoben werden, daß der Falter selbst keinen Schutz vor den Ameisen genießt, sondern nach dem Schlüpfen schnell das Ameisennest verläßt, um nicht angegriffen zu werden.

Kleiner Moor-Bläuling *Maculinea alcon* DENIS UND SCHIFFERMÜLLER Familie Lycaenidae. Die Verbreitung dieser Art ist ähnlich wie die des Schwarzgefleckten Bläulings, Vorkommen in England sind aber unbekannt. Die Verbreitung ist lokal, da sich der Lebensraum auf feuchte Wiesen, Moore und Sandhügel beschränkt, wo die Nahrungspflanze vorkommt. Dieser Schmetterling fliegt vom Flachland bis zur Höhe von 1000 m. Zwischen 1300 und 2000 m fliegt die Unterart ssp. *rebeli* HIRSCHKE, die von manchen Autoren als eigene Art angesehen wird. Die Raupe ist grün oder rötlichbraun gefärbt und lebt und ernährt sich im Innern von Enzianblüten (*Gentiana*). Dort lebt sie ungefähr zwei Monate, bis sie die Nahrungspflanze verläßt, um von Ameisen aufgesucht und ins Nest getragen zu werden wie die Raupe des Schwarzgefleckten Bläulings. Sie überwintert im Ameisennest und ernährt sich von den Larven und Puppen der Ameisen. Nach der Überwinterung verpuppt sie sich, und die Falter schlüpfen nach etwa drei Wochen. Die Falter fliegen in einer Generation, und man kann sie im Juli und August beobachten. Die Geschlechtsunterschiede sind bedeutend.

Schwarzgefleckter Bläuling *Maculinea arion*

Schwarzgefleckter Bläuling *Maculinea arion,* Raupe mit Ameisen

Schwarzgefleckter Bläuling *Maculinea arion*

Kleiner Moor-Bläuling *Maculinea alcon*

Hamearis lucina

Libythea celtis

natürliche Größe

Brauner Würfelfalter *Hamearis lucina* LINNAEUS Familie Riodinidae. Diese Art kommt in Mittel- und Südeuropa vor mit Ausnahme der südlichen Teile von Spanien und Italien. Früher gab es auch Vorkommen in Skandinavien, die aber heute erloschen sind. In England ist die Art weit verbreitet, kommt aber hauptsächlich im Süden vor. Als Waldtier kommt der Schmetterling im Flachland vor, kann in den Gebirgen aber bis zu 1300 m Höhe steigen. Die Raupe ist braun mit schwarzen und weißen Haaren und dunklen Linien am Rücken und an den Seiten. Sie lebt an den Blättern des Echten Himmelsschlüssels (*Primula veris*) und des Hohen Himmelsschlüssels (*Primula eliator*), wo sie gewöhnlich auf der Unterseite der Blätter ruht. Die Verpuppung erfolgt auf der Nahrungspflanze. Im Norden tritt bei dieser Art nur eine Generation im Jahr auf, im Süden dagegen gibt es zwei. Entsprechend der Gegend fliegt die Art von Mai bis Juni und von Juli bis August. In den vergangenen Jahrzehnten ist die Art in ganz Europa stark zurückgegangen und mancherorts verschwunden. Die Ursachen hierfür sind unklar, man kann aber annehmen, daß Veränderungen der Umwelt die Ursache sind.

Die Familie Riodinidae ist vor allem in den Tropen und ganz besonders in Südamerika mit zahlreichen oft sehr bunten Arten vertreten, die oft Falter aus ganz anderen Familien nachahmen.

Zürgelbaumfalter *Libythea celtis* LAICHARTING Familie Libytheidae. Dieser ungewöhnlich aussehende Tagfalter kommt in Südeuropa und Nordafrika vor, seine weitere Verbreitung erstreckt sich aber durch Sibirien bis Japan. Gewöhnlich fliegt diese Art in Höhen unter 500 m, im Sommer findet man die Falter aber auch in größeren Höhen. Die Ursache für diese saisonal auftretende Höhenverbreitung ist eine Sommerwanderung. Mit Beginn der heißen Jahreszeit steigen die Tiere in kühlere Höhen, wo sie einige Zeit bleiben. Im Herbst kommen sie ins Tiefland zurück, wo die Nahrungspflanze wächst. Hier überwintern sie bis zum folgenden Frühjahr. Dann erfolgt die Fortpflanzung und die Entwicklung der nächsten Generation. Die Raupe hat einen braunen Kopf und einen grünen Körper mit einer weißen Rückenlinie und rosa Seitenlinien. Sie lebt am Zürgelbaum (*Celtis australis*). Die Falter schlüpfen im Juni aus der Puppe und sind bis September aktiv. Dann beginnen sie ihre Überwinterung, die bis zum folgenden Frühjahr dauert.

Brauner Würfelfalter *Hamearis lucina*

Brauner Würfelfalter, Puppe

Neben der eigentümlichen Flügelform unterscheidet sich dieser Schmetterling durch seine langen Palpen von den übrigen Faltern und durch Fühler, die nur allmählich zur Keule verdickt sind.
Die Familie, der diese Art angehört, umfaßt nur wenige Arten, die hauptsächlich in Asien verbreitet sind und alle ein sehr ähnliches Aussehen haben.

Zürgelbaumfalter *Libythea celtis,* ruhend

Brauner Würfelfalter *Hamearis lucina*

Zürgelbaumfalter *Libythea celtis*

Charaxes jasius

Limenitis populi

Ladoga camilla

4/5 natürlicher Größe

Erdbeerbaumfalter *Charaxes jasius* LINNAEUS Familie Nymphalidae. Dieser eindrucksvolle Tagfalter findet sich an den Küsten rund um das Mittelmeer, sowohl in Europa als auch in Nordafrika. Sein Lebensraum liegt an den Meeresküsten, kann an heißen, trockenen Berghängen aber bis 800 m emporsteigen. Die Raupe ist grün mit einer gelben Linie auf jeder Körperseite und zwei augenartigen Flecken am Körperende mit blauen Kernen. Der Kopf ist grün mit vier rötlichen Hörnern. Sie lebt am Erdbeerbaum (*Arbutus unedo*). Die Puppe ist blaugrün und recht gerundet und wird gewöhnlich an einem Zweig befestigt. Die Art hat zwei Generationen im Jahr, die Falter fliegen im Mai–Juni und August bis September. Sie haben einen außerordentlich kräftigen, oft segelnden Flug und halten sich gerne im Bereich der Baumkronen auf.

Großer Eisvogel *Limenitis populi* LINNAEUS Familie Nymphalidae. Diese Art ist in Zentral- und Nordeuropa weit verbreitet und in ihrem Vorkommen recht selten. Sie fehlt in Westeuropa und im nördlichen Fennoskandien, ebenso auf den britischen Inseln. Lebensraum ist feuchter, lichter Wald mit Lichtungen von Meereshöhe bis gegen 1000 m Höhe. Die Raupe ist grün mit dunkleren Flecken und zwei Reihen von Dornen auf dem Rücken, von denen das erste Paar besonders lang und nach vorn über den Kopf gerichtet ist. Sie lebt an den Blättern von Pappeln. Sie überwintert an einem Zweig und ist im folgenden Frühjahr erwachsen. Die gelbbraune Puppe ist an einem Blatt befestigt, der Falter schlüpft nach zwei Wochen. Die Falter fliegen im Juni und Juli meist hoch um die Baumkronen, kommen aber am Morgen zu Boden und besuchen auch Aas und Exkremente.

Kleiner Eisvogel *Ladoga camilla* LINNAEUS Familie Nymphalidae. Die Verbreitung dieses Schmetterlings reicht von Mitteleuropa ostwärts durch das südliche Sibirien bis China und Japan. Der Kleine Eisvogel ist eine ausgesprochene Waldart, die feuchte Böden bevorzugt, gewöhnlich im Flachland lebt, aber auch bis 1500 Meter steigen kann. Die Raupe ist grün mit purpurroter Unterseite und zwei Reihen brauner Dornen auf dem Rücken. Sie lebt an den Blättern von Geißblatt (*Lonicera*) und überwintert in einem kleinen Gehäuse aus einem zusammengesponnenen Blatt. Die ungewöhnliche Puppe ist grün und braun mit zwei kleinen Hörnern auf dem Kopf und großen Silberflecken an den Körperseiten. Sie wird meist an Blättern befestigt. Die Falter fliegen gerne im Waldschatten in Bodennähe und besuchen manchmal Brombeerblüten. Eine sehr ähnliche Art ist der Blauschwarze Kleine Eisvogel im Süden.

Kleiner Eisvogel *Ladoga camilla*, Raupe

Erdbeerbaumfalter *Charaxes jasius*

Kleiner Eisvogel *Ladoga camilla*

Kleiner Eisvogel *Ladoga camilla,* saugend

Großer Eisvogel *Limenitis populi,* frisch geschlüpft

natürlicher Größe

Großer Schillerfalter *Apatura iris* LINNAEUS Familie Nymphalidae. Das Verbreitungsgebiet dieses schönen Schmetterlings erstreckt sich über Mitteleuropa nach Osten durch das gemäßigte Asien nach Japan. Er kommt in Skandinavien nicht vor und in England nur ganz im Süden. Diese Waldart kommt vorwiegend in Flachland vor und wird nur selten in Höhen bis zu 1000 m beobachtet. Die schneckenförmige Raupe hat diagonale gelbe Streifen an beiden Körperseiten, am Kopf findet man zwei Hörner mit roten Spitzen, die nach vorn gerichtet sind, wenn die Raupe ruht. Sie lebt an den Blättern verschiedener Weiden, besonders an Salweide (*Salix caprea*) und überwintert an der Nahrungspflanze auf einem kleinen Seidengespinst, das an einem Zweig befestigt ist. Die Verpuppung erfolgt auf der Unterseite eines Blattes, und der Falter schlüpft nach etwa zwei Wochen. Die Falter fliegen im Juli und August an Waldrändern, auf Waldwegen und Lichtungen, wo sie von Aas und Exkrementen angelockt werden. Der Geschlechtsunterschied ist bemerkenswert, da nur die Männchen den herrlichen Blauschiller aufweisen.

Kleiner Schillerfalter *Apatura ilia* DENIS UND SCHIFFERMÜLLER Familie Nymphalidae. Diese Art ist dem Großen Schillerfalter sehr ähnlich, sowohl im Aussehen als auch in der Verbreitung, die jedoch etwas weiter südlich liegt. Es gibt eine erhebliche geographische Variation, und eine ganze Reihe von Unterarten wurden beschrieben. Die Art fehlt in England, in den Niederlanden und in Nordwestdeutschland. Es ist eine Waldart, die aber besonders feuchte Böden bevorzugt, zum Beispiel Bachufer, an denen die Nahrungspflanze wächst. Die schneckenförmige Raupe ist grün mit roten und gelben diagonalen Streifen an den Körperseiten und verzweigten Hörnern am Kopf. Sie lebt an den Blättern von Pappeln (*Populus*), Zitterpappeln (*Populus tremula*) und Weidenarten (*Salix*). Im Norden gibt es nur eine Generation im Jahr, während in südlichen Gegenden zwei auftreten. Die Falter fliegen von Mai bis Juni und von August bis September, entsprechend der Gegend. In der Verhaltensweise gibt es kaum Unterschiede zum Großen Schillerfalter. Die beiden Arten können dadurch unterschieden werden, daß der Kleine Schillerfalter am Vorderflügel rotgeringte Augenflecken trägt.

Großer Schillerfalter *Apatura iris*, Eier

Großer Schillerfalter *Apatura iris,* im Abflug

Kleiner Schillerfalter *Apatura ilia,* trinkend

Großer Schillerfalter *Apatura iris,* Raupe

Kleiner Schillerfalter *Apatura ilia,* trinkend

Vanessa atalanta

Cynthia cardui

Aglais urticae

Nymphalis polychloros

natürlicher Größe

Admiral *Vanessa atalanta* LINNAEUS Familie Nymphalidae. Dieser Wanderfalter findet sich in ganz Europa mit einer Gesamtverbreitung von Nordafrika und ostwärts durch das gemäßigte Asien bis China und Japan. In den Gebieten Europas nördlich der Alpen ist der Admiral zwar regelmäßig zu beobachten, immer aber nur ein Zuwanderer, da er den Winter nicht überdauern kann. Zur Flugzeit findet man die Falter fast überall von der Küste bis über 2000 m in den Gebirgen. Meist findet man ihn in baumbestandenem Gelände wie Gärten, Parks und lichten Wäldern. Die Raupe variiert in der Farbe von schwarz bis grüngrau mit einer gelben Linie an den Körperseiten, den Rücken bedecken Reihen verzweigter Dornen. Sie lebt an Brennesseln (*Urtica*) in zeltartigen Gehäusen, die sie aus zusammengesponnenen Blättern fertigt. Die Puppe ist graubraun mit metallisch goldenen Flecken und hängt mit dem Hinterende befestigt an der Blattunterseite. Die Falter fliegen von Mai bis Oktober und besuchen häufig Blüten.

Distelfalter *Cynthia cardui* LINNAEUS Familie Nymphalidae. Die Verbreitung dieses Wanderfalters ist fast weltweit und nimmt nur Südamerika aus. Es gibt eine regelmäßige Zuwanderung von Nordafrika und Südeuropa nach Norden bis zu den britischen Inseln und Skandinavien. Zur Wanderzeit findet man die Falter fast überall bis zu 2000 m Höhe, sie fliegen aber hauptsächlich auf freien Plätzen wie Feldern und Gärten. Die Raupe ist grau oder schwarz mit gelben Linien an den Körperseiten. Sie lebt an Disteln (*Carduus*), Klette (*Arctium*) und anderen Pflanzen. Die Puppe ist graubraun mit goldenen Flecken und wird an der Nahrungspflanze befestigt. Die Falter fliegen von April bis Oktober.

Kleiner Fuchs *Aglais urticae* LINNAEUS Familie Nymphalidae. Dieser häufige und weitverbreitete Schmetterling kommt in ganz Europa und über Sibirien bis Japan vor. Die Falter fliegen vom Küstenbereich bis über 3000 m Höhe. Sie bevorzugen Felder, Gärten und Straßenränder. Die Raupe ist gelblich mit dichter schwarzer Punktierung und besitzt zwei gelbe Rückenlinien und je eine Seitenlinie. Die Dornen am Rücken und auf den Seiten sind schwarz. Die Raupen fressen in Gesellschaften auf Brennesseln (*Urtica*) und spinnen die äußeren Blätter zusammen. Die erwachsenen Raupen zerstreuen sich und verpuppen sich, nur mit dem Hinterleibsende befestigt, an einem stabilen Gegenstand meist weitab von der Nahrungspflanze. Die Falter überwintern in Höhlen, aber auch auf Dachböden. Normal gibt es zwei Generationen im Jahr, in ungünstigen Gebieten jedoch nur eine. Flugzeit ist März bis Oktober.

Großer Fuchs *Nymphalis polychloros* LINNAEUS Familie Nymphalidae. Dieser Schmetterling ist in Europa weit verbreitet, heute aber sehr selten. Waldränder sind Lebensraum dieses Falters, der bis 1700 m ansteigt. Die Raupe ist schwarz mit einem doppelten gelben Rückenband und ebensolchen Seitenbändern. Die Dornen am Rücken und auf den Seiten sind gelb mit schwarzen Spitzen. Die Raupen leben gemeinsam in einem lockeren Gespinst an Ulme (*Ulmus*), Weide (*Salix*) und Obstbäumen. Die Puppe ist goldbraun mit Silberflecken am Rücken. Die Falter fliegen von Juni bis September und nach der Überwinterung im folgenden April und Mai.

Kleiner Fuchs *Aglais urticae,* saugend

Distelfalter *Cynthia cardui,* saugend

Großer Fuchs *Nymphalis polychloros*

Kleiner Fuchs *Aglais urticae,* Raupen

Großer Fuchs *Nymphalis polychloros*

Nymphalis antiopa

Inachis io

Polygonia c-album

natürlicher Größe

Trauermantel *Nymphalis antiopa* LINNAEUS Familie Nymphalidae. Dieser prächtige Falter kommt mit Ausnahme von Südspanien und den Mittelmeerinseln in ganz Europa vor. Die Art ist in den letzten Jahrzehnten sehr selten geworden, ohne daß man die Ursache dafür kennt. Als Lebensraum gilt offenes, baumbestandenes Gelände, Waldränder und dergleichen im Hügel- und Bergland. Die Raupe ist schwarz mit einer Serie von roten Flecken auf dem Rücken und glänzend schwarzen Dornen am Rücken und auf den Seiten. Sie lebt an den Blättern von Weide (*Salix*), Birke (*Betula*) und Ulme (*Ulmus*). Die Raupen leben gemeinsam unter einem lockeren Gespinst und verteilen sich erst zur Verpuppung. Es gibt nur eine Generation im Jahr, die vom Juni bis zum Herbst fliegt und nach der Überwinterung wieder im folgenden Frühjahr.

Pfauenauge *Inachis io* LINNAEUS Familie Nymphalidae. Dieser häufige und sehr charakteristische Schmetterling kommt mit Ausnahme des nördlichen Fennoskandien in ganz Europa vor. Man findet die Falter in Gärten, Obstgärten und an Waldrändern, wo es viele blühende Pflanzen und die Nahrungspflanze gibt. Die Raupe ist schwarz mit vielen kleinen weißen Punkten und glänzend schwarzen Dornen am Rükken und auf den Körperseiten. Die Nahrungspflanze ist die Brennessel (*Urtica dioica*), man findet die Raupen manchmal aber auch an Hopfen (*Humulus lupulus*). Die Raupen leben in Gesellschaften und zerstreuen sich erst zur Verpuppung, die an Baumstämmen, in Mauern und unter anderen festen Gegenständen erfolgt. Auch bei dieser Art wird die Puppe nur am Hinterleibsende befestigt. Es gibt nur eine Generation im Jahr, die vom Juli bis in den Spätherbst fliegt und dann überwintert. Dafür suchen sich die Falter zum Beispiel Dachböden, hohle Baumstämme und andere Hohlräume, aus denen sie im Frühjahr wieder hervorkommen, wenn die Temperaturen hoch genug sind. Stört man überwinternde Falter, so können sie ein zischendes Geräusch erzeugen, indem sie ihre Flügel aneinander reiben. Von den augenförmigen Flecken auf den Flügeln sagt man, daß sie eine abschreckende Wirkung haben.

C-Falter *Polygonia c-album* LINNAEUS Familie Nymphalidae. Dieser Schmetterling kommt mit Ausnahme des nördlichen Fennoskandien in ganz Europa vor, und die Verbreitung erstreckt sich weiter nach Osten durch Sibirien nach China und Japan. In den vergangenen Jahrzehnten scheint die Art seltener geworden zu sein, es gibt aber Anzeichen, daß sich die Bestände wieder erholen. Gewöhnlich findet man die Falter im Waldland, aber auch an Hecken und nicht selten in Hopfengärten. Die Raupe ist schwarz mit einem roten Band auf jeder Körperseite und einem großen weißen Fleck am Rücken gegen das Körperende zu, so daß der Eindruck von Vogelmist entsteht. Es gibt Reihen von Dornen am Rücken und auf den Körperseiten. Die gewöhnlichen Futterpflanzen sind Brennessel (*Urtica dioica*), Hopfen (*Humulus lupulus*) und Ulme (*Ulmus*). Die Puppe wird in der Regel an der Nahrungspflanze als Stürzpuppe befestigt. Es gibt zwei Generationen im Jahr, die im Mai und Juni sowie im August und September fliegen, wobei letztere nach der Überwinterung nochmals im Frühjahr erscheint. Die Generationen unterscheiden sich in der Färbung vor allem auf der Unterseite der Flügel. Hier findet man auch die silberglänzende C-Zeichnung, die dem Falter den Namen gegeben hat.

C-Falter *Polygonia c-album*

C-Falter *Polygonia c-album*

Trauermantel *Nymphalis antiopa*

Pfauenauge *Inachis io*

natürliche Größe

Landkärtchen *Araschnia levana* LINNAEUS Familie Nymphalidae. Dieser interessante kleine Schmetterling ist in Europa weit verbreitet, und sein Vorkommen erstreckt sich nach Osten bis nach Japan. Auf den britischen Inseln wurde die Art an mehreren Plätzen in Herefordshire und Monmouth im Jahre 1912 ausgesetzt, und sie hätte sich wahrscheinlich ganz eingebürgert. Ein Entomologe war jedoch mit dieser Einbürgerung nicht einverstanden und rottete die Populationen durch regelmäßiges Sammeln wieder aus. Das Landkärtchen ist eine Waldart, die in Waldschneisen, Lichtungen und an Bachgehölzen fliegt und bis zu 1000 m in die Höhe steigt. Die Raupe ist schwarz und manchmal braun gestreift und hat Reihen von schwarzen oder gelbbraunen Dornen auf dem Rücken und den Körperseiten. Die Nahrungspflanze ist Brennnessel (*Urtica dioica*), und die Raupen leben in Gemeinschaften, die sie erst zur Verpuppung verlassen. Die Puppen der zweiten Generation überwintern. Es sind Hängepuppen. Bemerkenswert ist die Form der Eiablage. Die kleinen, tönnchenförmigen Eier werden auf den Blättern der Nahrungspflanze mit den Böden aneinander zu kleinen Türmchen aufeinandergeklebt. Dabei kommen mehrere nebeneinander zu stehen. Das Besondere an diesem Schmetterling ist aber sein Saisondimorphismus, oder – anders ausgedrückt – die beiden Generationen sehen ganz verschieden aus. Die Tiere, die im Frühjahr fliegen, sind rötlichbraun und etwas kleiner als die Sommergeneration. Sie tragen den Namen Frühjahrsform *levana.* Die Sommergeneration hingegen ist etwas größer und von schwarzer Grundfarbe mit weißen Bändern. Diese trägt den Namen Sommerform *prorsa.* Bevor man herausfand, daß beide zusammengehören, wurden sie als zwei Arten betrachtet. Durch Zuchten wurde aber festgestellt, daß es sich nur um eine Art handelt, deren Aussehen je nach Jahreszeit sehr verschieden ist. Die Ursachen dieser Verschiedenartigkeit waren aber zunächst unbekannt. Man begann nun mit der Forschungsarbeit, und mit der Zeit stellte sich auch der Erfolg ein. Man hatte experimentell die Umweltbedingungen nachgeahmt und konnte nun auf die wirksamen Faktoren schließen. Zunächst stellte sich die Frage, warum manche Puppen überwintern, während andere das nicht tun. Die Antwort auf diese Frage war, daß die Tageslänge für die Auslösung der Überwinterungsphase maßgebend ist. Gerät die Entwicklung der Raupe in eine Jahreszeit mit relativ kurzen Tagen, also in den Spätsommer und Herbst, wird ein Entwicklungsablauf ausgelöst, der zu einer überwinternden Puppe führt. Erfolgt die Entwicklung aber in den langen Sommertagen, so entwickelt sich die Puppe sogleich weiter, und der Falter schlüpft nach einigen Wochen. Der Abbruch der Überwinterungsphase ist jedoch wieder von anderen Faktoren abhängig. So muß die überwinternde Puppe Frost ausgesetzt sein, um in der Wärme des folgenden Frühjahrs die Entwicklung wieder aufzunehmen. Die Wärme des Frühjahrs ist jedoch noch nicht so groß, und durch die relativ kühle Entwicklungszeit entstehen Falter mit der roten Farbe. Ihre Nachkommen aber machen die Puppenentwicklung in der Wärme des Sommers durch, und diese steuert die Ablagerung von dunklen Pigmenten, so daß nunmehr die dunklen Sommertiere entstehen. Im Experiment kann man durch mittlere Temperaturen auch intermediäre Formen erzeugen, die manchmal auch in der Natur zu finden sind. An dieser Stelle kann ganz allgemein gesagt werden, daß die Entwicklung der Flügelfarben bei den Schmetterlingen sehr stark von der Umgebungstemperatur während bestimmter Zeitpunkte in der Entwicklung der Puppe beeinflußt wird. Solche Saisonformen sind vor allem in tropischen Gebieten verbreitet, wo die Einflüsse von Trockenzeit und Regenzeit eine ähnliche Rolle spielen. In unserer heimischen Schmetterlingsfauna gibt es gelegentlich Hitze- oder Kälteformen, die sich im Aussehen recht deutlich von den normalen Erscheinungsformen unterscheiden. Man findet sie vor allem in der Familie Nymphalidae. Mit diesen Tieren wurde auch sehr viel experimentiert, und man konnte nicht nur alle diese Formen hervorbringen, sondern auch die Mechanismen klären und ganz klare Gradienten herausarbeiten. Ähnliches konnte bei vielen anderen Insektengruppen festgestellt werden. Auch Entwicklungsstadien unterliegen diesen Einflüssen. So können, wie bei mehreren Arten schon erwähnt, nicht nur die Puppen verschiedenfarbig sein, was nicht zuletzt als Tarnung in den verschiedenen Jahreszeiten wirksam ist, sondern auch Raupen, wenn auch in selteneren Fällen. Die Überwinterungsphase selbst, die man Diapause nennt, besteht darin, daß alle Entwicklungsvorgänge gestoppt werden und der Stoffwechsel auf ein Minimum reduziert wird.

Landkärtchen *Araschnia levana*

Landkärtchen *Araschnia levana*

natürlicher Größe

Grünlichgelber Perlmutterfalter *Pandoriana pandora* Denis und Schiffermüller Familie Nymphalidae. Diese Art ist ein südlicher Schmetterling, der in Südeuropa und Nordafrika vorkommt und nur ganz selten in nördlicheren Breiten gefunden wurde. Sein Lebensraum findet sich auf Wiesen, an Waldrändern und offenem, unkultiviertem Gelände an Berghängen bis zu 2000 m Höhe. Die Raupe ist braun mit einem breiten dunklen Rückenband, das blaugrau gestrichelt ist. Die Dornenreihen am Rücken und auf den Seiten sind braun. Sie lebt an den Blättern von Veilchen (*Viola*) und gelegentlich an Raute (*Ruta*). Die Puppe ist graugrün oder braun mit glänzenden Flekken auf dem Rücken. In Nordafrika gibt es bei dieser Art zwei Generationen, in Südeuropa dagegen nur eine. Die Falter fliegen von Juni bis August.
Von dem sehr ähnlichen Kaisermantel unterscheidet sich der Grünlichgelbe Perlmutterfalter durch die rosenrot getönte Unterseite der Vorderflügel. Die Geschlechter unterscheiden sich durch mattschwarze Duftschuppenstreifen auf den Adern des Vorderflügels bei den männlichen Tieren.

Braunfleckiger Perlmutterfalter *Boloria selene* Denis und Schiffermüller Familie Nymphalidae. Dieser weithin verbreitete Schmetterling kommt in ganz Europa vor, ausgenommen der extreme Süden. Gewöhnlich handelt es sich um eine Waldart, aber in manchen Gegenden findet man sie auch auf Mooren und Berghängen bis zu 2400 m Höhe. Die Raupe ist rötlichbraun mit kleinen weißen Flecken. Es gibt Reihen von gelblichen, kegelförmigen Fortsätzen auf dem Rücken und auf den Körperseiten, jeder davon mit kurzen schwarzen Borsten. Veilchen (*Viola*) sind die Nahrungspflanzen der Raupen, und sie überwintern in einem zusammengerollten Blatt, um die Entwicklung im folgenden Frühjahr zu vollenden. Die Puppe ist braun mit metallisch glänzenden Flecken an den Seiten und wird als Hängepuppe an der Nahrungspflanze befestigt. Gewöhnlich gibt es im Norden nur eine Generation im Jahr, während im Süden zwei auftreten. Die Falter fliegen von Juni bis Juli und dann wieder im August.

Veilchen-Perlmutterfalter *Boloria euphrosyne* Linnaeus Familie Nymphalidae. Diese Art ist mit Ausnahme des südlichen Spanien in Europa weit verbreitet. Die Art lebt in lichten Wäldern, man findet sie aber auch auf Wiesen und Heiden bis zur Baumgrenze bei rund 2000 m. Die Raupe ist schwarz mit einer grauen Linie an jeder Seite des Körpers und Reihen von gelblichen Dornen am Rücken und an den Seiten. Sie ernährt sich von den Blättern verschiedener Veilchenarten (*Viola*) und überwintert in einem zusammengedrehten Blatt. Die Entwicklung wird dann im folgenden Frühjahr vollendet. Die graubraune Puppe wird hängend an der Nahrungspflanze befestigt. Im Norden gibt es nur eine Generation im Jahr, im Süden dagegen zwei, die Falter fliegen je nach Gegend von April bis August. Diese Art kann von der vorhergehenden durch die orangerote Grundfarbe der Unterseite der Hinterflügel unterschieden werden.
Fast alle sogenannten Perlmutterfalter tragen silbrig glänzende Flecken auf der Unterseite besonders der Hinterflügel. Der Sinn dieser Einrichtung ist wohl in einer verwirrenden Tarnung zu sehen.

Grünlichgelber Perlmutterfalter *Pandoriana pandora,* saugend

Braunfleckiger Perlmutterfalter *Boloria selene*

Braunfleckiger Perlmutterfalter *Boloria selene*

natürliche Größe

Kleiner Perlmutterfalter *Argynnis lathonia* LINNAEUS Familie Nymphalidae. Dieser Schmetterling ist in Nordafrika und Südeuropa zu Hause, wandert aber jedes Jahr nach Norden in viele Gegenden Europas. Die Art kommt auch im gemäßigten Asien vor und erreicht den Himalaja und Westchina. Der gewöhnliche Lebensraum besteht in unkultivierten, offenen und trockenen Flächen, Heiden und Wiesen bis 2500 m Höhe. Die Raupe ist schwarz mit sehr kleinen weißen Flecken und einer unterbrochenen gelblichweißen Linie an jeder Körperseite. Es gibt sechs Reihen schwarzer Dornen am Rücken und auf den Seiten. Sie lebt an den Blättern verschiedener Veilchenarten (*Viola*). Die Verpuppung erfolgt an der Nahrungspflanze, und die Puppe ist braun mit metallisch glänzenden Flecken an den Seiten. Es ist eine kopfüber hängende Stürzpuppe. Diese Art hat im Norden nur eine Generation, kann im Süden aber bis zu drei Generationen im Jahr entwikkeln. Im Süden fliegt die Art von März bis spät in den Sommer, aber die Zuwanderer im Norden erreichen Mittel- und Nordeuropa erst im Mai und erzeugen Nachkommen, die dann im späten Sommer fliegen. Diese Art weist wohl die größten Silberflekken unter unseren einheimischen Perlmutterfaltern auf.

Märzveilchenfalter *Argynnis adippe* DENIS UND SCHIFFERMÜLLER Familie Nymphalidae. Dieser weitverbreitete Schmetterling findet sich in ganz Europa mit Ausnahme des nördlichen Fennoskandien. Man findet sie außerdem in Nordafrika und nach Osten durch Sibirien bis Japan. Es ist eine variable Art, und viele geographische Formen wurden beschrieben. Die Art lebt im Wald und seiner Nähe auf Lichtungen, an Waldrändern und im Süden auch auf Heiden und in Höhen bis zu 3000 m. Die Raupe ist schwarz, dicht gelbgrau gefleckt und mit einer weißen Rückenlinie. Die Dornenreihen am Rücken und auf den Seiten sind rotbraun gefärbt. Als Nahrungspflanzen dienen verschiedene Veilchenarten (*Viola*). Die Verpuppung erfolgt in einer Hülle zusammengesponnener Blätter der Nahrungspflanze. Die Falter fliegen im Juni und Juli, und es gibt nur eine Generation im Jahr. Neben der Form mit Silberflecken gibt es eine andere, deren Silberflecken verschwunden sind. Diese recht seltene Form wird als forma *cleodoxa* bezeichnet.

Stiefmütterchen-Perlmutterfalter *Argynnis niobe*

Stiefmütterchen-Perlmutterfalter *Argynnis niobe* LINNAEUS Familie Nymphalidae. Die Verbreitung dieser Art ist ähnlich jener des Märzveilchenfalters, sie fehlt aber auf den britischen Inseln und geht nicht so weit nach Osten. Als Lebensraum gelten Waldränder, Wiesen und Almwiesen bis zu 2500 m Höhe. Die Raupe ist braun mit einer weißen Rückenlinie, die schwarz eingefaßt ist, und Reihen rotbrauner Dornen auf dem Rücken und an den Seiten. Sie lebt an den Blättern von Veilchenarten (*Viola*) oder viel seltener an Wegerich (*Plantago*). Das Puppenstadium dauert etwa vier Wochen. Die Falter fliegen im Juni und Juli, und es gibt nur eine Generation im Jahr. Diese Art kann von der vorhergehenden, dem Märzveilchenfalter, durch die geringere Größe und durch schwarze Adern auf der Unterseite der Hinterflügel unterschieden werden. Auch bei dieser Art gibt es eine Form, der die Silberflecken auf der Unterseite der Hinterflügel fehlen. Diese Form ist weit häufiger als die silbergefleckte und wird forma *eris* genannt.

Kleiner Perlmutterfalter *Argynnis lathonia*

Kleiner Perlmutterfalter *Argynnis lathonia*

Märzveilchenfalter *Argynnis adippe*, saugend

Märzveilchenfalter *Argynnis adippe*

natürlicher Größe

Großer Perlmutterfalter *Argynnis aglaja*

Kaisermantel *Argynnis paphia*

Kaisermantel *Argynnis paphia,* Raupe

Großer Perlmutterfalter *Argynnis aglaja* LINNAEUS Familie Nymphalidae. Dieser weitverbreitete Schmetterling kommt in ganz Europa vor. Auf den westlichen Inseln von Schottland gibt es eine dunkle Form (ssp. *scotica* WATKINS). Als Lebensraum braucht der Falter Waldlichtungen, aber auch offenes Hügelland und Moore bis zu einer Höhe von 3000 m. Die Raupe ist schwarz mit einer gelblich-weißen Rückenlinie und einer Reihe roter Flecken an den Körperseiten. Die Dornenreihen am Rükken und auf den Seiten sind schwarz. Verschiedene Veilchenarten (*Viola*) sind Nahrungspflanzen für die Raupen. Die Verpuppung erfolgt auf der Nahrungspflanze, und die Puppe wird in einem Gehäuse aus zusammengesponnenen Blättern befestigt. Die Falter fliegen in einer Generation im Jahr im Juni und Juli.

Großer Perlmutterfalter *Argynnis aglaja*

Kaisermantel *Argynnis paphia* LINNAEUS Familie Nymphalidae. Das Verbreitungsgebiet dieses recht häufigen Schmetterlings erstreckt sich über fast ganz Europa und nach Osten durch das gemäßigte Asien bis Japan. Er fehlt im südlichen Spanien und im nördlichen Fennoskandien. Als Lebensraum bevorzugt der Falter Waldwiesen, Waldränder und Auen und steigt in den Gebirgen bis zur Waldgrenze hinauf. Die Raupe ist schwarz mit gelben Rücken- und Seitenlinien und sechs Reihen Dornen von rotbrauner Farbe mit schwarzen Spitzen. Sie lebt an verschiedenen Veilchenarten (*Viola*) und verpuppt sich erwachsen an der Nahrungspflanze als Hängepuppe. Die Art hat nur eine Generation im Jahr, und die Falter fliegen im Juli und August. Sie besuchen gerne die Blüten von Himbeeren und Brombeeren (*Rubus*).

Violetter Silberfalter *Brenthis ino* ROTTEMBURG Familie Nymphalidae. Obwohl diese Art in Europa sehr zerstreut vorkommt, kann sie in passenden Lokalitäten sehr häufig sein. Sie kommt von Skandinavien bis Südosteuropa vor, fehlt aber den britischen Inseln, Nordfrankreich und den größten Teilen Spaniens und Italiens. Es ist eine Art der feuchten Wiesen, Torfmoore und des feuchten offenen Waldlandes und kann bis zu 1600 m steigen. Die Raupe ist gelblich-grau mit einer dunkelbraunen Rückenlinie und einer braunen, gelb gesäumten Seitenlinie. Die sechs Dornenreihen am Körper sind gelb. Nahrungspflanzen sind Mädesüß (*Filipendula ulmaria*), Geißbart (*Aruncus dioicus*) und andere Pflanzen. Die Raupe findet man im Herbst und im folgenden Frühjahr, die Falter von Juni bis August in einer Generation.

Violetter Silberfalter *Brenthis ino*, saugend

natürliche Größe

Roter Scheckenfalter *Melitaea didyma*

Skabiosen-Scheckenfalter *Eurodryas aurinia* ROTTEMBURG Familie Nymphalidae. Dieser variable Schmetterling kommt fast im ganzen Europa vor, nicht aber in den Alpen und dem nördlichen Fennoskandien, und in Italien ist er sehr selten. Die Art ist auch in England und Irland zu finden. Vielerorts ist sie stark zurückgegangen oder

Skabiosen-Scheckenfalter *Eurodryas aurinia,* Raupen

verschwunden, da sie stark auf menschliche Eingriffe reagiert. Als Lebensraum dienen feuchte Wiesen, aber auch Hügel, wo die Nahrungspflanze wächst. Die Raupe ist schwarz mit winzig kleinen weißen Flecken und Reihen kurzer schwarzer Dornen auf dem Rücken und den Körperseiten. Die Raupen leben in Gemeinschaften an Teufelsabbiß (*Scabiosa succisa*), Wegerich (*Plantago*) und verwandten Pflanzen in einem dichten Gewebe. Nach der Überwinterung vollendet die Raupe ihre Entwicklung und verpuppt sich als Hängepuppe. Die Falter fliegen von Mai bis Juni, sind aber sehr träge und legen selten größere Strecken zurück. Das bedeutet, daß man sie außerhalb ihres Lebensraumes kaum sieht. Es gibt noch eine Reihe weiterer ähnlicher Arten in Europa.

Roter Scheckenfalter *Melitaea didyma* ESPER Familie Nymphalidae. Diese außerordentlich variable Art ist mit Ausnahme von Norddeutschland, den Niederlanden, den britischen Inseln und Skandinavien in Europa weit verbreitet. Dafür kommt sie in Nordafrika und nach Osten bis Zentralasien vor. Es gibt deshalb auch eine ganze Reihe von beschriebenen Unterarten. Die Art lebt auf Wiesen, Waldlichtungen und Berghängen bis zu 1700 m Höhe. Sie sucht immer warme und sonnige Plätze und kann in ihren Vorkommen oft sehr häufig sein. Die Raupe hat einen braunen Kopf, und der Körper ist blaugrau mit Reihen von rotbraunen Dornen. Sie lebt an Wegerich (*Plantago*), Leinkraut (*Linaria*) und Ehrenpreis (*Veronica*). Die Raupe überwintert, und das Puppenstadium dauert in der Regel zwei Wochen. Es gibt in der Gegend entsprechend eine bis drei Generationen, und die Falter fliegen von Mai bis August.

Skabiosen-Scheckenfalter *Eurodryas aurinia*

Skabiosen-Scheckenfalter *Eurodryas aurinia,* in Paarung

natürliche Größe

Gemeiner Scheckenfalter *Melitaea cinxia* LINNAEUS Familie Nymphalidae. Die Verbreitung dieses Schmetterlings erstreckt sich über Europa mit Ausnahme von Südspanien und weiter über Fennoskandien östlich bis Sibirien. Eine Unterart, ssp. *atlantis* LE CERF, kommt in den Bergen von Marokko vor. In Britannien wird die Art nur auf den Kanalinseln gefunden. Lebensräume sind Wiesen, Straßenböschungen und trockenes Ödland mit zahlreichen Blüten. Die Raupe ist schwarz mit weißen Flecken und einer Serie von olivgrünen konischen Warzen am Rücken und auf den Körperseiten, die mit schwarzen Haaren bedeckt sind. Die Raupen leben in gemeinsamen Nestern unter einem leichten Gespinst an Wegerich (*Plantago*). Darin überwintern sie und vollenden ihre Entwicklung im folgenden Jahr. Die Puppe wird mit dem Kopf nach unten an der Nahrungspflanze befestigt. Im Süden gibt es zwei Generationen im Jahr, im Norden dagegen nur eine. Die Falter fliegen von Mai bis Juni und wieder von August bis September, der Gegend entsprechend. Es gibt in Europa noch eine Reihe weiterer ähnlicher Arten.

Wachtelweizen-Scheckenfalter *Mellicta athalia* ROTTEMBURG Familie Nymphalidae. Diese weitverbreitete und in der Regel häufige Art kommt in ganz Europa vor und fehlt nur im südlichen Spanien. Nach Osten erstreckt sich das Verbreitungsgebiet bis Japan. Im Bereich ihres Vorkommens lebt sie sowohl im Wald als auch auf Mooren, wie die skandinavische Unterart *norvegica* AURIVILLIUS. Die Raupe ist schwarz und trägt weiße Flecken sowie Reihen von orangegelben konischen Fortsätzen auf dem Rükken und auf den Körperseiten, die mit schwarzen Haaren bedeckt sind. Die Raupen leben in Gemeinschaften unter einem Gespinst und überwintern darin an der Nahrungspflanze, bevor sie im folgenden Frühjahr ihre volle Größe erreichen. Nahrungspflanzen sind Wachtelweizen (*Melampyrum*), Fingerhut (*Digitalis*) und Wegerich (*Plantago*). Die Puppe wird mit dem Kopf nach unten an der Nahrungspflanze befestigt. Im Süden gibt es zwei Generationen, im Norden dagegen nur eine, entsprechend der Gegend. Die Falter fliegen zwischen Juni und September.
Es gibt eine Reihe nahe verwandter und sehr ähnlicher Arten in Europa, die man oft nur durch anatomische Untersuchungen bestimmen kann. Dafür werden Strukturen am Klammerapparat der männlichen Geschlechtsorgane benützt, die unter dem Mikroskop betrachtet werden.

Wachtelweizen-Scheckenfalter *Mellicta athalia*, Raupe

Wachtelweizen-Scheckenfalter *Mellicta athalia*, Puppe

Gemeiner Scheckenfalter *Melitaea cinxia*

Wachtelweizen-Scheckenfalter *Mellicta athalia,* saugend

Wachtelweizen-Scheckenfalter *Mellicta athalia,* saugend

Gemeiner Scheckenfalter *Melitaea cinxia,* ruhend

natürliche Größe

Mauerfuchs *Lasiommata megera,* Puppe

Laubfalter *Pararge aegeria,* Puppe

Laubfalter *Pararge aegeria* LINNAEUS Familie Satyridae. Die Schmetterlinge kommen mit Ausnahme des hohen Nordens in ganz Europa vor. Sie leben in lichten Wäldern, auf Lichtungen und Wegen und sind oft im Halbschatten zu finden. Die Flügelzeichnung aus Hell und Dunkel paßt hervorragend in diese Umgebung. Die Raupe ist grün mit dunkleren Längsstreifen und tarnt sich ausgezeichnet auf ihren Nahrungspflanzen, die aus verschiedenen Gräsern zusammengesetzt sind wie Quecke (*Agropyron repens*) und Knäuelgras (*Dactylis glomerata*). Die blaßgrüne Puppe wird an einem Grashalm befestigt. Die Herbstpuppen überwintern, die anderen aber liefern den Falter in etwa einem Monat. Im Norden gibt es zwei Generationen, im Süden dagegen eine Folge von Generationen hintereinander. Die Falter fliegen von März bis Oktober. Die in Mitteleuropa vorkommende Unterart ist blasser und wird als ssp. *tircis* BUTLER beschrieben. In Südeuropa fliegt die typische Form.

Mauerfuchs *Lasiommata megera* LINNAEUS Familie Satyridae. Dieser Schmetterling ist in Westeuropa weit verbreitet und kommt bis zum südlichen Skandinavien vor. Das Verbreitungsgebiet erstreckt sich auch auf Nordafrika und nach Osten bis Zentralasien. Lebensräume sind Straßenränder, Feldraine, Heiden, Felswände und andere trockene und offene Stellen, die warm sind. Die Falter steigen bis 1700 m. Die Raupe ist blaßgrün mit zerstreuten weißen Flekken und einer Serie weißer Längsstreifen am Rücken und auf den Seiten. Sie lebt an verschiedenen Gräsern wie Rispengras (*Poa*) und Knäuelgras (*Dactylis glomerata*). Die Puppe ist gewöhnlich mit gelben Zeichnungen, kann aber auch schwarz sein. Die Herbstpuppen überwintern. Es gibt zwei Generationen in Mitteleuropa, im Süden dagegen drei, und die Falter fliegen von März bis September.

Mauerfuchs *Lasiommata megera*, ruhend

Laubfalter *Pararge aegeria*, ruhend

Laubfalter *Pararge aegeria*

natürliche Größe

Mohrenfalter *Erebia epiphron* KNOCH Familie Satyridae. Wie die meisten Mohrenfalter der Gattung *Erebia* ist auch dieser ein Tier großer Höhen, das in allen Gebirgen Europas vorkommt, in Fennoskandien aber fehlt. Lebensraum sind nasse, grasige Berghänge in Höhen bis zu 2000 m. Die Raupe ist grün mit einer dunkleren Rückenlinie und milchfarbenen Streifen entlang der Körperseiten. Sie lebt an Gräsern wie Steifem Borstengras (*Nardus stricta*) und überwintert, bevor sie im folgenden Frühjahr erwachsen ist. Die Verpuppung erfolgt tief zwischen den Grashalmen, und der Falter schlüpft nach rund drei Wochen. Je nach Gegend fliegen die Falter von Juni bis August, aber nur im hellen Sonnenschein. Sobald die Sonne hinter Wolken verschwindet, verschwinden die Falter am Boden in der Vegetation.

Mohrenfalter *Erebia epiphron*

Mohrenfalter *Erebia aethiops* ESPER Familie Satyridae. Diese Art ist eine der am weitesten verbreiteten der Gattung *Erebia* in Europa, vor allem im zentralen Teil, fehlt aber in den Pyrenäen und in Skandinavien. Lebensraum sind satte Wiesen und Waldränder vom Flachland bis 2000 m Höhe. Die Raupe ist blaß gelbbraun mit einer dunkelbraunen Rückenlinie. Sie ernährt sich von Blaugras (*Molinia caerulea*), Knäuelgras (*Dactylis glomerata*) und anderen Gräsern. Die Verpuppung erfolgt in einem offenen netzartigen Kokon am Boden, und die Falter schlüpfen nach rund zwei Wochen. Die Flugzeit richtet sich nach der Gegend und liegt zwischen Juli und September. Die Falter fliegen nur bei Sonnenschein.

Milchfleck *Erebia ligea* LINNAEUS Familie Satyridae. Dieser Falter ist eher eine Hochlandart, die sowohl in Südeuropa als auch in Skandinavien vorkommt, jedoch den Pyrenäen und vielen Teilen Mitteleuropas fehlt. Das Verbreitungsgebiet reicht im Osten bis nach Japan. Lebensraum sind lichte Wälder und Wiesen von 500–1500 m, im Norden aber auch bis auf Meereshöhe. Die Raupe ist blaßbraun mit einer dunkleren Rückenlinie, und sie ernährt sich von verschiedenen Gräsern wie Fingergras (*Digitaria*) und Flattergras (*Milium*). Die Raupen überwintern oft zweimal und benötigen deshalb zwei Jahre für ihre Entwicklung. Die Verpuppung erfolgt am Boden, und die Puppe ist braun. Die Falter schlüpfen nach einigen Wochen und fliegen dann von Ende Juni bis August. Wie bei allen Mohrenfaltern gibt es auch bei diesem eine Reihe beschriebener Unterarten, die sich durch Form und Färbung der Zeichnung unterscheiden. In den Alpen und den hohen Mittelgebirgen kommt in größeren Höhen eine sehr ähnliche Art vor, die nicht immer leicht zu unterscheiden ist.

Mohrenfalter *Erebia aethiops*

Milchfleck *Erebia ligea*

Mohrenfalter *Erebia aethiops*

natürliche Größe

Damenbrett *Melanargia galathea,* ruhend

Damenbrett *Melanargia galathea,* Raupe

Blutgrasfalter *Erebia medusa* Denis und Schiffermüller Familie Satyridae. Dieser Falter ist in Mittel- und Südosteuropa weit verbreitet. Eine hervorragende Unterart, ssp. *polaris* Staudinger, die in Skandinavien und Nordwestdeutschland vorkommt, wurde als besondere Art betrachtet. Lebensraum sind feuchte Wiesen meist in Waldnähe und an Berghängen bis zu 2500 m Höhe. Die Raupe ist entweder grün oder bräunlich mit blassen Streifen längs der Körperseiten. Sie lebt an Flattergras (*Milium*) und Fingergras (*Digitaria*) und braucht zwei Jahre für ihre Entwicklung. Die Verpuppung erfolgt am Boden, die Puppe überwintert. Die Falter fliegen innerhalb der Gattung am frühesten im Jahr, und man sieht sie von Mai bis Juli je nach Gegend, im Gebirge oft um die Baumgrenze.

In den hohen Gebirgen Europas, besonders in den Alpen, gibt es noch eine Reihe weiterer Mohrenfalter-Arten, die oft nur lokal vorkommen und vielfach schwer zu unterscheiden sind. Sie gehören zu jenen Tagfalterarten, die die größten Höhen erreichen können.

Damenbrett, Schachbrett *Melanargia galathea* Linnaeus Familie Satyridae. In Mittel- und Südeuropa ist dieser Schmetterling eine der häufigsten und am leichtesten erkennbaren Arten, die auf offenem Wiesenland im Sommer zu beobachten sind. Die Art fehlt in Skandinavien, kommt aber auf den britischen Inseln vor. Als Lebensraum gelten Wiesen, Brachfelder und Waldränder vom Flachland bis zu 1700 m Höhe. Die Raupe ist entweder blaßbraun oder gelblich-grün mit dunkleren Rücken- und Seitenlinien und mit einem braunen Kopf. Sie lebt an vielen verschiedenen Gräsern wie Knäuelgras (*Dactylis glomerata*) und Lieschgras (*Phleum*) und überwintert noch in einem frühen Stadium. Die Entwicklung wird im folgenden Jahr vollendet. Die Verpuppung erfolgt am Boden, und die Falter schlüpfen drei Wochen später. Die Art hat nur eine Generation im Jahr, die Tiere fliegen im Juni und Juli, aber auch bis in den August hinein. Der Flug ist recht langsam und flatternd, und die einzelnen Individuen verlassen selten ihren Biotop. Die Art ist durch die schachbrettartige Zeichnung leicht zu erkennen.

Damenbrett *Melanargia galathea,* saugend

Blutgrasfalter *Erebia medusa,* ruhend

natürliche Größe

Rostbinde *Hipparchia semele* LINNAEUS Familie Satyridae. Dieser weitverbreitete Schmetterling ist in ganz Europa zu finden und fehlt nur dem nördlichen Fennoskandien. Auf den britischen Inseln ist die Art

Rostbinde *Hipparchia semele,* Raupe

ebenfalls vorhanden. Es wurden eine ganze Reihe von Unterarten benannt. In Teilen von Südeuropa gibt es einige Unklarheiten in der Abgrenzung zur nahe verwandten Art Südliche Rostbinde, *Hipparchia aristaeus* BONELLI, die mit Sicherheit nur durch anatomische Strukturen unterschieden werden kann. Lebensraum sind Klippen, sandige Hügel, Heiden und offene, trockene Wälder. Die Raupe ist blaß gelbbraun mit dunkleren Linien, und sie ernährt sich von Schmiele (*Aira*) und vielen anderen Gräsern. Sie überwintert, bevor sie erwachsen ist, und verpuppt sich im folgenden Frühjahr in einer seidenbekleideten Kammer dicht unter der Erdoberfläche. Je nach Gegend fliegen die Falter von Juni bis August. Sie haben einen raschen Flug und setzen sich gerne auf den Boden oder an Baumstämme, wo sie mit zusammengeklappten Flügeln nicht mehr von der Unterlage zu unterscheiden sind. Die marmorierte Zeichnung bildet eine ausgezeichnete Tarnung.

Großer Waldportier *Hipparchia fagi* SCOPOLI Familie Satyridae. Dieser Schmetterling ist in Mittel- und Südeuropa verbreitet, fehlt aber in der Südhälfte Spaniens und in Portugal. Nordeuropa und den britischen Inseln fehlt die Art. Wie der Name sagt, ist es eine Waldart, die vom Tiefland bis 1000 m vorkommt. Die Raupe ist rötlichbraun mit schmalen dunklen Längsstreifen und einem schwärzlichen Kopf. Sie lebt an verschiedenen Gräsern, besonders an Honiggras (*Holcus*), überwintert und vollendet die Entwicklung im folgenden Frühjahr. Die Verpuppung erfolgt am Boden, und die Puppe ist braun. Es gibt eine Generation im Jahr, die von Juni bis August fliegt. Die Art ist lokal nicht selten, und die Falter sitzen gerne an Baumstämmen mit zusammengefalteten Flügeln. Von der nahe verwandten Art, dem Kleinen Waldportier, *Hipparchia alcyone* DENIS UND SCHIFFERMÜLLER, kann sie durch bedeutendere Größe unterschieden werden.

Rostbinde *Hipparchia semele*

Großer Waldportier *Hipparchia fagi,* ruhend

4/5 natürlicher Größe

Blauäugiger Waldportier *Minois dryas* SCOPOLI Familie Satyridae. Dieser ziemlich große und auffallend braune Schmetterling bewohnt lokal ein großes Areal in Mittel- und Südeuropa, fehlt aber in großen Teilen Italiens, in Südspanien und Nordeuropa einschließlich der britischen Inseln. Die Art kommt in lichten Wäldern und trockenem Buschland vor, besonders im Hügelland, und steigt bis 1500 m. Die Raupe ist gelblichgrau gefärbt mit dunkleren Linien am Rücken und auf den Seiten des Körpers und besitzt einen braunen Kopf. Sie frißt an verschiedenen Gräsern wie wildem Hafer (*Avena*) und Trespe (*Bromus*) und überwintert an der Nahrungspflanze, bevor sie ihre Entwicklung im folgenden Frühjahr vollendet. Die Puppe ist braun und liegt am Boden zwischen den Wurzeln der Nahrungspflanzen. Es gibt nur eine Generation im Jahr, und die Schmetterlinge fliegen von Juli bis September, der Gegend entsprechend. Der Flug dieser Art ist schwerfällig und langsam, die Individuen verlassen nur selten ihre Kolonie. Man kann sie oft an blühendem Dost beobachten.

Weißer Waldportier *Brintesia circe* FABRICIUS Familie Satyridae. Im westlichen Europa ist die Art auf die zentralen und südlichen Teile beschränkt, in Osteuropa geht sie jedoch viel weiter nach Norden. Dieser Schmetterling ist an lichte Wälder gebunden, in denen überwiegend Eichen (*Quercus*) vorkommen, und fliegt vom Tiefland bis zu 1500 m Höhe. Die Raupe ist braun mit einer dunklen Rückenlinie und gelblich-braunen Streifen auf jeder Körperseite. Sie lebt an verschiedenen Grasarten wie Trespe (*Bromus*) und Lolch (*Lolium*). Die Puppe ist rötlichbraun mit gelben Flecken. Es gibt nur eine Generation im Jahr, die Falter erscheinen zwischen Juni und Juli, können aber noch bis in den September hinein fliegen. Sie ruhen gewöhnlich mit geschlossenen Flügeln an Baumstämmen und sind dann durch ihre marmorierte Flügelunterseite sehr gut der Umgebung angepaßt. Vom Großen Waldportier unterscheidet sich diese Art durch die leuchtend weiße, scharf abgegrenzte Binde auf beiden Flügeln.

Schwingelfalter *Arethusana arethusa* DENIS UND SCHIFFERMÜLLER Familie Satyridae. Dieser Schmetterling ist in Mittel- und Südeuropa lokal verbreitet und oft nicht selten. Man findet diese Art auf verschiedenen trockenen Grasböden wie Heiden, Brachland und Berghängen, besonders auf Kalkböden, und die Höhenverbreitung reicht bis zu 1500 m. Die Raupe ist gelblichbraun oder grau mit einer dunklen Rückenlinie und einer roten oder gelben Einfassung. Sie lebt an verschiedenen Gräsern, besonders an Schwingel (*Festuca*), überwintert und vollendet die Entwicklung im folgenden Frühjahr. Die Verpuppung erfolgt am Boden wie bei den beiden anderen Augenfaltern. Es gibt nur eine Generation im Jahr, deren Falter von Juli bis August zu beobachten sind. Sie fliegen in unkultiviertem Gelände und setzen sich gerne auf den Boden oder an Felsen, wo sie wegen ihrer marmorierten Flügelunterseite kaum noch zu erkennen sind.
Aus der Gruppe der großen Augenfalter gibt es in Nordafrika und noch mehr in Osteuropa und Vorderasien eine Menge Arten, die sich teilweise sehr ähnlich sehen und deren Systematik noch nicht völlig geklärt ist.

Blauäugiger Waldportier *Minois dryas,* saugend

Weißer Waldportier *Brintesia circe,* ruhend

natürliche Größe

Rotbraunes Ochsenauge *Pyronia tithonus* LINNAEUS Familie Satyridae. Das ist ein weitverbreiteter, aber lokaler Schmetterling in Mittel- und Südeuropa. Er fehlt in Skandinavien und im südlichen Italien und kommt in den Alpen nur auf der Südseite vor. Der Falter fliegt auch in England und Irland. Lebensraum sind Felder, Hecken und offenes Waldland hauptsächlich im Flachland, man findet die Falter aber auch bis 900 m Höhe. Die Raupe ist gelbbraun mit einer dunklen Rückenlinie und blassen Linien an den Körperseiten. Sie lebt an verschiedenen Grasarten, besonders an Einjährigem Rispengras (*Poa annua*), und vollendet die Entwicklung nach der Überwinterung im folgenden Frühjahr. Die Puppe wird an einem Grashalm befestigt, der Falter braucht etwa drei Wochen, bis er entwickelt ist und schlüpft. Die Falter fliegen im Juli und August und saugen gerne an den Blüten von Brombeeren und Himbeeren (*Rubus*). Die Art ist in den letzten Jahren stark zurückgegangen.

Großes Ochsenauge *Maniola jurtina*, Puppe

Großes Ochsenauge *Maniola jurtina* LINNAEUS Familie Satyridae. Dieser sehr häufige Schmetterling ist weit verbreitet und kommt in fast allen Teilen Europas vor. Er fehlt jedoch im hohen Norden. Lebensraum sind Felder und Wiesen, Straßenböschungen und Waldränder vom Flachland bis in 1800 m Höhe. Die Raupe ist gelblichgrün mit einer dunkleren Rückenlinie und schmalen weißen Streifen längs der Körperseiten. Sie lebt an verschiedenen Gräsern, besonders aber an Rispengras (*Poa*). Sie überwintert und vollendet die Entwicklung im folgenden Frühjahr. Die blaßgrüne Puppe wird an einem Grashalm befestigt und liefert den Schmetterling innerhalb eines Monats. Es gibt nur eine Generation im Jahr; die Falter haben eine lange Flugperiode, die von Juni bis September reicht, aber von der jeweiligen Gegend abhängig ist, deren Klima bestimmend wirkt. Die Art gehört zu den wenigen, die sowohl im Sonnenschein als auch bei bedecktem Himmel fliegen.

Kleiner Heufalter *Coenonympha pamphilus* LINNAEUS Familie Satyridae. Dieser häufige kleine Schmetterling kommt überall in Europa vor, ausgenommen der hohe Norden, und in Nordafrika. Lebensraum sind Wiesen, Heiden, Straßenränder und Berghänge bis zu einer Höhe von 1800 m. Die Raupe ist grün mit dunklen Linien am Rücken und auf den Körperseiten. Sie lebt an verschiedenen Gräsern, besonders aber an Einjährigem Rispengras (*Poa annua*). Sie überwintert und wird im folgenden Frühjahr erwachsen. Die blaßgrüne Puppe wird als Hängepuppe an einem Grashalm befestigt, der Falter schlüpft nach etwa drei Wochen. Während es im Norden des Verbreitungsgebietes nur eine Generation gibt, entwickelt sich im Süden eine Folge von Generationen. Dazwischen gibt es alle Übergänge. Je nach Gegend fliegen die Tiere von Mai bis Oktober und zeigen einen langsamen, flatternden Flug dicht über der Vegetation.

Kleiner Heufalter *Coenonympha pamphilus*

Großes Ochsenauge *Maniola jurtina,* Raupe

Rotbraunes Ochsenauge *Pyronia tithonus,* saugend

Großes Ochsenauge *Maniola jurtina,* saugend

natürliche Größe

Perlgrasfalter *Coenonympha arcania*

Großer Heufalter *Coenonympha tullia* MÜLLER Familie Satyridae. Diese interessante und variable Art ist in Mittel- und Nordeuropa weit verbreitet und kommt in Südeuropa lokal vor. Es gibt viele benannte Unterarten, von denen manche unterschiedliche Lebensräume bevorzugen. Der Lebensraum erstreckt sich von feuchten Wiesen und Moorland bis zu nassen Gebirgswiesen in Höhen von 2300 m. Die Raupe ist leuchtend grün mit einer dunklen Rückenlinie und weißen Seitenlinien am Körper. Sie lebt an Weißer Moorsimse (*Rhynchospora alba*) oder Wollgras (*Eriophorum*) und überwintert zwischen den Wurzeln, bevor sie im folgenden Frühjahr ihre Entwicklung beendet. Die Puppe wird an einem Grashalm befestigt und entläßt den Falter nach einem Monat. Die Falter fliegen im Juni und Juli in einer Generation.

Perlgrasfalter *Coenonympha arcania* LINNAEUS Familie Satyridae. Dieser Falter ist in Europa weit verbreitet, fehlt aber in Spanien, dem nördlichen Skandinavien, den Niederlanden und den Britischen Inseln. Die Verbreitung erstreckt sich vom Flachland bis zur Höhe von 1800 m, und die Falter sind besonders im Hügelland häufig. Lebensraum sind Lichtungen und Waldränder, buschige Wiesen und Berghänge. Die Raupe ist grün mit einer dunkleren Rückenlinie und gelben Linien an den Körperseiten. Das zugespitzte Körperende ist rot gefärbt. Sie lebt an Gräsern wie Perlgras (*Melica*) und überwintert, bevor die Entwicklung im folgenden Frühjahr beendet wird. Es gibt gewöhnlich nur eine Generation im Jahr, im Süden von Europa kann teilweise eine zweite Generation entstehen. Die Falter fliegen gewöhnlich im Juni und Juli, während die alpine Unterart *darwiniana* STAUDINGER von Juli bis August fliegt.

Brauner Waldvogel *Aphantopus hyperantus* LINNAEUS Familie Satyridae. Diese Schmetterlingsart kommt fast im gesamten Europa vor, fehlt aber im hohen Norden, in vielen Teilen Südeuropas wie Italien und großen Teilen von Spanien. Lebensraum sind feuchte Wiesen, Hecken und Waldränder vom Flachland bis zu 1500 m Höhe. Die Raupe ist blaßbraun mit einer dunkleren Rückenlinie und weißen Linien an den Körperseiten. Sie lebt an verschiedenen Gräsern wie Knäuelgras (*Dactylis glomerata*) und Wiesenrispengras (*Poa*), überwintert ganz klein und vollendet das Wachstum im folgenden Frühjahr. Die blaßbrau-

Großer Heufalter *Coenonympha tullia*

Großer Heufalter *Coenonympha tullia,* Puppe

ne Puppe wird an einem Grashalm befestigt, an einer Stelle in Bodennähe, sie entläßt den Falter nach rund zwei Wochen. Die Falter fliegen in einer Generation von Juni bis August und besuchen mit Vorliebe die Blüten von Brombeeren und Himbeeren (*Rubus*), an denen sie ausdauernd saugen. Die Falter variieren bezüglich der Ausbildung der Augenflecken, wobei sich auch Männchen und Weibchen unterscheiden.

Brauner Waldvogel *Aphantopus hyperantus*

Monarchfalter *Danaus plexippus* LINNAEUS Familie Danaidae. Dieser prächtige amerikanische Wanderfalter kommt gelegentlich als seltener Zuwanderer in Europa vor. Es gibt eine Reihe von Funden auf den Britischen Inseln und in Spanien, die als Passagiere auf Schiffen teilweise über den Atlantik gebracht wurden, wie einige Forscher vermuten. Andere jedoch meinen, daß die Falter mit Windunterstützung den Atlantik überqueren können. Ende des neunzehnten Jahrhunderts entstand auf den Kanarischen Inseln eine stabile Population, und manche europäischen Exemplare mögen von dort kommen. Die sehr charakteristisch gelb und schwarz quergestreifte Raupe lebt an verschiedenen Arten von Seidenpflanze (*Asclepia*) und anderen verwandten Pflanzen. Sie speichert einige herzwirksame Gifte der Nahrungspflanze in ihrem Körper, die dann auch in den Falter übergehen und ihn vor Feinden schützen. Die Zeichnung der Raupe und des Falters ist deshalb eine Warnfarbe. Die blaugrüne Puppe trägt metallische Flecken und wird an der Nahrungspflanze befestigt.

natürliche Größe

Monarchfalter *Danaus plexippus,* Puppe

Monarchfalter *Danaus plexippus,* Raupe

Monarchfalter *Danaus plexippus,* saugend

natürliche Größe

Kleine Pappelglucke *Poecilocampa populi* LINNAEUS Familie Lasiocampidae. Dieser Nachtfalter ist in Nord-, Mittel- und Südeuropa weit verbreitet und oft recht häufig. Er lebt in Wäldern, Hecken und Parks, wo die Nahrungspflanzen zu finden sind. Die Raupe ist blaßbraun, dicht schwarz gesprenkelt und mit Haaren bedeckt, die am Rücken kürzer sind, an den Seiten aber länger. Hinter dem Kopf gibt es einen rotbraunen Fleck, der von einer weißen Linie geteilt wird. Die Raupen leben an Laubhölzern. Die glänzend braune Puppe liegt in einem seidenen Kokon, der zwischen abgestorbenen Blättern gesponnen wird oder in Rindenspalten verborgen ist. Die Falter schlüpfen im Spätherbst oder Winter und beginnen in der Dämmerung zu fliegen. Man findet sie von September bis Dezember, je nach Klima.

Ringelspinner *Malacosoma neustria* LINNAEUS Familie Lasiocampidae. Eine häufige Art, die quer durch Europa vorkommt. Sie lebt in Wäldern, Hecken, Gärten und Obstanlagen. Die haarige Raupe ist schieferblau und rot und schwarz längsgestreift. Die Rückenlinie ist weiß. Der Kopf ist blau mit zwei runden schwarzen Flecken, die wie Augen aussehen. Die Raupen leben in Gesellschaften in einem gemeinsamen Gespinst, das über das Blattwerk gezogen ist. Nahrungspflanzen sind Weißdorn (*Crataegus*), Schlehdorn (*Prunus*) und viele andere Laubhölzer einschließlich der Obstbäume. Die schwärzlich-braune Puppe wird von einem doppelwandigen, ovalen Kokon umgeben, der ein feines gelbes Pulver enthält. Die Falter findet man nachts im Juli und August. Der Name rührt daher, daß die Eier in regelmäßigen Ringen um Zweige gelegt werden, wo sie überwintern.

Kleespinner *Lasiocampa trifolii* DENIS UND SCHIFFERMÜLLER Familie Lasiocampidae. Die Art kommt in Europa zwischen dem südlichen Fennoskandien und dem Mittelmeergebiet vor. Man findet die Falter auf trockenen Wiesen und in offenem Buschland. Die haarige Raupe ist dunkelgrau mit einer Serie samtschwarzer Bänder um den Körper. Die Haare am Rücken sind rotbraun, die an den Körperseiten grau. Unter den vielen Nahrungspflanzen sind Hornklee (*Lotus corniculatus*), Klee (*Trifolium*), Grasnelke (*Armeria maritima*), Weide (*Salix*), Heidekraut (*Calluna*), Brombeere (*Rubus*) und viele Gras-Arten zu finden. Die Verpuppung erfolgt in einem ovalen braunen Kokon, der am Boden angefertigt wird und sehr dicht ist. Die Falter fliegen im Sommer und Herbst bei Nacht.

Eichenspinner, Quittenvogel *Lasiocampa quercus* LINNAEUS Familie Lasiocampidae. Dieser weitverbreitete Nachtfalter ist in ganz Europa zu finden. Zahlreiche Formen und Unterarten wurden benannt. Im Norden und auf den Mooren des Alpenvorlandes wird die Unterart ssp. *callunae* PALMER gefunden, die einen eigenen Entwicklungsgang aufweist. Der Lebensraum reicht vom Wald bis zu Heiden und Mooren. Die Raupe ist braun mit samtschwarzen Einschnitten zwischen den Segmenten und unterbrochenen weißen Streifen an den Seiten. Die Behaarung ist gewöhnlich blaßbraun. Die Nahrungspflanzen schließen Brombeere (*Rubus*), Schlehdorn (*Prunus*), Weißdorn (*Crataegus*) und Heidekraut (*Calluna*) ein. Die Verpuppung erfolgt in einem sehr dichten ovalen Kokon, der in einem dünnen Gespinst unter Blättern am Boden untergebracht ist. Die Entwicklung ist sehr unterschiedlich, die Falter fliegen von Mai bis August.

Ringelspinner *Malacosoma neustria,* Raupe

Ringelspinner *Malacosoma neustria,* ruhend

Eichenspinner *Lasiocampa quercus,* Raupe

Eichenspinner *Lasiocampa quercus,* Puppe

Eichenspinner *Lasiocampa quercus*

natürliche Größe

Brombeerspinner *Macrothylacia rubi* LINNAEUS Familie Lasiocampidae. Die Verbreitung dieser Art erstreckt sich durch ganz Europa ostwärts bis Zentralasien. Die Lebensräume finden sich zwischen Waldrand, Hecken und offenen Heiden. Die Raupe ist schwarz mit dichten braunen Haaren und kürzeren rotbraunen Haaren auf dem Rücken. Nahrungspflanzen sind Heidekraut (*Calluna*), Brombeere (*Rubus*), Gagelstrauch (*Myrica gale*) und verschiedene Beeren (*Vaccinium*). Die Puppe wird in einem röhrenförmigen seidigen Kokon geformt, der in Bodennähe in der Vegetation befestigt wird. Die Falter fliegen im Frühjahr und Frühsommer, wobei die Männchen sowohl tags als auch nachts fliegen, die größeren Weibchen dagegen nur nachts.

Kiefernspinner *Dendrolimus pini* LINNAEUS Familie Lasiocampidae. Dieser Nachtfalter kommt in vielen Teilen Europas vor, von Skandinavien bis zum Mittelmeer und auch bis Nordafrika. Die Art ist sehr variabel, besonders im Süden des Verbreitungsgebietes; viele Unterarten wurden beschrieben. Sie lebt in Nadelwäldern, besonders in Kiefernwäldern; im Süden des Verbreitungsgebietes gilt sie als Schädling. In den Alpen steigt sie bis 1500 m Höhe. Die Raupe ist graubraun mit rötlichbraunen Haaren und zwei blauen Flecken auf dem Rücken hinter dem Kopf. Sie lebt an den Nadeln von Kiefern. Die Falter fliegen im Sommer, die Männchen manchmal am Tage, die Weibchen scheinen nicht sehr aktiv zu sein. Man findet sie daher recht selten. Die Geschlechtsunterschiede sind bedeutend.

Grasglucke, Trinkerin *Philudoria potatoria* LINNAEUS Familie Lasiocampidae. Dieser hübsche Nachtfalter findet sich in ganz Europa, an manchen Stellen ziemlich häufig. Er bevorzugt ausgesprochen feuchte Wiesen, lockere Wälder und Moore in Höhen bis zu 1500 m. Die haarige Raupe ist blaugrau mit Linien gelblicher Flecken längs des Rückens und größeren Flecken weißer und gelber Haare an den Körperseiten. Es gibt einen deutlichen Haarschopf hinter dem Kopf und einen anderen in der Nähe des Körperendes. Sie lebt an verschiedenen rauhen Gräsern wie Knäuelgras (*Dactylis*) und Quecke (*Agropyron*). Die Raupen brauchen sehr viel Feuchtigkeit und trinken begierig Wassertropfen, die an der Vegetation haften. Die Raupen überwintern und verpuppen sich im folgenden Frühjahr in einem bootförmigen Kokon, der an Grasstengeln befestigt wird. Die Falter fliegen von Juni bis August im Dunkeln und zeigen große Geschlechtsunterschiede.

Kupferglucke *Gastropacha quercifolia* LINNAEUS Familie Lasiocampidae. Diese weitverbreitete Nachtfalterart findet sich vom südlichen Fennoskandien bis zur Iberischen Halbinsel und ostwärts bis China und Japan. Man findet sie im Wald, an Hecken und in Obstgärten. Die Raupe ist braungrau mit fleischigen Lappen an den Körperseiten und mit langen braunen Haaren bedeckt. Sie lebt von den Blättern des Schlehdorns (*Prunus*), des Weißdorns (*Crataegus*), der Weide (*Salix*), des Apfelbaums (*Malus*) und anderer verwandter Bäume und ist manchmal in Südeuropa als Obstbaumschädling aufgetreten. Einige Raupen überwintern und sind erst im folgenden Frühjahr erwachsen. Die Verpuppung erfolgt in einem grauen Kokon, der zwischen Zweigen befestigt wird. Im Norden gibt es nur eine Generation, im Süden zwei. Die Falter findet man von Mai bis August. Wenn sie ruhen, gleichen sie totem Laub.

Grasglucke *Philudoria potatoria,* Raupe

Brombeerspinner *Macrothylacia rubi,* Raupe

Grasglucke *Philudoria potatoria,* ruhend

Kupferglucke *Gastropacha quercifolia,* ruhend

Kleines Nachtpfauenauge *Saturnia pavonia* LINNAEUS Familie Saturniidae. Die Verbreitung dieser häufigen Art reicht von Westeuropa bis zum östlichen Sibirien. Sie bevorzugt Heiden und Moore bis zu Höhen von 2000 m, findet sich aber auch an den Rändern von Ödland und an Waldrändern. Die sehr charakteristische Raupe ist grün mit schwarzen Flecken oder Bändern. Auf dem Rücken und den Körperseiten trägt sie Reihen gelber, rosafarbener oder purpurner Warzen. Sie lebt an vielen verschiedenen Pflanzen, unter anderem an Brombeere (*Rubus*), Heidekraut (*Erica*), Blutweiderich (*Lythrum*) und Weide (*Salix*). Wenn die Raupe voll erwachsen ist, spinnt sie einen dichten Kokon aus Seide in der Vegetation

Kleines Nachtpfauenauge *Saturnia pavonia*, Raupe

und verpuppt sich darin. Dieser Kokon hat eine eigene Konstruktion. Er ist birnenförmig mit einer flaschenhalsähnlichen Öffnung. Zum Schutz gegen Feinde ist diese Öffnung mit einer Reuse versehen, die nur von innen nach außen passiert werden kann. Dadurch wird verhindert, daß Feinde eindringen. Die Falter fliegen je nach Gegend von März bis Juli, die Männchen bei Tage, die Weibchen nachts.

Großes oder **Wiener Nachtpfauenauge** *Saturnia pyri* DENIS UND SCHIFFERMÜLLER Familie Saturniidae. Hier haben wir den größten Schmetterling Europas vor uns. Die Verbreitung erstreckt sich über die Iberische Halbinsel, Südwestfrankreich, Südschweiz, Italien und die Mittelmeerinseln bis Nordafrika. Gewöhnlich findet man die Art in Obstgärten, Hecken und anderem offenem, baumbestandenem Gelände in Höhen bis zu 2000 m. Die riesige Raupe ist leuchtend gelbgrün mit Reihen erhabener blauer Warzen am Rücken und auf den Körperseiten, jede mit einem Haarbüschel. Sie lebt von den Blättern verschiedener Obstbäume und anderer Laubbäume und kann manchmal schädlich werden. Es gibt eine Generation im Jahr, Raupen und Puppen können aber mehrere Jahre zur Entwicklung brauchen. Die Falter fliegen nachts von März bis Juni, manchmal aber auch im Spätsommer. Die Puppe liegt in einem Kokon gleicher Art wie bei der vorhergehenden.

4/5 natürlicher Größe

Kleines Nachtpfauenauge *Saturnia pavonia*

Kleines Nachtpfauenauge *Saturnia pavonia,* Eier

Kleines Nachtpfauenauge *Saturnia pavonia,* schlüpfende Raupen

Aglia tau

Endromis versicolora

natürliche Größe

Nagelfleck *Aglia tau* LINNAEUS Familie Saturniidae. Die Verbreitung dieser Art erstreckt sich vom südlichen Fennoskandien bis Westfrankreich und den nördlichen Teil der Iberischen Halbinsel, nach Osten durch das gemäßigte Asien bis Japan. Es handelt sich um ein typisches Waldinsekt, das besonders in Buchenwäldern vorkommt. In den Gebirgen steigt die Art bis 1600 m. Die grüne Raupe zeigt eine Serie schräger weißlicher Linien an den Körperseiten und im Jugendstadium eine Anzahl verzweigter, rötlicher Dornen auf dem Rücken. Sie lebt an den Blättern von Buche (*Fagus*), Birke (*Betula*), Eiche (*Quercus*) und einer Reihe weiterer Laubbäume. Die Verpuppung erfolgt in einem Seidenkokon unter Laub am Boden. Die Falter fliegen von März bis Juni, wobei die Männchen den hellen Sonnenschein am Vormittag und mittags bevorzugen, die Weibchen dagegen nur im nächtlichen Dunkel aktiv sind. Die Falter ruhen mit über dem Rücken zusammengeklappten Flügeln wie die echten Tagfalter. In dieser Stellung erinnern sie stark an vertrocknetes Laub. Den Namen Nagelfleck hat die Art von der nagelförmigen weißen Zeichnung im blauen Kern der runden Augen auf den Flügeln. Neben den großen Geschlechtsunterschieden in Farbe und Größe sei auch auf die Form der Fühler verwiesen, die bei den Männchen lang gekämmt sind, bei den Weibchen dagegen nur kurz. Mit den umfangreichen Fühlern suchen die Männchen ihre Partnerinnen, die Weibchen brauchen dagegen nur die Nahrungspflanzen der Raupe zu finden.

Isabellaspinner *Graellsia isabellae* GRAELLS Familie Saturniidae. Leider ist diese schöne Art sehr lokal und selten. Man findet sie nur in den Gebirgen von Zentralspanien und in den französischen Alpen. Sie wurde ausführlich untersucht und gesammelt, und eine Anzahl von Unterarten wurde beschrieben. Sie lebt in Kiefernwäldern bis zu einer Höhe von 1800 m. Die Raupe ist grün und braun und weiß gebändert und lebt an den Nadeln verschiedener Kiefernarten (*Pinus*). Sie hat nur eine Generation im Jahr, und die Puppe überwintert. Die Falter fliegen von März bis Juli der Gegend entsprechend. Man sieht sie sowohl am Tage als auch nachts fliegen. Es gibt nur eine europäische Augenspinnerart mit geschwänzten Hinterflügeln, und ihr eigentümliches und schönes Aussehen hat sie zu einem beliebten Sammelobjekt gemacht. Vor allem in Frankreich ist die Art heute durch Gesetz unter Naturschutz gestellt.

Birkenspinner *Endromis versicolora* LINNAEUS Familie Endromidae. Dieser weitverbreitete Nachtfalter kommt im westlichen Europa vor und erreicht im Osten Sibirien. Auf den Britischen Inseln findet sich die Art nur noch in Schottland. Sie lebt auf Mooren und in offenen Wäldern bis zu einer Höhe von 2000 m überall, wo Birken (*Betula*) wachsen. Die Raupe ist leuchtend grün mit gelblich-weißen, schrägen Streifen an den Körperseiten und einem Horn am Hinterende des Körpers. Sie lebt vom Laub der Birke (*Betula*), Erle (*Alnus*), Linde (*Tilia*), Hasel (*Corylus*), Ulme (*Ulmus*) und einiger anderer Laubbäume. Entsprechend den klimatischen Gegebenheiten und anderer lokaler Bedingungen braucht die Raupe 1–4 Jahre zu ihrer Entwicklung. Die Falter fliegen je nach Gegend zwischen März und Mai. Die Männchen fliegen bei Tage, die Weibchen nachts und werden vom Licht angezogen. Hervorzuheben ist der große Geschlechtsunterschied, der sich in Größe und Farbe äußert. Dieser Schmetterling gehört zu einer Familie, die wahrscheinlich nur aus zwei Arten besteht. Solche Gruppen werden oft als altertümlich bezeichnet und können Relikte aus früheren Zeiten darstellen. Gelegentlich findet man mehr oder weniger schwarze Exemplare, die dann als melanistisch bezeichnet werden. Ähnliche dunkle Formen gibt es bei vielen anderen Schmetterlingen.

Birkenspinner *Endromis versicolora,* Raupe

Nagelfleck *Aglia tau,* Raupe

Nagelfleck *Aglia tau,* junge Raupe

Graellsia isabellae

natürliche Größe

natürliche Größe

Roseneule *Thyatira batis,* Raupe

Eichen-Sichelflügel *Drepana binaria,* Raupe

Birken-Sichelflügel *Falcaria lacertinaria* LINNAEUS Familie Drepanidae. Diese Art ist in Europa verbreitet und häufig, ausgenommen im Süden. Lebensraum sind Birkenwälder, Heiden und baumbestandenes Weideland. Die Raupe ist blaßbraun, dunkler braun gezeichnet und am Körperende mit einem fleischigen Zapfen, während hinter dem Kopf zwei davon zu finden sind. Sie lebt von den Blättern der Birke (*Betula*) und der Erle (*Alnus*). Die erwachsene Raupe spinnt einen offenen Kokon zwischen Blättern und verpuppt sich darin. Es gibt zwei Generationen im Jahr, die Raupen der zweiten Generation überwintern. Die Falter fliegen von Mai bis Juni und wieder im Spätsommer. Sie fliegen nachts und ruhen auf Blättern und Zweigen am Tage, wobei sie die Flügel ausbreiten und abgestorbenes Laub nachahmen.

Eichen-Sichelflügel *Drepana binaria* HUFNAGEL Familie Drepanidae. Das ist eine weitverbreitete Art, die an vielen Stellen in Mittel- und Südeuropa vorkommt. Sie lebt in Wäldern, in denen die Nahrungspflanze vorkommt. Die Raupe ist blaßbraun mit gelblichen, rhombischen Flecken auf dem Rücken und einem zweispitzigen Zapfen hinter dem Kopf. Sie lebt an Eichenblättern (*Quercus*) und verpuppt sich in einem leichten Kokon zwischen zusammengesponnenen Blättern. Es gibt zwei Generationen im Jahr, die im Frühjahr und im Sommer erscheinen. Die Falter fliegen am Tage bei Sonnenschein, nicht aber bei trübem Wetter, kommen aber auch nachts ans Licht.

Buchen-Sichelflügel *Drepana cultraria* FABRICIUS Familie Drepanidae. Dieser Nachtfalter ist in Mitteleuropa ziemlich häufig. Bevorzugter Lebensraum sind Buchenwälder (*Fagus*), besonders auf Kalkboden. Die Raupe ist jener der vorhergehenden Art ähnlich, die Zeichnungen sind aber blasser. Sie lebt an den Blättern von Buchen. Die erwachsene Raupe spinnt zwischen zwei Blättern einen Kokon und verpuppt sich darin. Es gibt zwei Generationen im Jahr, die Falter fliegen im Frühjahr und im Sommer. Die Männchen fliegen oft im Sonnenschein, die Weibchen dagegen sind nur nachts aktiv. Diese Art kann von der vorhergehenden durch zwei dunkle Bänder auf den Vorderflügeln unterschieden werden.

Weiden-Sichelflügel *Drepana falcataria* LINNAEUS Familie Drepanidae. Diese Art ist in vielen Gegenden Europas häufig, fehlt jedoch den höheren Lagen. In Schottland gibt es eine besondere Unterart, ssp. *scotica* BYTINSKI-SALZ, die eine weißliche Grundfarbe der Flügel aufweist. Lebensraum sind Wälder, Moore und Heiden, wo die Nahrungspflanze wächst. Die Raupe ist grün mit braunem Rücken und Zapfen auf den Segmenten unmittelbar hinter dem Kopf. Sie lebt an den Blättern von Birke (*Betula*), findet sich aber auch an Erlen (*Alnus*). Wenn sie erwachsen ist, verpuppt sie sich zwischen zwei zusammengesponnenen Blättern. Es gibt zwei Generationen im Jahr, die Falter findet man im Frühjahr und im Sommer, wobei die der zweiten Generation allgemein kleiner sind und hellere Zeichnungen aufweisen.

Silberspinner *Cilix glaucata* SCOPOLI Familie Drepanidae. Dieser Schmetterling ist in vielen Gegenden Mittel- und Südeuropas eine häufige Art. Normaler Lebensraum sind Hecken und Waldränder. Die Raupe ist rötlichbraun mit einer dunklen Linie auf dem Rücken und erhabenen Zapfen auf den Segmenten hinter dem Kopf. Das Hin-

Roseneule *Thyatira batis*

Eichen-Sichelflügel *Drepana binaria*

Weiden-Sichelflügel *Drepana falcataria*

Birken-Sichelflügel *Falcaria lacertinaria*

terende ist zu einer schwanzartigen Spitze ausgezogen. Nahrungspflanzen sind Weißdorn (*Crataegus*), Schlehdorn (*Prunus*), Apfelbaum (*Malus*) und Birnbaum (*Pyrus*). Die Verpuppung erfolgt in einem Kokon, der zwischen Blättern oder in Rindenspalten befestigt wird. Es gibt zwei Generationen im Jahr, und Schmetterlinge fliegen im Frühjahr und im Sommer. Wenn sie ruhen, falten sie die Flügel so über dem Rücken, daß sie Vogelmist gleichen.

Roseneule *Thyatira batis* LINNAEUS Familie Thyatiridae. Diese weitverbreitete und schöne Art ist in vielen Teilen Nord- und Mitteleuropas verbreitet. Gewöhnlich findet man die Art in Wäldern, sie kommt aber auch in Parks und größeren Gärten vor. Die Raupe ist braun mit weißen Zeichnungen und einer Reihe erhabener Zapfen auf dem Rücken. Sie lebt an den Blättern von Brombeeren und Himbeeren (*Rubus*). Wenn sie erwachsen ist, spinnt sie zwischen Blättern einen Kokon und verpuppt sich darin. Je nach Klima gibt es eine bis zwei Generationen im Jahr, die im Juni und Juli und wieder im Herbst zu finden sind. Es sind ausgesprochene Nachttiere, die gerne ans Licht kommen.

Achatspinner *Habrosyne pyritoides* HUFNAGEL Familie Thyatiridae. Diese Nachtfalterart ist lokal häufig in Nord- und Mitteleuropa und kommt auch im südlichen Frankreich und in Norditalien vor. Es handelt sich um eine Waldart, die in Wäldern und Parks vorkommt. Die Raupe ist rötlich-braun mit einer dunklen Rückenlinie und einem einzelnen schwarzgeringten weißen Fleck auf jeder Körperseite. Sie lebt hauptsächlich an Brombeeren (*Rubus*), wurde aber auch an Weißdorn (*Crataegus*) und Hasel (*Corylus*) gefunden. Sie verpuppt sich in einem Kokon, der mit Erde vermischt ist, im Boden oder unter einer Moosdecke. Es gibt gewöhnlich nur eine Generation im Jahr, die im Juni und Juli fliegt, gelegentlich tritt aber eine teilweise zweite Generation im Herbst auf. In beiden Fällen überwintert die Puppe.

Schwarzgebänderter Wollrückenspinner *Tethea ocularis* LINNAEUS Familie Thyatiridae. Hier handelt es sich um eine häufige und weitverbreitete Art, die in ganz Europa vorkommt. Bevorzugter Lebensraum dieser Art sind Wälder und Parkanlagen mit den Nahrungspflanzen der Raupen. Die Raupe ist gelblich-weiß mit einer unbestimmten grauen Rückenlinie und einem gelblichbraunen Kopf, der schwarze Zeichnungen trägt. Sie lebt an den Blättern von Espen und Pappeln (*Populus*) und versteckt sich dort bei Tage in einem eingerollten Blatt, aus dem sie nur nachts herauskommt. Wenn die Raupe erwachsen ist, verpuppt sie sich am Fuß der Bäume in einem seidenen Kokon, der zwischen Blättern gesponnen wird. Es gibt nur eine Generation im Jahr, die Falter erscheinen im Mai und Juni. Charakteristisch für diese Art und einige andere, die sehr ähnlich sind, ist die Zeichnung am Vorderflügel, die weiße Zahlen oder Buchstaben darstellt.

natürliche Größe

Grüner Geißkleespanner *Pseudoterpna pruinata,* Raupe

Kreuzflügel *Alsophila aescularia* Denis und Schiffermüller Familie Geometridae. Dieser Nachtfalter ist in West-, Mittel- und Osteuropa häufig. Lebensraum sind Wälder, Hecken, Obstanlagen und Gärten. Die Raupe ist gelblich-grün mit weißen Längslinien und kann von anderen Spannerraupen durch das Vorhandensein eines weiteren Bauchbeinpaars, das sehr klein ist, unterschieden werden. Sie lebt an vielen Laubbäumen und Büschen und kann oft an Obstbäumen und Ziersträuchern schädlich werden. Wenn sie erwachsen ist, verpuppt sie sich im Boden. Es gibt nur eine Generation im Jahr, die Falter erscheinen im zeitigen Frühjahr. Das Weibchen dieser Art ist flügellos, gleicht eher einer Spinne und kann deshalb nur an den Baumstämmen emporklettern. Die Männchen dagegen sind voll geflügelt und in der Nacht aktiv. In Ruhe schlagen sie ihre Flügel dicht um den Körper und die Unterlage.

Grüner Geißkleespanner *Pseudoterpna pruinata* Hufnagel Familie Geometridae. Dieser Spanner ist in Mittel- und Südeuropa recht häufig. Lebensraum sind Heiden, Moore und Weideland. Die Raupe ist grün mit einer dunklen Rückenlinie und einer weißen Linie an den Körperseiten, die rosa getönt ist. Sie lebt an den Blättern von Geißklee (*Cytisus*), Englischem Ginster (*Genista anglica*) und Stechginster (*Ulex*). Wenn sie ruht, wird der Körper steif seitwärts gestreckt und gleicht dann einem Teil der Nahrungspflanze. Die hübsche grüne Puppe liegt in einem zarten Kokon, der zwischen Pflanzenresten am Boden angefertigt wird. Die Art hat nur eine Generation im Jahr, die Falter kann man im Juni und Juli finden.

Grünes Blatt *Geometra papilionaria* Linnaeus Familie Geometridae. Diese bekannte Art ist in Europa weit verbreitet und findet sich sogar im Bereich des Polarkreises. Lebensraum sind Wälder, Hecken, Moore und Marschland. Die Raupe ist zunächst braun und verbleibt so über den Winter, den sie an einem Zweig verbringt. Wenn im Frühjahr die Knospen aufspringen, ändert sie ihre Farbe in Grün mit braunen Warzen am Rücken. Sie lebt an den Blättern von Birke (*Betula*), Hasel (*Corylus*) und Buche (*Fagus*). Die Verpuppung erfolgt in einem Kokon, der am Boden zwischen abgefallenen Blättern angefertigt wird. Es gibt nur eine Generation im Jahr, die Falter erscheinen von Juni bis August – dem jeweiligen Klima entsprechend. Die leuchtend grüne Farbe verschwindet rasch, wenn der Falter tot ist, und verändert sich in Gelb, wenn die Flügel feucht werden.

Schlehen-Grünflügelspanner *Hemithea aestivaria* Hübner Familie Geometridae. Diese gewöhnliche Art ist in vielen Teilen von Mittel- und Südeuropa verbreitet. Bevorzugter Lebensraum sind Wälder, Feldgehölze und Hecken. Die Raupe ist grün mit rotbraunen Zeichnungen und schwarzen, V-förmigen Flecken auf dem Rücken. Unmittelbar hinter dem Kopf gibt es einen deutlichen, eingekerbten Vorsprung. Die Raupe lebt an Beifuß (*Artemisia*) und anderen niederen Pflanzen, wenn sie noch jung ist. Nach der Überwinterung frißt sie jedoch an den Blättern von Eiche (*Quercus*), Weißdorn (*Crataegus*) und anderen Laubbäumen und Büschen. Die Verpuppung erfolgt in einem zarten Seidenkokon, der zwischen den Blättern der Nahrungspflanze angefertigt wird. Es gibt nur eine Generation im Jahr, deren Falter von Juni bis August fliegen, entsprechend der Gegend und ihrem Klima.

Kreuzflügel *Alsophila aescularia,* ruhend

Grüner Waldrebenspanner *Hemistola chrysoprasaria* ESPER Familie Geometridae. Das Verbreitungsgebiet dieser zart gefärbten Art erstreckt sich fast über ganz Europa ostwärts bis Zentralasien. Lebensraum sind vor allem Hecken auf Kalkböden. Die Raupe ist gelblich-grün mit einem rötlichbraunen Kopf und Reihen weißer Flecken am Rücken und an den Körperseiten. Die vordersten und hintersten Segmente des Körpers haben am Rücken erhabene, zugespitzte Fortsätze. Die Nahrungspflanze ist die Waldrebe (*Clematis*). Die Raupe überwintert und vollendet die Entwicklung im folgenden Frühjahr. Wenn sie erwachsen ist, spinnt sie Blätter zusammen und verwandelt sich in diesem Gehäuse in eine grüne Puppe. Die Falter fliegen abends von Mai bis August dem Klima der Umgebung entsprechend.

Glattgestreifter Heidelbeerspanner *Jodis lactearia* LINNAEUS Familie Geometridae. Diese Art ist in Mittel- und Südeuropa verbreitet. Lebensraum sind Hecken und Wälder. Die Raupe ist lang und dünn mit grüner Farbe und rötlichen Flecken entlang des Rückens. Auf dem Segment hinter dem Kopf und dem letzten Segment sitzen zwei Zapfen. Die Raupe lebt an den Blättern von Eiche (*Quercus*), Weißdorn (*Crataegus*), Birke (*Betula*) und anderen Laubhölzern. Wenn sie erwachsen ist, spinnt sie einen lockeren Kokon zwischen den Blättern und verpuppt sich darin. Es gibt nur eine Generation im Jahr; die Falter findet man von Mai bis Juli entsprechend dem Klima der Umgebung. Die zarte grüne Flügelfärbung verblaßt sehr schnell nach dem Tod des Falters.

Schrägstreifiger Ampferspanner *Timandra griseata* PETERSEN Familie Geometridae. Diese charakteristische Spannerart ist in Europa weit verbreitet und häufig und kommt von Skandinavien bis zum Mittelmeer und Nordafrika vor. Bevorzugter Lebensraum sind feuchte Plätze in Straßengräben, Feldrändern und Hecken. Die Raupe ist graubraun mit weißen Zeichnungen am Rücken. Wenn sie ruht, kann sie die Körpersegmente hinter dem Kopf ausdehnen, so daß sie ein ganz merkwürdiges Aussehen erhält und an eine kleine Kobra erinnert. Nahrungspflanzen sind Ampferarten (*Rumex*), Melde (*Atriplex*) und andere niedere Pflanzen. Die Verpuppung erfolgt in einem Gespinst zwischen den Blättern der Nahrungspflanze. Es gibt 1–2 Generationen im Jahr, die zwischen Mai und September gefunden werden können. Bei dieser Art sind die Fühler des Männchens gekämmt, die des Weibchens einfacher.

Grüner Waldrebenspanner *Hemistola chrysoprasaria*

Schlehen-Grünflügelspanner *Hemithea aestivaria*

Schrägstreifiger Ampferspanner *Timandra griseata*

natürliche Größe

Gemeiner Blattspanner *Xanthorhoe fluctuata* LINNAEUS Familie Geometridae. Dies ist einer der häufigsten Spanner in Europa. Er kommt häufig in Gärten vor, aber auch in Hecken und anderen Plätzen. Die Raupe variiert in der Farbe von Grau bis Grün mit blasseren trapezförmigen Flecken auf dem Rücken. Sie lebt sowohl an Kohl (*Brassica*), Goldlack (*Cheiranthus*), Rauke (*Sisymbrium*) und verwandten Pflanzen als auch an Johannis- und Stachelbeeren (*Ribes*). Die erwachsene Raupe gräbt sich in den Boden ein, baut darin einen Kokon und verpuppt sich in diesem. Es gibt zwei oder mehrere Generationen im Jahr, die Falter findet man von April bis September. Die Flügelzeichnung ist sehr variabel mit mehr oder weniger starker Entwicklung der Querbänder auf den Vorderflügeln und einer Grundfarbe, die von Grau bis Reinweiß reicht.

Ockergelber Blattspanner *Camptogramma bilineata* LINNAEUS Familie Geometridae. Diese sehr häufige Art kommt in ganz Europa vor. Man findet sie in Hecken, Gärten und anderen Orten. Die Raupe variiert in der Farbe von Braun bis Grün mit einer dunklen Rücken- und je einer dunklen Seitenlinie, unter der die Körperfarbe viel blasser ist. Wenn die Raupe ruht, biegt sie sich zu einer charakteristischen, fragezeichen-ähnlichen Form ein. Sie lebt an den Blättern von Miere (*Stellaria*), Ampfer (*Rumex*), Gräsern und anderen Pflanzen. Wenn sie erwachsen ist, gräbt sie sich in den Boden ein und verpuppt sich in einem Kokon aus Erde und Seidenfäden. Die Falter fliegen von Juni bis August in 1–2 Generationen je nach Gegend. Die Grundfarbe und die Ausdehnung der dunklen Binden ist sehr variabel, und viele Formen sind benannt worden.

Breitbindiger Blattspanner *Cidaria fulvata* FORSTER Familie Geometridae. Diese Art ist weit verbreitet und oft häufig in Europa. Man findet sie meist in Hecken und offenem Buschland. Die Raupe ist grün mit gelblichen Einschnitten zwischen den Segmenten, drei grauen Rückenlinien und einer gelblichweißen Linie auf den Körperseiten. Sie lebt an den Blättern der Hundsrose (*Rosa canina*) und der Bibernell-Rose (*Rosa pimpinellifolia*) und frißt in Gefangenschaft auch die Blätter verschiedener Gartenrosen. Wenn sie erwachsen ist, spinnt sie einen dünnen Kokon zwischen den Blättern und verpuppt sich darin. Es gibt nur eine Generation im Jahr, die Falter fliegen je nach Gegend von Juni bis August. Bei Tage verstecken sie sich unter Blättern, fliegen aber schon in der Dämmerung am Abend.

Rötlichbrauner Kiefern-Blattspanner *Thera obeliscata* HÜBNER Familie Geometridae. Diese Art findet sich in vielen Teilen von Nord-, Mittel- und Osteuropa. Lebensraum sind Nadelwälder. Die Raupe ist leuchtend grün mit drei weißen Rückenlinien und einer gelben Linie an jeder Körperseite. Von anderen nahe verwandten Arten kann sie anhand ihrer rosafarbenen Thorakalbeine unterschieden werden. Bevorzugte Nahrungspflanze ist die Waldkiefer (*Pinus sylvestris*), die Raupe frißt aber auch die Nadeln von Weißtanne (*Abies alba*) und verschiedenen Fichtenarten. Die Raupe überwintert und vollendet ihre Entwicklung im folgenden Frühjahr. Es gibt nur eine Generation im Jahr, die Falter fliegen im Mai und Juni.

Gelbgrauer Frostspanner *Operophtera brumata* LINNAEUS Familie Geometridae. Dieser Schmetterling ist in Nord- und Mitteleuropa sehr häufig, weniger dagegen in Südeuropa. Nach Osten erstreckt sich das Verbreitungsgebiet bis Sibirien. Lebensraum sind Wälder, Hecken, Obstanlagen und Gärten. Die Raupe ist grün mit blasseren Einschnitten zwischen den Segmenten, einer dunkleren Rückenlinie, die von einer weißen Linie auf beiden Seiten eingefaßt ist. Über die Atemlöcher läuft ein gelber Streifen. Diese Art lebt auf fast allen Laubgehölzen, Bäumen und Sträuchern, und ist ein bekannter Schädling an Apfel- (*Malus*) und anderen Obstbäumen. Die erwachsene Raupe läßt sich zu Boden fallen und verpuppt sich in der Erde am Fuß der Bäume. Die Falter erscheinen nach den ersten Frösten im Spätherbst und Winter; die männlichen Tiere kann man von Oktober bis Februar fliegen sehen. Die Weibchen haben stark verkümmerte Flügel und gleichen Spinnen. Sie klettern an den Baumstämmen empor, um sich zu paaren und Eier abzulegen.

Gemeiner Blattspanner *Xanthorhoe fluctuata,* ruhend

Breitbindiger Blattspanner *Cidaria fulvata,* ruhend

Rötlichbrauner Kiefern-Blattspanner *Thera obeliscata,* ruhend

Gelbgrauer Frostspanner *Operophtera brumata,* ruhend

Ockergelber Blattspanner *Camptogramma bilineata,* ruhend

natürliche Größe

Leimkraut-Blütenspanner *Eupithecia venosata* Fabricius Familie Geometridae. Dieser hübsche kleine Spanner ist in Europa weit verbreitet. Die Raupe ist auf der Oberseite graubraun, auf der Unterseite blaßgrün oder gelb und trägt drei dunkle Rükkenlinien. Der Kopf ist schwarzbraun. Nahrungspflanzen dieser Art sind verschiedene Arten von Leimkraut (*Silene*) und Lichtnelke (*Lychnis*). Die Raupen leben in den Samenkapseln und ernähren sich von deren Inhalt, verlassen aber erwachsen die Nahrungspflanze und verpuppen sich im Boden. Es gibt nur eine Generation im Jahr, die Falter fliegen im Mai und Juni. Diese Art hat eine bemerkenswerte geographische Variation, besonders in der Grundfarbe der Vorderflügel, die fast weiß, rauchgrau oder gelbbraun sein kann. Von den zahlreichen anderen Arten der Gattung *Eupithecia* unterscheidet sich diese durch die charakteristische Zeichnung.

Gemeiner Blütenspanner *Eupithecia vulgata* Haworth Familie Geometridae. Diese weitverbreitete Art ist in Europa recht häu-

Leimkraut-Blütenspanner *Eupithecia venosata*

fig und kommt auch im nördlichen Skandinavien vor. Lebensraum sind Hecken, unkultiviertes Land, Gärten und andere Plätze. Die Raupe ist blaß rotbraun mit einer Serie dunklerer rautenförmiger Zeichnungen auf dem Rücken und einer blaßgelblichen Linie auf jeder Körperseite. Sie lebt an Weißdorn (*Crataegus*), Weiden (*Salix*), Brombeere (*Rubus*) und vielen anderen Pflanzen. Sie verpuppt sich im Boden in einem Kokon. Es gibt zwei Generationen im Jahr; die Falter fliegen im Mai und Juni und wieder im August. Sie variieren beträchtlich in der Farbe und sind nicht leicht von anderen Arten der Gattung zu unterscheiden.

Trockenrasen-Blütenspanner *Eupithecia centaureata* Denis und Schiffermüller Familie Geometridae. Diese häufige Art findet sich in vielen Teilen Europas und auch in Nordafrika, Kleinasien und Zentralasien. Lebensraum sind unkultiviertes Gelände und Gärten. Die Raupe ist grün oder gelblich gefärbt und hat manchmal eine Reihe rötlicher Flecken auf dem Rükken. Sie lebt an den Blüten von Greiskraut (*Senecio*), Flockenblume (*Centaurea*), Schafgarbe (*Achillea*), Goldrute (*Solidago*) und vielen anderen Pflanzen. Erwachsen verläßt sie die Nahrungspflanze und verpuppt sich in einem Kokon aus Erde im Boden. Es gibt 1–2 Generationen im Jahr, und die Falter fliegen von Mai bis August und von September bis Oktober. Mit ausgestreckten Flügeln ruhend, kann die Art leicht mit Vogelmist verwechselt werden.

Mohrenspanner *Odezia atrata* Linnaeus Familie Geometridae. Diese charakteristische kleine Art ist in Mittel- und Nordeuropa weit verbreitet und geht nördlich bis Lappland. Bevorzugte Lebensräume sind feuchte Stellen in Wäldern, an Waldrändern, nassen Feldern und Gräben an Hekken. Die Raupe ist grün mit drei dunklen Linien auf dem Rücken, wobei die mittlere zum Ende hin rötlich wird. Unter den roten Atemlöchern läuft eine blasse Linie auf jeder Körperseite. Sie lebt an den Blüten von Kegelfuß (*Conopodium majus*), Kälberkropf (*Chaerophyllum temulentum*) und anderen verwandten doldenblütigen Pflanzen. Die Verpuppung erfolgt im Boden. Es gibt eine Generation im Jahr; die Falter fliegen von Juni bis Juli. Sie sind am Tage aktiv, und man kann sie im Sonnenschein fliegend beobachten.

Mohrenspanner *Odezia atrata*

Gemeiner Blattspanner *Eupithecia vulgata*

Harlekin *Abraxas grossulariata,* Raupe

Harlekin *Abraxas grossulariata,* Eier

Traubenkirschen-Harlekin *Abraxas sylvata*

Harlekin *Abraxas grossulariata*

Harlekin, Stachelbeerspanner *Abraxas grossulariata* LINNAEUS Familie Geometridae. Diese weitverbreitete und schöne Art findet sich in ganz Europa nördlich bis in das südliche Skandinavien und weiter ostwärts durch Sibirien. Sie bevorzugt Gärten, Hecken, offenes Busch- und Ödland. Die Raupe ist sehr charakteristisch gefärbt und gezeichnet. Sie ist gelblichweiß mit einem ausgeprägten Muster schwarzer Flecken, die über den ganzen Körper verteilt sind, und einer rötlichen Seitenlinie. Gelegentlich tritt eine Form auf, deren Raupe völlig schwarz gefärbt ist. Nahrungspflanzen sind Schwarzdorn (*Prunus*), Weißdorn (*Crataegus*), Pfaffenhütchen (*Euonymus*) und andere Pflanzen. Die Art wurde aber besonders bekannt durch ihren Fraß an Johannisbeeren und Stachelbeeren (*Ribes*), wo sie gelegentlich als Schädling auftrat. Die Verpuppung erfolgt in einem offenen Kokon an der Nahrungspflanze zwischen zusammengesponnenen Blättern. Die Falter fliegen im Sommer und können auch am Tage aktiv sein. Es ist eine sehr variable Art, von der viele Formen beschrieben wurden.

Traubenkirschen-Harlekin *Abraxas sylvata* SCOPOLI Familie Geometridae. Die Verbreitung dieses hübschen Verwandten des Harlekin erstreckt sich durch Mitteleuropa ostwärts bis Zentralasien. Lebensraum dieser Art ist Waldland. Die Raupe ist gelblichweiß mit schwarzen Linienzeichnungen und einem gelben Streifen an den Körperseiten. Der Kopf ist glänzend schwarz. Nahrungspflanzen sind Ulmen (*Ulmus glabra* und *procera*) und Buche (*Fagus*). Es gibt eine Generation im Jahr, und die Falter fliegen von Mai bis Juli, der Gegend entsprechend. Bei Tage ruhen die Tiere mit ausgebreiteten Flügeln in der Vegetation, und nachts besuchen sie gerne die Blüten von Bingelkraut (*Mercurialis perennis*). Es ist eine sehr variable Art, hat aber nicht so viele beschriebene Formen wie der Harlekin.

natürliche Größe

Fliederspanner *Apeira syringaria,* Raupe

Zitronenspanner *Opisthograptis luteolata,* Raupe

Hobelspanner *Plagodis dolabraria* LINNAEUS Familie Geometridae. Dieser charakteristische kleine Spanner ist in Europa weit verbreitet. Man findet ihn in lichten Wäldern und auf Waldlichtungen. Die Raupe ist braun mit dunkleren Zeichnungen auf dem Rücken und einer großen Warze vor dem Hinterende, das dem Glied eines Zweiges gleicht. Sie lebt vom Laub der Birke (*Betula*), Eiche (*Quercus*), Weide (*Salix*) und Buche (*Fagus*) und verpuppt sich, wenn sie erwachsen ist, unter dem Moos eines Baumstumpfes. Die Falter fliegen je nach Gegend von April bis August in 1–2 Generationen bei Nacht und ruhen am Tage an Baumstämmen.

Zitronenspanner *Opisthograptis luteolata* LINNAEUS Familie Geometridae. Diese Spannerart kommt weit verbreitet in Europa vor und geht ostwärts bis Ostsibirien. Lebensraum sind Hecken, offene Wälder und Parklandschaften. Bei den Raupen gibt es sowohl grüne als auch braune Formen, beide haben aber eine lange fleischige Gabel auf der Mitte des Rückens. Sie leben vom Laub des Weißdorns (*Crataegus*), des Schlehdorns (*Prunus*) und vieler anderer Laubhölzer. Sie sind gut getarnt und gleichen einem kleinen Zweig der Futterpflanze. Die Verpuppung erfolgt in einem Kokon in Bodennähe. Es gibt zwei sich überschneidende Generationen im Jahr, so daß die Falter in allen Monaten zwischen April und Oktober fliegen. Sie fliegen auch bei Tage.

Fliederspanner *Apeira syringaria* LINNAEUS Familie Geometridae. Diese hübsche Art ist weit verbreitet von Skandinavien bis Südeuropa und ostwärts bis Sibirien. Sie lebt auf Waldlichtungen, in Hecken und in Gärten. Die Raupe ist rötlich oder gelblichgrau gefärbt mit dunkleren Zeichnungen, kann aber leicht an den fingerförmigen Vorsprüngen auf der Mitte des Rückens erkannt werden. Obwohl diese so auffallend

Dreistreifiger Mondfleckspanner *Selenia dentaria*

Zitronenspanner *Opisthograptis luteolata*

Hobelspanner *Plagodis dolabraria*, ruhend

Dunkelbrauner Mondfleckspanner *Selenia tetralunaria*

Fliederspanner *Apeira syringaria*

Zahnrandspanner *Odontopera bidentata*

sind, verwischen sie die Körperumrisse der Raupe, und man kann sie deshalb nur schwer an der Nahrungspflanze erkennen. Sie lebt an den Blättern von Geißblatt (*Lonicera*), Flieder (*Syringa*) und Liguster (*Ligustrum*) und verpuppt sich, wenn sie erwachsen sind, auf der Unterseite eines Blattes wie ein Tagfalter. Es gibt 1–2 Generationen im Jahr, und die Falter findet man im Frühsommer und wieder im Herbst.

Dreistreifiger Mondfleckspanner *Selenia dentaria* FABRICIUS Familie Geometridae. Diese Art ist in Europa weit verbreitet. Sie lebt in Wäldern und Hecken und ist örtlich recht häufig. Die Raupe ist rotbraun und manchmal auch dunkler purpurn und hat zwei erhabene Zapfen am Rücken dem Hinterende zu. Wenn die Raupe ruht, ist sie einem dornigen Zweig sehr ähnlich. Sie lebt an den Blättern von Weißdorn (*Crataegus*), Schlehdorn (*Prunus*), Birke (*Betula*) und vielen anderen Laubhölzern. Die erwachsene Raupe verpuppt sich am Boden. Im Süden gibt es gewöhnlich zwei Generationen, im Norden dagegen nur eine. Die Falter fliegen im April und Mai und wieder im Juli und August. Ruhend falten sie die Flügel über dem Rücken und gleichen dann totem Laub.

Dunkelbrauner Mondfleckspanner *Selenia tetralunaria* HUFNAGEL Familie Geometridae. Diese Art ist in Europa weit verbreitet. Man findet sie in Waldgebieten, wo sie stellenweise nicht selten ist. Die Raupe ist rötlich-braun mit dunkleren Zeichnungen und einer Anzahl warzenartiger Fortsätze am Körper, der wie das Stück eines Zweiges aussieht. Sie lebt an den Blättern von Birke (*Betula*), Erle (*Alnus*), Eiche (*Quercus*), Weide (*Salix*) und vielen anderen Laubbäumen. Erwachsen spinnt sie einen Kokon zwischen Blättern und verpuppt sich darin. Es gibt gewöhnlich zwei Generationen im Jahr; die Falter fliegen im April und Mai und wieder im Juli und August. Die Exemplare der Frühjahrsgeneration sind meist größer und kräftiger in der Färbung. Manchmal gibt es auch Falter einer dritten Generation im Spätherbst.

Zahnrandspanner *Odontopera bidentata* CLERCK Familie Geometridae. Diese Spannerart ist in vielen Teilen Europas zu finden, wo sie nicht selten ist. Waldland und Hecken sind Lebensraum dieser Art. Die Raupe variiert von Grün zu Braun; es gibt auch eine gesprenkelte Form, die an Flechten erinnert. Sie lebt an den Blättern von Eiche (*Quercus*), Birke (*Betula*), Weide (*Salix*) und an fast allen anderen Laubhölzern. Wenn sie erwachsen ist, verpuppt sie sich am Fuß des Baumstamms unter Moos. Es gibt nur eine Generation im Jahr, deren Falter gewöhnlich zwischen Mai und Juni fliegen, aber gelegentlich schon im April auftreten können. Die Art ist sehr variabel.

natürliche Größe

Grauer Wollrückenspanner *Apocheima pilosaria*, ruhend

Nachtschwalbenschwanz *Ourapteryx sambucaria* LINNAEUS Familie Geometridae. Dieser große und charakteristische Spanner findet sich in großen Teilen Europas mit Ausnahme des hohen Nordens. Sein Lebensraum sind Waldränder, Parks und Gärten. Die Raupe ist lang, dünn und braun; ihr Körper ist von feinen dunklen Längslinien überzogen. Nahrungspflanzen sind Efeu (*Hedera*), Liguster (*Ligustrum*), Weißdorn (*Crataegus*) und viele andere Laubbüsche und Bäume. Die Raupe überwintert zwischen Zweigen der Nahrungspflanze und ist sehr schwer zu finden. Im folgenden Frühsommer verpuppt sie sich in einem Kokon, der auf der Unterseite eines Zweiges befestigt wird. Es gibt eine Generation im Jahr, die im Juli und August fliegt, obwohl auch im Herbst einzelne Exemplare gefunden wurden.

Haarrückenspanner *Colotois pennaria* HÜBNER Familie Geometridae. Diese Art ist in Europa weit verbreitet und nicht selten. Ihr Lebensraum sind Wald und Hecken. Die Raupe ist graubraun mit rötlich-braunen Zeichnungen und einem Paar rötlicher Punkte auf dem Rücken nahe dem Körperende. Sie lebt am Laub von Eichen (*Quercus*), Birken (*Betula*), Weide (*Salix*), Weißdorn (*Crataegus*) und vielen anderen Laubbäumen und Büschen. Wenn sie erwachsen ist, gräbt sie sich in den Boden ein und fertigt dort einen Kokon aus Erdpartikeln und Gespinstfäden, in dem sie sich verpuppt. Diese Art hat nur eine Generation im Jahr; die Falter findet man von September bis November je nach Gegend. Der Name der Art ist von den langen haarförmigen Schuppen am Rücken abgeleitet. Auffallend sind die sehr lang gefiederten Antennen des Männchens.

Grauer Wollrückenspanner *Apocheima pilosaria* DENIS UND SCHIFFERMÜLLER Familie Geometridae. In Mittel- und Osteuropa ist diese Art weit verbreitet und nicht selten. Sie lebt in Hecken und Wäldern. Die Raupe ist graubraun und zeigt eine Serie rotbrauner Punkte entlang des Rückens. Wie viele andere Spannerraupen zeigt auch sie eine ausgeprägte Zweigmimese, in der die roten Punkte die Knospen eines Zweiges imitieren. Die Raupe lebt an den verschiedensten Laubbäumen und Sträuchern und gräbt sich erwachsen in den Boden ein, um sich im Umkreis der Nahrungspflanze in einem Erdkokon zu verpuppen. Die Falter fliegen je nach Gegend von November bis April, und einzelne Exemplare können auch im Juni erscheinen. Während die Männchen nachts fliegen, sind die Weibchen flügellos und müssen nach dem Schlüpfen aus der Puppe an Baumstämmen emporklettern, wo sie dann von den Männchen aufgesucht werden.

Braunbindiger Spinnerspanner *Lycia hirtaria* CLERCK Familie Geometridae. Diese in Europa weit verbreitete Art ist nicht selten und kommt auch in Kleinasien vor. Sie lebt in Wäldern, Obstplantagen, Parks und Gärten. Die Raupe ist rötlich-braun mit einer komplizierten Zeichnung von roten Linien und gelben Flecken oder blaßgrau mit ganz gelben Zeichnungen. Sie lebt an den Blättern fast aller Laubbäume und Büsche, besonders aber an Linde (*Tilia*), Weide (*Salix*) und Obstbäumen wie Apfel (*Malus*) und Birne (*Pyrus*). Die Verpuppung erfolgt am Boden in einem Kokon aus Erde. Es gibt eine Generation im Jahr, die im März und April fliegt. Bei dieser Art sind beide Geschlechter geflügelt, das Männchen scheint jedoch bei seinem nächtlichen Flug aktiver zu sein als das Weibchen.

Grauer Wollrückenspanner *Apocheima pilosaria,* Raupe

Haarrückenspanner *Colotois pennaria*

Braunbindiger Spinnerspanner *Lycia hirtaria*

natürliche Größe

Birkenspanner *Biston betularia* LINNAEUS Familie Geometridae. Dieser bekannte Spanner wird in vielen Teilen Europas gefunden, einschließlich dem nördlichen Fennoskandien und ostwärts bis in das gemäßigte Asien. Sein Lebensraum sind Waldland und Parks. Die Raupe ist entweder moosgrün oder graubraun mit einem eckigen Kopf und einer Reihe von Warzen auf dem Körper, der Teilen eines Zweigs der Nahrungspflanze gleicht. Sie lebt praktisch am Laub aller Laubbäume und Sträucher und findet sich gelegentlich an Obstbäumen in Gärten. Wenn sie erwachsen ist, verläßt sie die Nahrungspflanze und gräbt sich in den Boden ein, wo sie sich in einem Erdkokon verpuppt. Es gibt nur eine Generation im Jahr; die Falter fliegen von Mai bis August je nach Gegend. Die schwarze Form *carbonaria* JORDAN ist oft in Industriegebieten häufig, wo sie sich gut den rußgeschwärzten und flechtenlosen Baumstämmen bei der Tagesruhe anpaßt. Dieser sogenannte Industriemelanismus ist sehr gründlich untersucht worden. Man nimmt heute an, daß durch die Abgase der Industrie die Baumflechten zerstört werden und damit eine starke Selektion zugunsten der schwarzen Form stattfindet.

Zweifleckiger Baumspanner *Peribatodes rhomboidaria* DENIS UND SCHIFFERMÜLLER Familie Geometridae. Diese sehr zart gemusterte Spannerart ist in Mittel- und Südeuropa verbreitet, kommt aber sehr lokal vor und ist nicht häufig. Lebensraum sind Wälder, Parks und Gärten. Die Raupe ist rötlich-braun mit blasserer Sprenkelung und einem Paar kleiner Warzen auf dem Rücken etwa über ein Drittel der Länge hinter dem Kopf. Sie lebt auf vielen verschiedenen Bäumen und Sträuchern einschließlich Efeu (*Hedera*), Liguster (*Ligustrum*), Birke (*Betula*), Eibe (*Taxus*) und Tanne (*Abies*). Die Verpuppung erfolgt in einem Kokon, der an einem Zweig befestigt wird. Im Norden gibt es nur eine Generation im Jahr, deren Falter im Juli und August fliegen. Im Süden dagegen können zwei Generationen auftreten, deren Falter im Herbst zu finden sind. Aus dieser Spannergruppe gibt es noch eine Reihe weiterer Arten, die nicht immer leicht zu unterscheiden sind.

Birkenspanner *Biston betularia,* ruhend

Großer Frostspanner *Erannis defoliaria* CLERCK Familie Geometridae. Dieser Spanner ist recht häufig und in vielen Gegenden Europas verbreitet, einschließlich der Britischen Inseln. Lebensraum sind Wälder, Hecken, Parks und Gärten. Die Raupe ist variabel, und die Farbe reicht von blaß Gelblichbraun bis dunkel Rotbraun mit vielen Übergängen, kann aber gewöhnlich leicht an einer Serie kräftig gelber Flecken an den Körperseiten erkannt werden. Sie lebt an zahlreichen Laubhölzern, mit besonderer Vorliebe aber an Eiche (*Quercus*), Birke (*Betula*), Weißdorn (*Crataegus*) und gelegentlich an Obstbäumen, wo sie in geringerem Maß schädlich werden kann. Die erwachsene Raupe verläßt die Nahrungspflanze und verpuppt sich in einer Erdhöhle im Boden. Diese Art erzeugt nur eine Generation im Jahr, die von Oktober bis Dezember erscheint. Die Männchen fliegen nachts, die Weibchen dagegen sind völlig flügellos und müssen zur Paarung und zur Eiablage an den Baumstämmen emporklettern.

Großer Frostspanner *Erannis defoliaria,* Raupe

Zweifleckiger Baumspanner *Peribatodes rhomboidaria*

Birkenspanner *Biston betularia,* Raupe

natürliche Größe

Kiefernspanner *Bupalus piniaria,* Raupe

Braunmarmorierter Baumspanner *Alcis repandata* LINNAEUS Familie Geometridae. Obwohl diese Art dem Zweifleckigen Baumspanner sehr ähnlich ist, weist sie ein größeres Verbreitungsgebiet auf und ist häufiger. Auf den Britischen Inseln tritt sie in mehreren Unterarten auf, so in Schottland die ssp. *muraria* CURTIS und auf den Hebriden die ssp. *sodorensium* WEIR. Der Lebensraum erstreckt sich von Waldrändern und Gärten bis zu Mooren. Die Raupe ist braun mit einer Reihe trapezförmiger Flecken auf dem Rücken. Die Unterseite ist sehr blaß und mit dunkleren Linien versehen. Sie lebt an einer großen Zahl verschiedener Laubbäume und Sträucher. Die erwachsene Raupe verläßt die Futterpflanze und verpuppt sich im Boden in einer Erdhöhle. Die Falter fliegen gewöhnlich in einer Generation im Juni und Juli, es kann aber auch eine zweite Generation im September entstehen. Ein wesentliches Unterscheidungsmerkmal zum Zweifleckigen Baumspanner ist der Zickzackverlauf der Linien auf den Vorderflügeln.

Heidekrautspanner *Ematurga atomaria* LINNAEUS Familie Geometridae. Diese Spannerart ist in Europa sehr häufig, und ihr Verbreitungsgebiet reicht ostwärts bis Sibirien. Die Raupen sind sehr variabel, denn ihre Färbung reicht von Grün-braun bis Grau, kann aber oft leicht erkannt werden durch eine Reihe feiner weißer Linien auf dem Rücken. Sie lebt an den Blättern von Heidekraut (*Calluna*), Erika (*Erica*), Geißklee (*Cytisus*), Klee (*Trifolium*) und anderen schmetterlingsblütigen Pflanzen. Die erwachsene Raupe gräbt sich in den Boden ein und verpuppt sich darin. Es entstehen meist zwei ineinandergehende Generationen, die von Mai bis September fliegen. Dieser Spanner fliegt gerne am Tage und ist bei hellem Sonnenlicht aktiv. Die Flügelzeichnung variiert zu einem guten Teil, und eine Anzahl unterscheidbarer Formen wurde benannt einschließlich einer schwarzen Varietät, ab. *unicolorata* STAUDINGER.

Kiefernspanner *Bupalus piniaria* LINNAEUS Familie Geometridae. Diese Art ist in den Nadelwäldern Europas weit verbreitet, und das Vorkommen erstreckt sich ostwärts bis Sibirien. Die Raupe ist grün gefärbt mit blaßgelben Streifen und dadurch an der Futterpflanze gut getarnt. Sie frißt die Nadeln von Kiefer (*Pinus*), Fichte (*Picea*), Tanne (*Abies*) und vieler anderer Nadelbäume. Nicht selten kommt es durch Kahlfraß zu üblen Schäden in den Wäldern. Die Verpuppung erfolgt am Boden zwischen abgefallenen Nadeln. Es gibt eine Generation im Jahr; die Falter fliegen je nach Gegend zwischen Mai und Juli. Man kann die Falter, besonders die männlichen, oft am Tage bei Sonnenschein fliegen sehen. Diese variable Art neigt auch zu geographischer Variation, bei der die Männchen zwischen weißer und gelber Grundfarbe variieren, die Weibchen zwischer heller und dunkler braun.

Früher Frostspanner *Theria primaria* HAWORTH Familie Geometridae. Die Verbreitung dieser Art in Europa ist wenig bekannt, da sie bis in unsere Tage mit einer anderen, *Theria rupicapraria* DENIS UND SCHIFFERMÜLER zusammengeworfen wurde. Lebensraum sind Hecken und Waldränder. Die Raupe ist hell- oder dunkelgrün, manchmal ganz schwarz, mit weißen Linien am Rücken und an den Seiten. Sie lebt an den Blättern von Weißdorn (*Crataegus*), Schlehdorn (*Prunus*) und Heidelbeeren (*Vaccinium*) und verpuppt sich im Boden. Es gibt eine Generation im Januar und Februar. Während das Männchen voll geflügelt ist und nachts fliegt, hat das Weibchen verkümmerte Flügel.

Heidekrautspanner *Ematurga atomaria*

Braunmarmorierter Baumspanner *Alcis repandata*

Früher Frostspanner *Theria primaria,* ruhend

Kiefernspanner *Bupalus piniaria*

Agrius convolvuli

Acherontia atropos

Sphinx ligustri

Hyloicus pinastri

Mimas tiliae

⁴⁄₅ natürlicher Größe

Windenschwärmer *Agrius convolvuli* LINNAEUS Familie Sphingidae. Dieser große Schwärmer ist ein ausgezeichneter und kräftiger Flieger und wandert jedes Jahr aus Afrika in Europa ein. Die Raupe ist sehr variabel; ihre Färbung reicht von Grün zu Braun mit dunkleren Zeichnungen und schrägen Streifen an den Körperseiten. Das Horn am Hinterende ist gewöhnlich rötlich mit schwarzer Spitze. Wie der volkstümliche Name sagt, lebt die Art an Winden (*Convolvulus*) und verwandten Pflanzen. Die erwachsene Raupe gräbt sich in den Boden ein und fertigt dort eine Höhle mit fester Wand, in der sie sich verpuppt. Die einwandernden Falter erscheinen meist erst im Juli und August, weiter im Süden findet man sie aber schon viel früher. Sie besuchen gerne Blüten mit langen Röhren und nächtlichem Duft wie Tabak (*Nicotiana*), aus denen sie mit ihrem langen Rüssel Blütensaft saugen.

Totenkopfschwärmer *Acherontia atropos* LINNAEUS Familie Sphingidae. Dieser große und charakteristische Schwärmer ist in Afrika und Vorderasien zu Hause, wandert aber jedes Jahr in unterschiedlichen Zahlen und kann in Europa bis zur Eismeerküste vordringen. Die Raupe variiert stark in der Farbe (grün, gelb und braun); die in Europa gewöhnlich vorkommende Form ist gelbgrün mit blauen und purpurnen Streifen an den Körperseiten. Sie lebt am Laub von Kartoffel (*Solanum*) und anderen verwandten Pflanzen. Die Verpuppung erfolgt ziemlich tief im Boden in einer Erdhöhle. Den deutschen Namen trägt die Art wegen ihrer totenkopfähnlichen Zeichnung am Rücken des Bruststücks. Der Falter besucht gerne Bienenstöcke und saugt Honig aus den Waben, die er mit seinem kurzen, aber sehr kräftigen Rüssel ansticht. Daneben kann er noch Töne erzeugen, die an das Zirpen einer Maus erinnern. Die Falter wandern gewöhnlich im Sommer ein und können bei uns eine weitere Generation erzeugen, die den Winter aber nicht überleben kann.

Ligusterschwärmer *Sphinx ligustri* LINNAEUS Familie Sphingidae. Diese Art ist in Europa vielerorts verbreitet und geht bis Fennoskandien nach Norden. Sie lebt gern in offenem Gelände an Waldrändern, Hekken, Parks und Gärten. Die auffallende Raupe ist kräftig gelbgrün mit einer Serie violetter Schrägstreifen an den Körperseiten und einem stark gekrümmten gelben und schwarzen Horn am Körperende. Sie lebt an den Blättern von Liguster (*Ligustrum*), Flieder (*Syringa*), Esche (*Fraxinus*) und Schneebeere (*Symphoricarpos*) und verpuppt sich in einer Höhle am Boden, die manchmal bis zu 14 cm tief angelegt sein kann. Die Falter fliegen nachts im Sommer und besuchen gerne nächtlich duftende Blüten, aus denen sie mit ihrem langen Rüssel im Flug Blütensaft saugen. Da der lange Rüssel in der Puppe keinen Platz hat, wird er in einer langen, nasenförmigen Scheide am Kopfende der Puppe untergebracht.

Kiefernschwärmer *Hyloicus pinastri* LINNAEUS Familie Sphingidae. Die Verbreitung dieser nicht seltenen Art erstreckt sich in Europa bis nach Fennoskandien und Nordrußland. Man findet sie vor allem in Kiefernwäldern bis zu einer Höhe von 1500 m. Durch vermehrte Anpflanzung von Kiefern hat sich das Verbreitungsgebiet in den vergangenen Jahren deutlich erweitert. Die Art ist an manchen Stellen in geringerem Maß als Schädling aufgetreten. Die Raupe ist zunächst grün mit weißen Streifen längs des Körpers, wird aber später

Totenkopfschwärmer *Acherontia atropos*, Raupe

Kiefernschwärmer *Hyloicus pinastri*, Raupe

Lindenschwärmer *Mimas tiliae*

Ligusterschwärmer *Sphinx ligustri*

orangebraun und schwarz. Färbung und Zeichnung passen sich ausgezeichnet der Umgebung an der Nahrungspflanze an. Sie lebt an den Nadeln verschiedener Kiefern (*Pinus*) und Fichten (*Picea*) und verpuppt sich, wenn sie erwachsen ist, in einem Erdkokon im Boden. Der Falter fliegt in der Dämmerung und nachts und besucht mit besonderer Vorliebe die Blüten von Geißblatt (*Lonicera*), aber auch anderer nächtlich duftender Pflanzen. Die Falter erscheinen im Sommer und sitzen tagsüber an den Stämmen der Nahrungspflanze, wo sie durch ihre Färbung und Zeichnung gut getarnt sind. Die Puppe hat für den langen Rüssel eine verlängerte Rüsselscheide.

Lindenschwärmer *Mimas tiliae* LINNAEUS Familie Sphingidae. Diese weitverbreitete und variable Art kommt in ganz Europa vor. Man findet sie in Wäldern, Parks und Alleen mit Beständen der Nahrungspflanze in Höhe bis zu über 1000 m. Die Raupe ist gelblich-grün mit schrägen gelben Streifen an den Körperseiten. Das Horn am Hinterende des Körpers ist bläulich, und dahinter gibt es einen rauhen Fleck, der rot und gelb gefleckt ist. Sie lebt vom Laub der Linde (*Tilia*), aber auch an Ulme (*Ulmus*), Erle (*Alnus*), Birke (*Betula*) und Eiche (*Quercus*). Die Raupe ist, wenn sie erwachsen ist, stumpf rosabraun und wandert nun am Stamm herab, um sich in einem Erdkokon im Boden zu verpuppen. Die Falter fliegen im Frühjahr und Frühsommer und sind nur nachts aktiv. Da ihr Rüssel verkümmert ist, besuchen sie keine Blüten, werden aber regelmäßig von Licht angelockt.

Windenschwärmer *Agrius convolvuli*

Smerinthus ocellata

Laothoe populi

Marumba quercus

Hemaris tityus *Hemaris fuciformis*

Macroglossum stellatarum

natürliche Größe

Abendpfauenauge, Weidenschwärmer *Smerinthus ocellata* LINNAEUS Familie Sphingidae. Diese Schwärmerart ist in Europa weit verbreitet und fehlt nur im hohen Norden. Lebensraum sind lichte Laubwälder, Gärten, Parks und Flußufer. Die grüne Raupe hat ein deutliches blaues Horn am Hinterende des Körpers, das sie von der Raupe des Pappelschwärmers unterscheidet. Gelegentlich tritt eine Form auf, die an den Seiten hellrote Flecken aufweist. Sie lebt an den Blättern von Weide (*Salix*), Apfelbaum (*Malus*) und Pappel (*Populus*). Die Verpuppung erfolgt in einem Erdkokon im Boden, in dem die Puppe überwintert. Die Falter fliegen im Frühjahr und Frühsommer und sind nachts aktiv. Sie besuchen keine Blüten, da der Rüssel verkümmert ist. Das Auge am Hinterflügel ist in Ruhe unter den Vorderflügeln verborgen. Wird der Falter beunruhigt, spreizt er die Vorderflügel ab, und die Augenflecken werden sichtbar.

Pappelschwärmer *Laothoe populi* LINNAEUS Familie Sphingidae. Diese weitverbreitete Schwärmerart kommt überall in Europa vor, ist aber im Süden seltener, erreicht dagegen im Norden den Polarkreis. Bevorzugte Lebensräume sind Waldränder, Parks, Flußufer und andere feuchte Plätze. Die Raupe ist entweder gelbgrün oder blaugrün, manchmal mit blaßroten Flecken an den Körperseiten; das Horn ist grün. Sie lebt an Pappeln und Espen (*Populus*) und Weiden (*Salix*). Die erwachsene Raupe gräbt sich einige Zentimeter tief in den Boden ein, bevor sie sich in einem Erdkokon verpuppt. In einigen Gegenden treten von dieser Art zwei Generationen im Jahr auf. Die Falter fliegen nachts und werden von Licht angezogen. Sie ruhen in einer eigentümlichen Stellung, indem sie die Hinterflügel vor die Vorderflügel schieben.

Eichenschwärmer *Marumba quercus* DENIS UND SCHIFFERMÜLLER Familie Sphingidae. Diese Art ist in Europa auf die Mittelmeergebiete beschränkt. Lebensraum sind bewaldete Hügel. Die Raupe ist gelblich-grün mit schrägen gelben Streifen an den Körperseiten und einem blauen Horn. Sie lebt an der Unterseite der Blätter von Eichen (*Quercus*), ganz besonders an Korkeichen (*Quercus suber*), von denen sie junge, buschige Exemplare den erwachsenen Bäumen vorzieht. Wenn sie erwachsen ist, färbt sie sich rotbraun und verläßt die Nahrungspflanze, um sich im Boden in einem Erdkokon zu verpuppen. Es gibt nur eine Generation im Jahr; die Falter fliegen im Juni und Juli in der Nacht. Sie besuchen keine Blüten. Im Gegensatz zum Pappelschwärmer ruht diese Art mit normal zusammengeschlagenen Flügeln.

Skabiosenschwärmer *Hemaris tityus* LINNAEUS Familie Sphingidae. Diese einem Hautflügler so ähnliche Art ist in ganz Europa verbreitet. Lebensraum sind Waldränder, Weideland, feuchte Heiden und anderes Feuchtland. Die Raupe ist weißlich- oder blaugrün mit einer gelblichen Linie auf jeder Seite des Rückens und deutlichen Reihen purpurroter Flecken. Das rauhe Horn ist rötlichbraun. Sie lebt an der Unterseite der unteren Blätter der Skabiose (*Scabiosa*) und ist nur am Lochfraß zu erkennen. Die erwachsene Raupe verfärbt sich rotbraun, bevor sie die Nahrungspflanze verläßt, um sich in einem Kokon im Boden zu verpuppen. Die Puppe überwintert. Der frisch geschlüpfte Falter trägt noch ein feines Schuppenkleid auf den Flügeln, das aber beim ersten Flug verlorengeht und nur ein schmaler Saum am Flügelrand und die Adern beschuppt bleiben. Der Rest des Flügels ist ganz glasklar, was den Tieren

Skabiosenschwärmer *Hemaris tityus*

Pappelschwärmer *Laothoe populi,* ruhend

Hummelschwärmer *Hemaris fuciformis*

Abendpfauenauge *Smerinthus ocellata,* die Augen zeigend

Pappelschwärmer *Laothoe populi,* Raupe

das hautflüglerähnliche Aussehen verleiht. Die Falter fliegen am Tage und saugen gerne an Blüten, über denen sie in der Luft stehen und ihren langen Rüssel ausstrekken. Es gibt nur eine Generation, die im Frühsommer fliegt.

Hummelschwärmer *Hemaris fuciformis* LINNAEUS Familie Sphingidae. Diese weitverbreitete Art, die eine deutliche Hummelmimikry aufweist, ist in Europa recht häufig. Es handelt sich um eine Waldart, die man an Waldrändern, auf Lichtungen und auf benachbarten Wiesen findet. Die Raupe ist kräftig grün mit einem blaugrünen Kopf, einem braunen Horn und einer Reihe rötlichbrauner, die Atemlöcher einrahmender Flecken an den Körperseiten. Sie lebt am Laub von Geißblatt (*Lonicera periclymenum*), Labkraut (*Galium*) und Schneebeere (*Symphoricarpus*), gewöhnlich auf der Unterseite der Blätter. Wenn sie erwachsen ist, verfärbt sie sich purpurbraun und verläßt die Nahrungspflanze, um sich in einem dünnen Kokon aus Gespinst und Pflanzenresten am Boden zu verpuppen. Wie bei der vorhergehenden Art gehen die meisten Flügelschuppen während des ersten Flugs verloren, und nur ein breiter Saum und die Adern bleiben beschuppt. Die Falter fliegen von Mai bis Juli am Tage und besuchen gerne Blüten, insbesondere jene des Flieders (*Syringa*).

Taubenschwänzchen *Macroglossum stellatarum* LINNAEUS Familie Sphingidae. Dieser sehr bekannte Wanderfalter ist in Südeuropa zu Hause, wandert aber fast jedes Jahr nach Norden und kann dabei Fennoskandien erreichen. Als Wanderfalter ist er bei uns fast überall zu finden, kann aber besonders leicht in Gärten und an Balkons beobachtet werden, da er sehr gerne Blüten besucht und am Tage fliegt. Die Raupe ist grün oder braun mit einem breiten dunkleren Band am Rücken und einem bläulichen Horn. Sie lebt an Labkraut (*Galium*) und Röte (*Rubia peregrina*). Wenn sie erwachsen ist, verfärbt sie sich rötlichbraun und verpuppt sich im Boden. Flugzeit bei uns ist Sommer und Herbst, im Süden das ganze Jahr.

4/5 natürlicher Größe

Oleanderschwärmer *Daphnis nerii* LINNAEUS Familie Sphingidae. Obwohl in Afrika und Südasien beheimatet, wandert dieser prächtige Schmetterling nach Europa ein und kann in Südeuropa im Sommer weitere Nachkommen erzeugen. Nördlich der Alpen ist er ein sehr seltener Gast. Die Raupe wird bis zu 15 cm lang und ist olivgrün mit zwei großen blaugekernten Augen am dritten Segment hinter dem Kopf. Das Horn ist gelb mit schwarzer Spitze. Nahrungspflanzen sind Oleander (*Nerium oleander*), Immergrün (*Vinca*) und Weinrebe (*Vitis vinifera*). Die Verpuppung erfolgt in einem großen braunen Kokon, der im Boden angefertigt wird. In seiner Heimat hat der Oleanderschwärmer viele Generationen, in Südeuropa fliegt er vom Frühjahr bis Herbst, bei uns tritt er als Zuwanderer meist im Spätsommer auf. Die zarten grünen und rosa Farbtöne verschwinden leider bei alten Sammlungsexemplaren.

Wolfsmilchschwärmer *Hyles euphorbiae* LINNAEUS Familie Sphingidae. Diese weitverbreitete Art ist in vielen Teilen Mittel- und Südeuropas häufig. Er wurde in Kanada eingebürgert, um Pflanzen der Gattung Wolfsmilch (*Euphorbia*) zu bekämpfen. Lebensräume sind offene Flächen wie Weiden, Brachland und ähnliches. Die Standorte müssen sonnig sein. Die Raupe ist prächtig rot, schwarz und gelb oder grün gefärbt und sehr variabel. Sie lebt an verschiedenen Wolfsmilch-Arten (*Euphorbia*). Erwachsen spinnt sie einen Kokon aus Seide und Sand dicht unter der Erdoberfläche, in dem sie sich verpuppt. In Südeuropa fliegen die Falter in mehreren Generationen, in Mitteleuropa gibt es oft nur eine Generation, die von Zuwanderern abstammt und im Sommer zu finden ist. In heißen Jahren kann es auch zu zwei Generationen kommen.

Labkrautschwärmer *Hyles galii* ROTTEMBURG Familie Sphingidae. Diese Art wird in ganz Europa gefunden und geht bis in das südliche Fennoskandien nach Norden, wenn sie den Winter dort auch nicht überstehen kann. Sie ist ein lokaler Wanderer, tritt sehr unregelmäßig auf und kann in manchen Gebieten oft jahrelang fehlen. Die Raupe ist olivgrün oder braun mit zwei Reihen schwarzgeringelter gelber Flecken auf dem Rücken und einem gebogenen roten Horn. Sie lebt an Labkraut (*Galium*), Weidenröschen (*Epilobium*) und *Fuchsia*. Die Puppe liegt in einem Kokon dicht am Boden oder knapp unter der Oberfläche. Die Falter fliegen in der Dämmerung und besuchen manchmal Gartenblumen. Im Süden gibt es zwei Generationen im Jahr, im Norden dagegen nur eine, die im Frühjahr und Spätsommer fliegen. Die Zuwanderer erscheinen im Sommer. Aus noch nicht bekannten Gründen ist die Art in den letzten Jahrzehnten sehr selten geworden.

Linienschwärmer *Hyles lineata* FABRICIUS Familie Sphingidae. Diese weitverbreitete Art kommt auf der ganzen Erde vor, ausgenommen sind nur die Polargebiete und Teile der Tropen. In Europa ist die Art nur im Süden heimisch, weiter nördlich ist sie ausschließlich Zuwanderer und kann den Winter nicht überstehen. In Europa wird die Unterart ssp. *livornica* ESPER gefunden. Die Raupe ist dicht grünschwarz gepunktet mit einer gelblichen Grundfarbe und einer rosagelben Rückenlinie. Sie lebt an Labkraut (*Galium*), Ampfer (*Rumex*), Weinrebe (*Vitis*), Fuchsia und anderen Pflanzen. Die Verpuppung erfolgt in einem Kokon am Boden; die Falter der beiden Generationen besuchen gerne Blüten.

Kleiner Weinschwärmer *Deilephila porcellus*

Oleanderschwärmer *Daphnis nerii*

Wolfsmilchschwärmer *Hyles euphorbiae*

Wolfsmilchschwärmer *Hyles euphorbiae,* Raupe

Mittlerer Weinschwärmer *Deilephila elpenor*

Mittlerer Weinschwärmer *Deilephila elpenor,* Raupe

Mittlerer Weinschwärmer *Deilephila elpenor* LINNAEUS Familie Sphingidae. Dieser häufige Schwärmer ist in ganz Europa einschließlich Fennoskandien verbreitet. Gewöhnlich ist der Lebensraum dieser Art Ödland, Waldlichtungen und Bachtäler, in denen die Nahrungspflanzen häufig sind. Die Raupe ist grün oder graubraun mit einem Netzwerk feiner schwarzer Linien und mit auffallenden Augenflecken auf dem vierten und fünften Segment des Körpers. Die ersten Körperabschnitte verjüngen sich zum Kopf hin und geben dem Vorderende ein rüsselartiges Aussehen. Bei Gefahr werden sie in das Bruststück eingezogen, das stark anschwillt und zusammen mit den Augen wie ein Schlangenkopf aussieht. Gewöhnlich lebt die Raupe an Weidenröschen (*Epilobium*), findet sich aber auch an den Blättern von Labkraut (*Galium*), Fuchsien und anderen Pflanzen. Die Verpuppung erfolgt am Boden in einem Kokon aus Seide, Pflanzenabfällen und Erdkrümeln. Die Falter fliegen nachts im Sommer und besuchen gerne die Blüten von Baldrian (*Valeriana*) und Geißblatt (*Lonicera*).

Kleiner Weinschwärmer *Deilephila porcellus* LINNAEUS Familie Sphingidae. Diese Art ist in Europa verbreitet und häufig. Sie findet sich besonders in Gegenden mit Kalkuntergrund und fliegt auf offenen Wiesen, Heiden und im Küstengebiet auf Dünen. Die Raupe ist gewöhnlich graubraun, es gibt aber auch eine grüne Form. Sie ist der Raupe des Mittleren Weinschwärmers sehr ähnlich, ist aber kleiner und hat anstelle des Horns am Hinterende zwei kleine Höcker. Gewöhnlich lebt sie an Labkraut (*Galium*), nimmt aber auch die Blätter von Weidenröschen (*Epilobium*) und Blutweiderich (*Lythrum salicaria*). Die Puppe liegt in einem lockeren, aus Gespinstfäden und Pflanzenteilen gefertigten Kokon am Boden. Es gibt in der Regel zwei Generationen, die im Frühjahr und Sommer fliegen. Die Falter, die nachts fliegen und gerne vom Licht angelockt werden, besuchen mit Vorliebe die Blüten von Geißblatt (*Lonicera*) und anderer nächtlich duftender Pflanzen. Hervorzuheben ist noch, daß die Raupe bei Tage am Boden verborgen lebt.

Großer Weinschwärmer *Hippotion celerio* LINNAEUS Familie Sphingidae. Obwohl diese Art nur in Afrika und Südasien zu Hause ist, wandert sie doch jedes Jahr nach Norden und kann Südeuropa erreichen. Nur ganz selten wandert sie über die Alpenlinie weiter. Gewöhnlich findet man sie dann in Weingärten, was der Art den Namen gegeben hat. Die Raupe ist grün oder braun mit einem schwarzen Horn. Auf dem vierten Segment sind zwei auffallende gelbgeringelte Augenflecken auf dem Rücken. Nahrungspflanzen sind Weinrebe (*Vitis vinifera*), Wilder Wein (*Parthenocissus*), Labkraut (*Galium*) und *Fuchsia*. Die erwachsene Raupe gräbt sich in den Boden ein, fertigt dort einen Kokon aus Seide und Erde und verpuppt sich darin. In den Tropen gibt es vier oder mehr Generationen im Jahr, die in ununterbrochener Folge entstehen, da es keine Ruhepausen gibt. In Südeuropa dagegen entwickeln sich nur zwei Generationen; die seltenen Zuwanderer erscheinen bei uns im Spätsommer oder Herbst, ohne sich weiter fortzupflanzen.

Phalera bucephala

Cerura vinula

Furcula bifida

Notodonta dromedarius

Stauropus fagi

Eligmodonta ziczac

Peridea anceps

Pheosia gnoma

natürliche Größe

Mondvogel *Phalera bucephala* LINNAEUS Familie Notodontidae. Diese charakteristische Art ist in Europa von Fennoskandien bis zur Iberischen Halbinsel verbreitet. Lebensraum sind Wälder, Parks und Gärten mit entsprechendem Pflanzenbestand. Die Raupe ist orangegelb mit schwarzen Längsbändern und dicht mit kurzen wolligen Haaren bedeckt. Sie lebt an vielen verschiedenen Laubhölzern wie Eiche (*Quercus*), Weide (*Salix*) und Hasel (*Corylus*). Die jungen Raupen leben in Gesellschaften und können einen Zweig völlig kahlfressen, bevor sie als geschlossene Gruppe auf einen anderen übersiedeln. Die Verpuppung erfolgt in einem Kokon in der Erde, nachdem sich die erwachsenen Raupen zuvor zerstreut hatten. Es gibt eine Generation im Jahr, die von Mai bis Juli fliegt. Der ruhende Falter erinnert durch seine eigentümliche Zeichnung an einen abgebrochenen Zweig.

Großer Gabelschwanz *Cerura vinula* LINNAEUS Familie Notodontidae. Das Verbreitungsgebiet dieses prächtigen Schmetterlings erstreckt sich durch Europa ostwärts durch Sibirien bis Japan. Lebensraum sind lichte Wälder, Waldränder und Hecken. Die bemerkenswerte Raupe ist kräftig grün mit einer dunkel purpurnen, sattelförmigen Zeichnung auf dem Rücken und einer Gabel aus dünnen Armen am Körperende, die rote Fäden ausstoßen, wenn das Tier beunruhigt wird. Außerdem kann die Raupe aus einer Drüse unter dem Kopf Ameisensäure spritzen. Nahrungspflanzen sind Weide (*Salix*) und Pappel (*Populus*), insbesondere Zitterpappel. Die erwachsene Raupe baut am Stamm aus Rindenteilen und Speichel einen sehr harten, dichten Kokon, der vom Falter mit einer besonderen Flüssigkeit aufgeweicht werden muß, bevor er ausschlüpfen kann. Es gibt nur eine Generation im Jahr, die je nach Gegend von April bis Juni zu finden ist.

Kleiner Gabelschwanz *Furcula bifida* BRAHM Familie Notodontidae. Dieser Nachtfalter ist in Europa weit verbreitet zwischen Finnland im Norden und Italien und Griechenland im Süden. Sie kommt in allen Lebensformen vor, in denen die Futterpflanze wächst. Die Raupe ist gelbgrün mit einer sattelförmigen, purpurnen Markierung auf dem Rücken, die gelb umgrenzt ist. Am Hinterende findet sich eine Gabel, und das ganze Tier sieht wie eine verkleinerte Ausgabe des Großen Gabelschwanzes aus. Sie lebt an Pappeln, besonders an Zitterpappeln (*Populus*), und verpuppt sich in einem aus Holzstücken zusammengesponnenen Kokon an einem Baumstamm. Manchmal überwintert die Puppe zweimal, bevor der Falter schlüpft. Es gibt nur eine Generation im Jahr, die von Mai bis Juli fliegt.

Buchenspinner *Stauropus fagi* LINNAEUS Familie Notodontidae. Diese weitverbreitete Art wird in vielen Teilen Europas gefunden. Als Waldart kommt sie in Buchenwäldern, aber auch in großen Parks vor, ist jedoch nie häufig. Die Raupe erinnert in ihrem Aussehen eher an einen Krebs, denn sie hat stark verlängerte Brustbeine und anstelle des letzten Beinpaars zwei Zapfen. Außerdem gibt es am Rücken eine Reihe von Auswüchsen. In Ruhe werden Vorder- und Hinterende nach oben gebogen. Sie lebt an den Blättern von Buche (*Fagus*), aber auch an Birke (*Betula*), Eiche (*Quercus*), Hasel (*Corylus*) und manchmal auch an Obstbäumen wie Pfirsichen. Die Verpuppung erfolgt in einem Kokon, der zwischen abgestorbenen Blättern angefertigt wird. Eine Generation von Mai bis Juli.

Erlen-Zickzackspinner *Notodonta dromedarius* LINNAEUS Familie Notodontidae. Diese Art ist in Mittel- und Nordeuropa weit verbreitet und kommt im ganzen Fennoskandien vor. Sie bewohnt lockeres Waldland. Die Raupe variiert in der Farbe von Grün zu Braun, ist am Rücken aber gewöhnlich gelblich und trägt vier charakteristische Höcker, die braun gefärbt sind. Ein weiterer Höcker liegt vor dem Hinterende. Sie lebt gewöhnlich an den Blättern von Birke (*Betula*) und Erle (*Alnus*), gelegentlich aber auch an Hasel (*Corylus*). Der Kokon, in dem sich die Raupe verpuppt, wird am Fuß eines Baumes aus Erdkrümeln und Gespinstfäden angefertigt. Je nach Gegend entwickeln sich eine oder zwei Generationen, die im Frühsommer und wieder im Spätsommer fliegen.

Zickzackspinner *Eligmodonta ziczac* LINNAEUS Familie Notodontidae. Diese weitverbreitete Art kommt in ganz Europa von Fennoskandien bis zur Iberischen Halbinsel vor. Lebensraum sind Waldränder und Hecken, besonders auf feuchten Böden und Marschen. Die Raupe ist blaß bräunlichgrau, manchmal rosa übertönt und mit einem gelben Streifen über dem Rücken. Hinter dem Kopf gibt es zwei große Höcker auf dem Rücken und einen weiteren nahe dem Hinterende. Die Raupe lebt an den Blättern von Weide (*Salix*) und gelegentlich an Pappeln (*Populus*). Die Verpuppung erfolgt am Fuß der Bäume im Boden in einem Kokon aus Erde. Im Norden gibt es nur eine Generation im Jahr, im Süden dagegen zwei. Die Falter fliegen im Mai und Juni und wieder im August. Selten kommt es zu einer dritten Generation im Oktober.

Eichen-Zahnspinner *Peridea anceps* GOEZE Familie Notodontidae. Diese Zahnspinnerart ist in Europa weit verbreitet. Bevorzugter Lebensraum ist lichter Wald. Die Raupe ist grün mit blaßgelben Linien längs des Rückens und einer Reihe rosa gerandeter, gelber Diagonalstreifen an den Körperseiten. Sie lebt am Laub von Eiche (*Quercus*). Wenn sie erwachsen ist, wandert sie zu Boden und fertigt aus Erde und Gespinst einen Kokon, der zwischen den Wurzeln liegt und in dem sie sich verpuppt. Die Art hat nur eine Generation im Jahr, deren Falter je nach Gegend zwischen April und Juni fliegen. Die Puppe überwintert manchmal zweimal, bevor der Falter schlüpft. Die Falter fliegen nachts. Man findet sie aber häufiger tagsüber an Baumstämmen oder Zaunpfählen ruhend. Wie fast alle Zahnspinner hat auch dieser verkümmerte Mundgliedmaßen.

Birken-Zahnspinner *Pheosia gnoma* FABRICIUS Familie Notodontidae. Diese Art kommt in Europa von Skandinavien bis zur Iberischen Halbinsel vor und nach Osten bis Sibirien. Der Schmetterling findet sich in Wäldern, in denen Birken (*Betula*) wachsen. Die Raupe ist purpurbraun mit einem breiten gelben Streifen auf den Körperseiten und einer glänzenden Körperoberfläche, die wie gelackt aussieht. Sie lebt an den Blättern verschiedener Birkenarten und wandert zu Boden, wenn sie erwachsen ist. Dort fertigt sie einen Kokon aus Gespinst und Erdkrümeln, der zwischen den Baumwurzeln liegt und in dem sie sich verpuppt. Es gibt gewöhnlich zwei Generationen im Jahr, die im Mai und Juni und wieder im August fliegen. Von dem sehr ähnlichen Pappel-Zahnspinner unterscheidet sich diese Art durch den kleineren weißen Keilfleck am Vorderflügel.

Mondvogel *Phalera bucephala,* ruhend

Zickzackspinner *Eligmodonta ziczac,* Raupe

Eichen-Zahnspinner *Peridea anceps,* Raupe

Buchenspinner *Stauropus fagi,* Raupe

Erlen-Zickzackspinner *Notodonta dromedarius,* ruhend

Zickzackspinner *Eligmodonta ziczac,* ruhend

Pheosia tremula — *Ptilodon capucina*

Pterostoma palpina — *Clostera pigra*

Diloba caeruleocephala

♂ ♀ *Thaumetopoea pityocampa*

♂ ♀ *Thaumetopoea processionea*

natürliche Größe

Pappel-Zahnspinner *Pheosia tremula* CLERCK Familie Notodontidae. Diese Art gleicht stark der vorhergehenden, ebenso das Verbreitungsgebiet. Lebensraum sind Laub- und Mischwälder. Die Raupe ist gewöhnlich grün mit einer gelben Linie längs der Körperseiten, kann aber auch gelegentlich in einer graubraunen Form gefunden werden. Beide Formen haben am Rücken nahe dem Hinterende einen stumpfen Zapfen. Nahrungspflanzen sind Pappeln (*Populus*) und Weiden (*Salix*). Erwachsene Raupen der ersten Generation verpuppen sich zwischen zusammengesponnenen Blättern, während die der zweiten Generation am Boden unter den Bäumen einen Kokon aus Gespinstfäden und Erde anfertigen, sich darin verpuppen und dort auch überwintern. Die Falter der ersten Generation fliegen im Mai und Juni, die der zweiten im August. Am Tage ruhen die Tiere ausgezeichnet getarnt an Baumrinde.

Kamelspinner *Ptilodon capucina* LINNAEUS Familie Notodontidae. Diese weitverbreitete Spinnerart kommt in Europa häufig zwischen Fennoskandien und der Iberischen Halbinsel vor. Lebensraum sind Laub- und Mischwälder und Hecken. Die Raupe ist gewöhnlich grün mit gelben Streifen an den Körperseiten und einem Paar kleiner roter Höcker nahe dem Hinterende. Es gibt auch gelblichbraune und purpurne Formen dieser Raupen, alle aber mit den roten Hökkern. Nahrungspflanzen sind Birke (*Betula*), Pappel (*Populus*), Hasel (*Corylus*) und verschiedene andere Laubbäume und Büsche. Die erwachsene Raupe gräbt sich in den Boden ein und fertigt dort einen Kokon aus Gespinst und Erdpartikeln, in dem sie sich verpuppt. Es gibt zwei Generationen im Jahr; die Falter fliegen im Mai und Juni und wieder im Spätsommer und Herbst. Wenn sie ruhen, falten sie ihre Flügel zeltartig über dem Rücken und gleichen dann abgestorbenem Laub.

Schnauzenspinner *Pterostoma palpina* CLERCK Familie Notodontidae. Diese häufige und weitverbreitete Art kommt in ganz Europa vor. Bevorzugt werden feuchtes Waldland und Waldränder. Die Raupe ist auf der Oberseite blaugrün, auf der Unterseite dagegen dunkelgrün, mit dünnen weißen Linien auf dem Rücken und gelben Bändern auf den Körperseiten. Sie lebt an den Blättern verschiedener Pappeln (*Populus*) und Weiden (*Salix*) und verpuppt sich im Boden unter den Nahrungspflanzen in einem Kokon aus Gespinstfäden. Im Norden gibt es nur eine Generation im Jahr, im Süden dagegen zwei, die im Mai und Juni und wieder im August zu finden sind.

Kleiner Rauhfußspinner *Clostera pigra* HUFNAGEL Familie Notodontidae. Diese Zahnspinnerart findet sich in vielen Gegenden Mittel- und Nordeuropas. Lebensraum sind Ufergehölze, Auen, Marschen und andere Feuchtgebiete. Die Raupe ist blaßorange gefärbt mit einem breiten schwärzlich-grauen Band an den Körperseiten und mit kurzen feinen Haaren bedeckt. Der Kopf ist dunkelgrau mit zwei deutlichen schwarzen Flecken auf dem Rücken. Sie lebt an den Blättern von verschiedenen Weidenarten (*Salix*), besonders aber an Kriechweide (*Salix repens*) und manchmal an jungen Zitterpappeln (*Populus tremula*). Wenn sie ihre Entwicklung abgeschlossen hat, spinnt sie einige Blätter zusammen, fertigt im Innern einen Kokon und verpuppt sich darin. Im Süden gibt es zwei oder mehr Generationen im Jahr, im Norden dagegen nur eine. Je nach Gegend findet man die Falter von Mai bis Oktober.

Blaukopf *Diloba caeruleocephala,* ruhend

Kamelspinner *Ptilodon capucina,* ruhend

Pappel-Zahnspinner *Pheosia tremula,* ruhend

Kamelspinner *Ptilodon capucina,* Raupe

Fichtenprozessionsspinner, Raupen auf dem Nest

Blaukopf *Diloba caeruleocephala* LINNAEUS Familie Notodontidae. Diese Art ist in ganz Europa verbreitet und häufig. Lebensraum sind Waldränder, Hecken, Obstanlagen und Gärten. Die charakteristische Raupe ist blaugrau und schwarz punktiert mit drei gelben Bändern, von denen eines am Rükken verläuft und je eines auf den Körperseiten. Sie lebt an den Blättern von Schwarzdorn (*Prunus*), Weißdorn (*Crataegus*), Apfelbaum (*Malus*) und vieler anderer Obstbäume. Wenn sie erwachsen ist, verpuppt sie sich am Fuß der Bäume in einem Kokon aus Erde und Gespinst. Es gibt nur eine Generation im Jahr, und die Falter findet man im Herbst. Der Vulgärname dieser Art ist von der blaugrauen Farbe des Schmetterlings abgeleitet. In mancher Hinsicht ist diese Art ungewöhnlich und paßt zu keiner anderen Familie. Sie wurde früher auch zu den Eulenfaltern gerechnet.

Fichtenprozessionsspinner *Thaumetopoea pityocampa* DENIS UND SCHIFFERMÜLLER Familie Thaumetopoeidae. Diese interessante Art ist in Mitteleuropa und Südeuropa vielerorts verbreitet und besonders im Mittelmeergebiet häufig einschließlich Teilen von Nordafrika. Nördlich der Alpen und in Nordfrankreich kommt die Art nicht vor. Lebensraum sind Kiefernwälder (*Pinus*), in denen die Art erhebliche Schäden anrichten kann und sehr unangenehme Wirkungen hervorruft. Die Raupe ist blauschwarz mit Büscheln von braunen Haaren. Diese Haare brechen sehr leicht ab und bleiben mit ihren scharfen Spitzen, die mit Widerhaken versehen sind, in der Haut stecken, wenn man sie berührt. Dadurch können oft schwere Entzündungen hervorgerufen werden, vor allem, wenn die Haare in die Augen gelangen. Die Raupen leben in einem gemeinsamen Nest am Tage und wandern nachts in die Umgebung, um zu fressen. Dabei laufen sie in einer Reihe dicht hintereinander, was ihnen den deutschen Namen eingebracht hat. Die erwachsenen Raupen verpuppen sich am Boden in einem Kokon. Es gibt eine Generation im Jahr, und die Falter sind im Mai und Juni aktiv.

Eichenprozessionsspinner *Thaumetopoea processionea* LINNAEUS Familie Thaumetopoeidae. Diese Art ist in Europa weit verbreitet und kommt zwischen Finnland und der Iberischen Halbinsel vor, nicht aber auf den Britischen Inseln. Lebensraum sind Eichenwälder (*Quercus*). Die Raupe ist am Rücken schwarzblau und auf den Seiten graubraun mit weißen Zeichnungen. Sie ist mit Haaren bedeckt, die die gleichen Eigenschaften haben wie jene der vorhergehenden Art. Auch hier ruhen die Raupen tagsüber in einem gemeinsamen Nest und ziehen nachts in langen Reihen zu den Nahrungsquellen, die ausschließlich Eichenblätter sind. Wenn ihre Zahl sehr groß ist, bewegen sie sich in keilförmigen Formationen. Die Verpuppung erfolgt gemeinsam in kleinen Kokons in dem Nest. Eine Generation im Spätsommer.

natürliche Größe

Goldafter *Euproctis chrysorrhoea*, Raupe

Schwan *Euproctis similis*, ruhend

Schlehenspinner *Orgyia antiqua* LINNAEUS Familie Lymantriidae. Dieser nette kleine Schmetterling hat eine enorm weite Verbreitung, da er in ganz Europa, im gemäßigten Asien, aber auch in Nordamerika vorkommt. Sein Lebensraum sind Wälder, Parks und Gärten. Die Raupe ist grau mit roten erhabenen Warzen und vier pinselförmigen Haarbüscheln von gelber oder brauner Farbe auf dem Rücken und noch längeren Pinseln von schwarzer Farbe seitwärts am Kopf und einem Pinsel am Hinterende. Sie lebt an vielen belaubten Bäumen, Sträuchern und kleineren Pflanzen und kommt manchmal sehr zahlreich vor. Die Haare können Entzündungen hervorrufen. Die Verpuppung erfolgt in einem dünnen Gespinst an einem Baumstamm, Zaun oder an der Nahrungspflanze. Es gibt 1–3 Generationen im Jahr; die Falter findet man von Juli bis Oktober. Die Männchen sind sehr aktiv und fliegen bei Tage, die Weibchen dagegen, die nur sehr kleine Flügelstummel aufweisen, bleiben auf dem Kokon sitzen, werden dort befruchtet und legen hier auch ihre Eier ab. Diese überwintern.

Streckfuß *Dasychira pudibunda* LINNAEUS Familie Lymantriidae. Diese Art kommt in vielen Gebieten Europas vor. Lebensraum sind Wälder und Hopfengärten. Die Raupe ist gewöhnlich gelb oder hellgrün, obwohl es auch braune Formen gibt. Hinter dem Kopf gibt es vier gelbe, bürstenartige Haarbüschel und einen längeren roten Pinsel am Körperende. Sie lebt am Laub vieler Laubhölzer, aber auch an Hopfen (*Humulus lupulus*). Die Verpuppung erfolgt in einem Kokon auf oder nahe dem Boden. Die Falter fliegen in einer, manchmal auch in zwei Generationen. Gewöhnlich findet man sie im Mai und Juni.

Goldafter *Euproctis chrysorrhoea* LINNAEUS Familie Lymantriidae. Diese berüchtigte Art ist in Mittel- und Südeuropa weit verbreitet. Lebensraum sind Hecken, Obstplantagen, Parks und Gärten. Die haarige Raupe ist braun, rot markiert und trägt Büschel weißer, schuppenartiger Haare an den Körperseiten und zwei kleine fleischige rote Flecken auf dem Rücken gegen das Hinterende zu. Die Haare können schlimme Entzündungen auf der Haut hervorrufen und die Augen erheblich schädigen. Nahrungspflanzen sind Schwarzdorn (*Prunus*), Weißdorn (*Crataegus*) und viele verschiedene Obstbäume. Die Raupen leben in gemeinsamen Nestern, bis sie erwachsen sind.

Schlehenspinner *Orgyia antiqua,* Raupe

Schwan *Euproctis similis,* Raupe

Streckfuß *Dasychira pudibunda,* Raupe

Streckfuß *Dasychira pudibunda,* ruhend

Dann zerstreuen sie sich, um einen Platz zum Verpuppen zu finden. Das geschieht in der Regel zwischen Blättern. Es gibt eine Generation im Jahr; die Falter findet man im Juli und August. Das Weibchen trägt am Hinterleib einen großen Busch goldbrauner Haare aus dem Raupenstadium, die zum Schutz über dem Eigelege angebracht werden.

Schwan *Euproctis similis* FUESSLY Familie Lymantriidae. Diese weitverbreitete Art kommt in ganz Europa vor. Lebensraum sind Hecken, Wälder und Buschland, auch im Küstengebiet. Die Raupe ist schwarz mit einer leuchtend roten Rückenlinie, die von einer feinen schwarzen Linie in der Mitte geteilt ist. Es gibt Büschel schuppenartiger weißer Haare an den Körperseiten, unter denen eine weitere rote Linie verläuft. Nahrungspflanzen sind Weißdorn (*Crataegus*), Schwarzdorn (*Prunus*) und viele andere Laubbäume und Sträucher. Im Gegensatz zu dem verwandten Goldfalter leben die Raupen nicht in gemeinsamen Nestern, sondern allein. Die Haare sind weniger gefährlich. Die Verpuppung erfolgt in einem Gespinst zwischen den Blättern der Nahrungspflanze. Die Falter findet man im Juli und August.

Schlehenspinner *Orgyia antiqua,* ruhend

natürliche Größe

Pappelspinner *Leucoma salicis,* Raupe

Schwammspinner *Lymantria dispar,* Raupe

Pappelspinner *Leucoma salicis* LINNAEUS Familie Lymantriidae. Dieser hübsche Spinner ist in Europa weit verbreitet. Lebensraum sind Laubwälder, Parks, Gärten und andere Plätze, an denen die Nahrungspflanze wächst. Die haarige Raupe ist auf dem Rücken schwarz mit einer Reihe großer, weißer Flecken, die beiderseits von roten Warzen unterbrochen werden. Die Körperseiten sind grau mit rötlichen Flekken. Sie lebt am Laub von Pappeln (*Populus*) und Weiden (*Salix*) und verpuppt sich in einem Gespinst, das sie in Rindenspalten anfertigt. Es gibt nur eine Generation im Jahr, die im Juli und August erscheint. Die Falter fliegen nachts und ruhen am Tage an Baumstämmen.

Nonne *Lymantria monacha* LINNAEUS Familie Lymantriidae. Diese charakteristische Art ist in Europa weit verbreitet vom südlichen Fennoskandien bis Norditalien und Griechenland und nach Osten durch Sibirien bis nach Japan. Man findet die Art in Nadel- und Laubwald. Im kontinentalen Europa war sie zumindest in früheren Jahren ein gefährlicher Schädling in Nadelwäldern, da sie diese über große Flächen hin völlig kahlgefressen hat. Die haarige Raupe ist graubraun mit schwarzen Linien, die auf dem Rücken schwarze Flecken verbinden. Sie lebt an Fichten (*Picea*), Kiefern (*Pinus*), Eichen (*Quercus*), Birken (*Betula*) und anderen Bäumen und verpuppt sich in einem Kokon in einer Rindenspalte. Es gibt eine Generation im Jahr, die man von Juli bis September beobachten kann. Die Männchen fliegen bei Nacht, die trägen Weibchen dagegen bewegen sich kaum von der Stelle.

Schwammspinner *Lymantria dispar* LINNAEUS Familie Lymantriidae. Dieser berüchtigte Schmetterling ist in vielen Teilen Europas sehr häufig. Die Art wurde im vorigen Jahrhundert versehentlich in Nordamerika eingeschleppt und ist heute ein sehr gefährlicher Schädling in diesem Erdteil geworden. Normaler Lebensraum sind Laubwälder und Obstanlagen. Die Raupe ist grau mit einer blaßbraunen Rückenlinie und Reihen erhabener Warzen, die Büschel von Haaren tragen. Die vorderen vier Warzenpaare sind blau gefärbt, während die hinteren ziegelrot sind. In Mitteleuropa leben die Raupen an vielen verschiedenen Laubbäumen, besonders aber an Obstbäumen, und können bei Massenauftreten erhebliche Schäden anrichten, die umfangreiche Bekämpfungsmaßnahmen erfordern. Es gibt nur eine Generation im Jahr, und die Falter fliegen vom Juli bis September. Die männlichen Tiere tun das am Tage, während die Weibchen trotz der relativ großen Flügel flugunfähig sind. Sie halten sich beim Kokon auf.

Nonne *Lymantria monacha,* ruhend

Schwammspinner *Lymantria dispar*

Pappelspinner *Leucoma salicis,* ruhend

natürliche Größe

Rosenmotte *Miltochrista miniata* FORSTER Familie Arctiidae. Diese Art ist in vielen Gebieten Europas verbreitet, vor allem aber in Mittel- und Nordeuropa. Lebensraum sind Wälder, Hecken und feuchte, baumbestandene Weiden. Die behaarte Raupe ist dunkel graubraun und ernährt sich von verschiedenen Flechten, besonders aber von *Peltigera canina* an den Zweigen von Bäumen und Büschen. In Gefangenschaft frißt sie auch verwelktes Laub von Eichen (*Quercus*) und Weiden (*Salix*). Sie verpuppt sich in einem Kokon, der aus Gespinstfäden und Körperhaaren angefertigt wird. Es gibt eine Generation im Jahr, die je nach Gegend von Juni bis August fliegt. Die Falter fliegen nachts und kommen gerne ans Licht.

Nacktfüßiger Zwergflechtenspinner *Nudaria mundana* LINNAEUS Familie Arctiidae. Die Verbreitung dieses zarten kleinen Schmetterlings erstreckt sich durch Nord- und Mitteleuropa ostwärts bis Kleinasien. Sie lebt auf unkultiviertem Gelände, besonders auf solchem mit flechtenbedeckten Felsen und Mauern. Die Raupe ist grau mit zwei Linien erhabener gelber Flecken auf dem Rücken und mit grauer Behaarung. Sie lebt an Flechten und Algen und verpuppt sich in einem offenen, netzartigen Kokon, der auf Steinen angefertigt wird. Es gibt eine Generation im Jahr; die Falter fliegen im Juni und Juli. Die männlichen Tiere fliegen nachts und kommen gerne ans Licht, die weiblichen dagegen sind wenig aktiv.

Bleigrauer Flechtenspinner *Eilema griseola* HÜBNER Familie Arctiidae. Diese Art ist in Mitteleuropa vielerorts verbreitet und kommt ostwärts durch das gemäßigte Asien bis Japan vor. Sie lebt auf feuchten Weiden, Uferstreifen und in feuchten Wäldern. Die haarige Raupe ist schwarz mit einem purpurnen Streifen auf dem Rücken und einer unterbrochenen orangefarbenen Linie auf den Körperseiten. Sie lebt an Flechten, die an Zweigen von Bäumen und Büschen wachsen; in Gefangenschaft nimmt sie aber auch verwelkte Blätter von Weide und anderen krautigen Pflanzen. Die Verpuppung erfolgt in einem Kokon aus Gespinstfäden und Teilen von Flechten und Moosen. Es gibt eine Generation im Jahr; die Falter fliegen im Juli.

Laubholzflechtenspinner *Eilema lurideola* ZINCKEN Familie Arctiidae. Dieser Nachtfalter ist häufig und findet sich in fast allen Gebieten Europas mit Ausnahme des hohen Nordens. Lebensraum sind Wälder und Hecken. Die haarige Raupe ist grau mit schwarzen Linien auf dem Rücken und einer orangefarbenen Linie auf den Körperseiten. Sie lebt an Flechten, die an Bäumen und Büschen wachsen, frißt aber auch die Blätter verschiedener Pflanzen in Gefangenschaft, und man kann annehmen, daß sie das auch im Freien tut. Wenn sie erwachsen ist, verpuppt sie sich in einem Gespinst in einer Rindenspalte. Es gibt eine Generation im Jahr, und die Falter können von Juni bis August beobachtet werden. Wie alle Flechtenspinner ruht auch diese Art mit dicht über dem Körper zusammengefalteten Flügeln. Die Falter besuchen die Blüten von Waldrebe (*Clematis*) und Disteln (*Carduus*) in der Dämmerung.

Punktbär *Utetheisa pulchella* LINNAEUS Familie Arctiidae. Diese Bärenspinnerart ist in Mittel- und Nordeuropa nicht beheimatet, kommt aber im Mittelmeergebiet regelmäßig vor. Als Wanderfalter erscheinen fast jedes Jahr Exemplare nördlich der Alpen; sie können, wenn die Witterung ausreichend warm ist, eine weitere Generation erzeugen. Die Raupe ist grau mit weißen Linien am Rücken und an den Körperseiten. Auf jedem Segment gibt es eine orangefarbene Querlinie. Der ganze Körper ist mit schwarzen Warzen bedeckt, die schwarze und graue Haare tragen. Nahrungspflanzen sind Vergißmeinnicht (*Myosotis*), Borretsch (*Borago*), Heliotrop (*Heliotropium*) und andere rauhblättrige Pflanzen. Die Verpuppung erfolgt in einem Kokon zwischen Blättern oder dem Boden. In den Tropen entstehen die Generationen ohne Unterbrechung, bei uns erscheinen die Falter meist im Herbst und fliegen teilweise am Tage.

Wegerichbär *Parasemia plantaginis* LINNAEUS Familie Arctiidae. Diese Art ist in Mittel- und Nordeuropa verbreitet und ostwärts durch Sibirien bis Japan. Lebensraum sind Waldlichtungen, Heiden, Moore und Niederungen. Die Raupe ist schwarz und dicht mit schwarzen und rötlichbraunen Haaren bedeckt. Sie lebt an verschiedenen niederen Pflanzen wie Wegerich (*Plantago*), Greiskraut (*Senecio*) und Vergißmeinnicht (*Myosotis*) und überwintert. Die Verpuppung erfolgt in einem Gespinst an der Futterpflanze, und die Falter der einen Generation fliegen von Juni bis August, teilweise am Tage.

Wegerichbär *Parasemia plantaginis*

Wegerichbär *Parasemia plantaginis,* Raupe

Rosenmotte *Miltochrista miniata*

Nacktfüßiger Zwergflechtenspinner *Nudaria mundana*

Bleigrauer Flechtenspinner *Eilema griseola*

natürliche Größe

Brauner Bär *Arctia caja* LINNAEUS Familie Arctiidae. Diese hübsche und variable Art ist in Europa weit verbreitet und kommt im Norden bis Lappland und ostwärts durch Sibirien bis Japan vor. Sie lebt in Wäldern, Ödland, Parks und anderen Stellen, an denen Nahrungspflanzen wachsen. Die Raupe ist schwarz und dicht mit langen Haaren bedeckt, die am Rücken schwarz und an

Brauner Bär *Arctia caja*

den Körperseiten rotbraun sind. Man findet sie oft in größeren Gärten, wo sie sowohl wilde als auch kultivierte Pflanzen frißt. Die lange, bärenartige Behaarung hat der Art den Vulgärnamen eingebracht. Die erwachsene Raupe verpuppt sich in einem gelblichweißen Kokon, der an der Basis der Nahrungspflanzen angefertigt wird. Es gibt nur eine Generation im Jahr, deren Falter im Juli und August fliegen. Trotz der bunten Farbe fliegen die Tiere nachts und sind am Tage kaum zu sehen.

Schwarzer Bär *Arctia villica* LINNAEUS Familie Arctiidae. Diese Art findet man in vielen Gegenden Mittel- und Südeuropas. Auf den Britischen Inseln kommt die Unterart ssp. *brittanica* OBERTHÜR vor, die auch in Nordfrankreich zu finden ist. Lebensraum sind Wälder, Hecken und grasige Plätze. Die Raupe ist schwarz mit dichten rötlichen Haaren und einem leuchtend rotbraunen Kopf. Sie lebt an verschiedenen niederen Pflanzen wie Löwenzahn (*Taraxacum*), Sternmiere (*Stellaria*) und Ampfer (*Rumex*). Sie überwintert und vollendet die Entwicklung im folgenden Frühjahr. Die Verpuppung erfolgt in einem Gespinst zwischen Blättern oder am Boden. Es gibt nur eine Generation im Jahr, deren Falter von Mai bis Juli fliegen. Man kann die Tiere meist nachts beobachten, manchmal sind sie aber auch am Tage aktiv. Wie alle Bärenspinner trägt diese Art eine Warntracht, die durch ihre Buntheit die Ungenießbarkeit des Falters anzeigen soll. Die Giftstoffe werden wahrscheinlich aus der Nahrungspflanze übernommen.

Brauner Bär *Arctia caja,* ruhend

Schwarzer Bär *Arctia villica*

Brauner Bär *Arctia caja,* Raupe

natürliche Größe

Rotrandbär *Diacrisia sannio* LINNAEUS Familie Arctiidae. Diese charakteristische Art ist in Europa weit verbreitet; ihr Vorkommen erstreckt sich nach Osten bis Kleinasien. Sie lebt besonders auf Heiden und Mooren, aber auch auf Wiesen. Die Raupe ist rötlichbraun mit einer gelblichweißen Rückenlinie, und der Körper ist mit blaßbraunen Haaren bedeckt. Sie lebt an den Blättern von Löwenzahn (*Taraxacum*), Ampfer (*Rumex*), Gagelstrauch (*Myrica gale*) und einer Reihe anderer niederer Pflanzen. Die jungen Raupen überwintern und vollenden ihre Entwicklung im folgenden Frühjahr. Die Verpuppung erfolgt in einem dünnen Kokon zwischen Pflanzenteilen oder am Boden. Es gibt eine Generation im Jahr, und die Falter fliegen im Juni und Juli, die männlichen Tiere oft am Tage, die weiblichen dagegen meist nur nach der Dämmerung.

Weiße Tigermotte *Spilosoma lubricipeda* LINNAEUS Familie Arctiidae. Diese häufige Art ist in Europa weit verbreitet, und ihr Vorkommen erstreckt sich nach Süden bis Nordafrika und nach Osten bis Sibirien.

Weiße Tigermotte *Spilosoma lubricipeda*

Der Lebensraum dieser Art ist fast unbegrenzt und überall dort, wo passende Nahrungspflanzen wachsen. Die behaarte Raupe ist dunkel graubraun mit einem deutlichen orangefarbenen oder roten Streifen auf dem Rücken. Sie frißt fast alle krautigen Pflanzen und findet sich im Garten sowohl an Unkräutern als auch an Kulturpflanzen. Die erwachsene Raupe verpuppt sich in einem Kokon, der in zusammengezogenen Blättern oder am Boden angefertigt wird. Es gibt gewöhnlich nur eine Generation im Jahr, die von Mai bis Juli aktiv ist, selten entsteht im Herbst eine teilweise zweite Generation. Diese Art ist sehr variabel, die schwarzen Flecken können völlig fehlen oder aber stark vergrößert sein und zu Linien und Streifen zusammenfließen. Im Spätsommer kann man die behaarten Raupen oft über Landstraßen laufen sehen.

Gelbe Tigermotte *Spilosoma lutea* HUFNAGEL Familie Arctiidae. Wie die nahe verwandte Weiße Tigermotte ist auch diese Art in Euopa weit verbreitet und kommt auch im gemäßigten Asien vor. Die Lebensräume sind sehr vielfältig, bevorzugt werden aber feuchtere Plätze mit reicher Vegetation; die Raupe kann oft in Gärten gefunden werden. Sie ist braun mit Büscheln rötlichbrauner Haare, einem roten Streifen auf dem Rücken und gelblich-weißen oder blaßgrauen Streifen an den Körperseiten. Sie lebt an Ampfer (*Rumex*), Wegerich (*Plantago*) und vielen anderen niederen krautigen Pflanzen, frißt aber auch die Blätter von Birke (*Betula*) und Wildem Wein (*Parthenocissus quinquefolia*). Die Verpuppung erfolgt in einem grauen Kokon, der zwischen Pflanzenteilen oder am Boden angefertigt wird. Die Falter sind zwischen Mai und Juli aktiv und fliegen vor allem nachts. Sowohl die Grundfarbe als auch die Ausdehnung der dunklen Flecken sind sehr variabel, und viele Formen wurden deshalb benannt. Die Färbung ist wie bei der vorhergehenden Art eine Warnfarbe, da die Tiere ungenießbar sind.

Rotrandbär *Diacrisia sannio*, ruhend

Zimtbär *Phragmatobia fuliginosa*, Raupe

Zimtbär *Phragmatobia fuliginosa*

Gelbe Tigermotte *Spilosoma lutea*

Graubär *Diaphora mendica*, Männchen

Graubär *Diaphora mendica* CLERCK Familie Arctiidae. Diese Bärenspinnerart kann in vielen Teilen Europas gefunden werden, vor allem in Nord- und Mitteleuropa. Bevorzugter Lebensraum ist lichter Wald. Die Raupe ist graubraun mit einem blaßbraunen Kopf und Büscheln gelbbrauner Haare. Sie lebt an Löwenzahn (*Taraxacum*), Wegerich (*Plantago*) und vielen anderen niederen Pflanzen, frißt aber auch die Blätter von Birke (*Betula*) und Rosen (*Rosa*). Die erwachsene Raupe spinnt einen Kokon, der mit Haaren und Erdpartikeln vermischt wird und in dem sie sich verpuppt. Es gibt nur eine Generation im Jahr, die im Mai und Juni fliegt. Die Männchen sind nachts aktiv und kommen gerne ans Licht, die Weibchen dagegen findet man selten auf diese Weise, denn sie fliegen lieber am Tage. Hervorzuheben ist der starke Geschlechtsunterschied bei dieser Art, eine Erscheinung, die bei den Bärenspinnern relativ selten ist.

Zimtbär *Phragmatobia fuliginosa* LINNAEUS Familie Arctiidae. Diese Art ist außerordentlich weit verbreitet und kommt neben Europa im gemäßigten Asien und in Nordamerika vor. Der Lebensraum reicht von Wäldern bis zu offenen Wiesen und Moorgebieten und schließt alle Plätze ein, an denen geeignete Nahrungspflanzen wachsen. Die Raupe ist braun gefärbt und dicht mit Haaren bedeckt, die gelblich-, rötlich- oder schwärzlichbraun sein können. Sie lebt an niederen krautigen Pflanzen wie Ampfer (*Rumex*) und Wegerich (*Plantago*) und verpuppt sich, wenn sie erwachsen ist, in einem braunen Kokon aus Gespinstfäden, der am Boden oder in der Vegetation angefertigt wird. Im Süden gibt es bei dieser Art zwei Generationen im Jahr, im Norden dagegen nur eine, die von Mai bis September fliegt je nach Klima der entsprechenden Gegend. Die weite Verbreitung hat zu einer Reihe von geographischen Unterarten geführt, die sich durch die Färbung unterscheiden. So ist die nordische Unterart wesentlich dunkler als die bei uns in Mitteleuropa vorkommende. Die Falter fliegen gewöhnlich bei Nacht, nicht selten aber kann man sie auch am Tage bei Sonnenschein beobachten. Wie bei den meisten Arctiiden überwintert die Raupe.

natürliche Größe

Stutzflügelzygaene *Syntomis phegea*

Russischer Bär *Euplagia quadripunctaria* PODA Familie Arctiidae. Diese schöne Bärenspinnerart kommt in vielen Gegenden Mittel- und Südeuropas vor. Bemerkenswert sind die riesigen Ansammlungen der Falter, die man besonders auf der Insel Rhodos zur Sommerruhepause in feuchten Waldtälern findet. Lebensraum sind warme, trockene Plätze; man kann die Falter oft in Gärten und Parks finden. Die haarige Raupe ist dunkelbraun mit einem breiten, tief gelben Streifen auf dem Rücken und einer Reihe gelblichweißer Flecken an den Körperseiten. Sie lebt an Löwenzahn (*Taraxacum*), Wegerich (*Plantago*), Taubnessel (*Lamium*) und anderen krautigen Pflanzen. Die Puppe liegt in einem korbartig gesponnenen Kokon, der im Moos oder zwischen abgefallenen Blättern liegt. Es gibt nur eine Generation im Jahr; die Falter sind am Tage von Juni bis September aktiv. In sehr heißen, trockenen Sommern und im Mittelmeergebiet regelmäßig kommt es zu einer Sommerruhepause, die an möglichst feuchten, kühlen Plätzen zugebracht wird.

Spanische Fahne *Callimorpha dominula* LINNAEUS Familie Arctiidae. Diese sehr variable Art kommt in Europa bis zum südlichen Fennoskandien und ostwärts bis in das gemäßigte Asien vor. Lebensraum sind feuchte Plätze, Flußufer, Auwälder, Waldlichtungen und Weiden. Die haarige Raupe ist schwarz mit breiten gelben, unterbrochenen Streifen auf dem Rücken und den Körperseiten. Sie lebt an vielen verschiedenen krautigen Pflanzen wie Ampfer (*Rumex*) und Brennessel (*Urtica*), besonders aber an Beinwell (*Symphytum*). Die junge Raupe überwintert; die Entwicklung wird im folgenden Frühjahr abgeschlossen. Die Verpuppung erfolgt in einem Kokon zwischen abgestorbenen Blättern am Boden. Es gibt nur eine Generation im Jahr, deren Falter je nach Gegend zwischen Juni und August aktiv sind. Sie fliegen am Tage bei Sonnenschein, können aber auch nachts ans Licht kommen.

Jakobskrautbär *Tyria jacobaeae* LINNAEUS Familie Arctiidae. Diese Art ist in Europa weit verbreitet. Lebensraum sind trockene Wiesen, Ödland und Berghänge, auf denen die Nahrungspflanzen wachsen. Die auffallende Raupe ist orangegelb mit einem schwarzen Band quer über jedes Körpersegment. Die bevorzugte Nahrungspflanze ist Jakobskreuzkraut (*Senecio jacobaea*), aber auch die Blätter vom Gemeinen Kreuzkraut (*Senecio vulgaris*) und verwandter Pflanzen werden angenommen. Die Raupen leben meist in kleinen Gesellschaften zusammen und werden selten von Vögeln angegriffen, da sie ungenießbar sind. Sie zeigen das durch ihre ausgesprochene Warnfarbe. Die Verpuppung erfolgt in einem Kokon am Boden. Es gibt eine Generation im Jahr, die von Mai bis Juli aktiv ist. Die Falter fliegen meist nachts, können am Tage aber leicht aufgescheucht werden und flattern dann zu einem neuen Versteck.

Stutzflügelzygaene *Syntomis phegea* LINNAEUS Familie Ctenuchidae. Diese Schmetterlingsart kommt mit Ausnahme von Spanien hauptsächlich in Südeuropa vor, besiedelt aber auch lokal Gebiete nördlich der Alpen in Deutschland, den Niederlanden und Belgien. Auf den Britischen Inseln kommt die Art nicht vor. Lebensraum sind Waldlichtungen und trockene, warme Hänge mit viel Sonne bis zu einer Höhe von 1300 m. Die Raupe ist schwarz mit dichten schwarzen Haaren und einem rotbraunen Kopf. Sie lebt an Löwenzahn (*Taraxacum*), Skabiose (*Scabiosa*) und anderen krautigen Pflanzen und verpuppt sich in einem mit Haaren vermischten Kokon zwischen Blättern. Die eine Generation fliegt von Juni bis August; die Falter besuchen gerne Blüten von Quendel (*Thymus*) und Lavendel (*Lavandula officinalis*).

Europas von Fennoskandien bis zur Iberischen Halbinsel vorkommt. Im Osten findet man sie noch in West- und Zentralasien. Lebensraum sind Hecken und Waldränder, Gärten und anderes kultiviertes Land. Die Raupe ist graubraun und rotbraun oder schwarz gesprenkelt mit einer Reihe keilförmiger Flecken auf dem Rücken. Sie frißt nachts an den Blättern vieler verschiedener krautiger Pflanzen wie Ampfer (*Rumex*), Wegerich (*Plantago*) und Labkraut (*Galium*). Die Verpuppung erfolgt in einem Kokon in der Erde. Es gibt eine Generation im Jahr, und die Falter findet man von Mai bis Juli der Gegend entsprechend. Sie fliegen nachts und besuchen gerne Blüten. Der ruhende Falter gleicht einem abgebrochenen Zweigstück und ist dadurch gut getarnt. Die systematische Position dieser Art ist unklar, und sie wird oft in eine ganz andere Gruppe der Eulenfalter gestellt.

Violettbraune Erdeule *Ochropleura plecta* LINNAEUS Familie Noctuidae. Diese weitverbreitete Art kommt nicht nur in Europa vor, wo sie von Fennoskandien bis zum Mittelmeergebiet gefunden werden kann, sondern auch in Nordafrika, dem gemäßigten Asien und Nordamerika. Lebensraum sind Wiesen, Ackerland, Waldränder, Parks und Gärten. Die Raupe ist braun mit zwei Linien kleiner weißer Flecken den Rücken entlang und einem breiten cremefarbigen Band an jeder Körperseite. Sie lebt an den Blättern fast aller krautiger Pflanzen und greift manchmal Kulturpflanzen an wie Kopfsalat (*Lactuca sativa*), der erheblich Schaden nehmen kann. Die erwachsene Raupe verpuppt sich am oder im Boden. Es gibt zwei Generationen im Jahr, die sich teilweise überlappen und die regelmäßig zwischen Mai und September erscheinen. Die Hauptflugzeit liegt jedoch im Frühsommer und im August. Die Falter besuchen gerne Blüten und ganz besonders die von Kreuzkraut (*Senecio*). Die Falter kommen gerne ans Licht.

Violettbraune Erdeule *Ochropleura plecta*

Gelbliche Dunkelrandige Erdeule *Axylia putris*

Gelbliche Dunkelrandige Erdeule *Axylia putris*, Raupe

Gemeine Graseule *Agrotis exclamationis*

Fahl-Bräunlichgraue Erdeule *Agrotis puta*

natürliche Größe

Hausmutter *Noctua pronuba* LINNAEUS Familie Noctuidae. Diese sehr häufige und durch ihr Aussehen leicht zu erkennende Art kommt in ganz Europa von Island bis zum Mittelmeer vor. Ihr Lebensraum ist sehr vielfältig von Gärten über landwirtschaftliche Gebiete bis zu Mooren. Die Raupe ist braun oder grün mit zwei Reihen schwarzer Flecken auf dem Rücken. Sie lebt an den Blättern, Stengeln und Wurzeln sehr vieler verschiedener wilder und kultivierter krautiger Pflanzen und Gräser und verbirgt sich tagsüber im Boden, während sie nachts zum Fressen emporklettert. In Gärten kann sie manchmal an Blumen und Gemüsen schädlich werden. Die Raupe überwintert und verpuppt sich im folgenden Frühjahr in einem Erdkokon im Boden. Es gibt nur eine Generation im Jahr, die von Juni bis Oktober fliegt, im heißen Sommer aber gewöhnlich eine Ruhepause einlegt. Die Falter fliegen nachts und kommen gerne ans Licht.

Mittlere Braune Bandeule *Noctua comes* HÜBNER Familie Noctuidae. In vielen Teilen Europas ist dies eine gewöhnliche Art, die vom südlichen Skandinavien bis zum Mittelmeergebiet vorkommt, auf den Kanarischen Inseln sowie in Nordafrika und Kleinasien zu finden ist. Ihr Lebensraum ist vielfältig, er reicht von Hecken zu Heideland und Gärten. Die Raupe ist graubraun, manchmal grün getönt, und zeigt zwei Reihen schwarzer, keilförmiger Flecken auf dem Rücken, von der Mitte bis zum Hinterende. Die jungen Raupen leben an vielen verschiedenen krautigen Pflanzen wie Ampfer (*Rumex*) und Klee (*Trifolium*); nach der Überwinterung ernähren sie sich von den Blättern verschiedener Bäume und Büsche wie Birke (*Betula*), Weide (*Salix*) und Weißdorn (*Crataegus*). Die Verpuppung erfolgt in einem Erdkokon im Boden. Die Falter fliegen von Juli bis September. Sie sind nachts aktiv und besuchen gerne Blüten wie die des Sommerflieders (*Buddleia*) und anderer Pflanzen.

Gelbgraue Bandeule *Noctua fimbriata* SCHREBER Familie Noctuidae. Diese Art ist in Europa weit verbreitet und kommt zwischen dem südlichen Fennoskandien und der Iberischen Halbinsel vor. Lebensraum sind ausgedehnte Wälder und Parklandschaften mit vielen Bäumen. Die Raupe ist rotbraun, fein dunkelbraun oder schwarz gesprenkelt und mit großen schwarzen Flecken, die die Atemöffnungen umgeben. Sie lebt am Laub von Birke (*Betula*), Weide (*Salix*) und anderer Bäume, findet sich aber auch an niederen Pflanzen wie Ampfer (*Rumex*) oder Schlüsselblumen (*Primula*). Die Verpuppung erfolgt in einem dünnen Erdkokon im Boden. Es gibt nur eine Generation im Jahr; die Falter fliegen zuerst im Juli und dann wieder gegen Ende August. Ursache hierfür ist eine Sommerruhepause, die wie bei der Hausmutter eingelegt wird und die hilft, die Sommerhitze zu überdauern.

Porphyreule *Lycophotia porphyrea* DENIS UND SCHIFFERMÜLLER Familie Noctuidae. Diese Eulenfalterart kommt in Nordeuropa um den Polarkreis vor, aber auch in den Alpen und in Nordspanien. Der bevorzugte Lebensraum ist Heideland, aber auch andere Stellen mit nur wenigen Büscheln der Nahrungspflanze werden bewohnt. Die Raupe ist rotbraun mit unterbrochenen, blaß weißlichbraunen Linien, die rosa markiert sind. Sie lebt an Heidekraut (*Calluna*) und Glockenheide (*Erica*) und ist sehr schwer zu finden, wenn sie in der Vegetation sitzt. Sie verpuppt sich in einem zarten Kokon am oder im Boden. Es gibt eine Ge-

Gelbgraue Bandeule *Noctua fimbriata*

neration im Jahr; die Falter fliegen von Juni bis August, meist in der Nacht, gelegentlich kann man sie aber auch am Nachmittag beobachten. Sie besuchen gerne die Blüten der Heidekräuter.

Schwarze C-Erdeule *Xestia c-nigrum* LINNAEUS Familie Noctuidae. Diese gewöhnliche und häufige Art hat ein außerordentlich großes Verbreitungsgebiet, das sich über das gemäßigte Asien und Nordamerika erstreckt und in Europa vom mittleren Fennoskandien bis zur Iberischen Halbinsel reicht. Lebensraum sind Wälder, landwirtschaftliche Gebiete, Heiden, Parks und Gärten. In den Gebirgen steigt sie nicht sehr hoch. Die Raupe variiert in der Farbe von Olivgrün bis blaß Graubraun und hat zwei Reihen keilförmiger schwarzer Flecken auf dem Rücken dem Hinterende zu. Auf jeder Körperseite findet sich ein gelber Streifen. Sie lebt an den Blättern von Miere (*Stellaria*), Kreuzkraut (*Senecio*), Ampfer (*Rumex*), Heidelbeeren (*Vaccinium*) und vieler anderer niederer Pflanzen. Die Verpuppung erfolgt in einem Erdkokon im Boden. Die Zahl der Generationen ist nicht ganz sicher, es gibt aber eine Anzahl von Faltern im Mai und Juni und wieder im Herbst. Sie fliegen nachts und besuchen gerne Blüten und Blätter mit Honigtau.

Dunkel Rötlichbraune Erdeule *Xestia xanthographa* DENIS UND SCHIFFERMÜLLER Familie Noctuidae. Diese häufige und variable Eulenfalterart kommt in Europa zwischen dem südlichen Fennoskandien und der Iberischen Halbinsel vor. Sie lebt an Waldrändern, offenem Land, in Gärten und fast allen anderen Gebieten, an denen geeignete Nahrungspflanzen wachsen. Die Raupe ist braun mit zwei Reihen gestreckter schwarzer Flecken auf dem Rücken. Sie lebt an Gräsern und einer Vielzahl niederer krautiger Pflanzen wie Ampfer (*Rumex*), Wegerich (*Plantago*) und auch an jungen Trieben von Laubbäumen wie Weide (*Salix*) und Eiche (*Quercus*). Sie frißt sogar im Winter, wenn das Wetter nicht zu kalt ist, und verpuppt sich im folgenden Frühjahr in einem Erdkokon im Boden. Es gibt nur eine Generation im Jahr, die im August und September aktiv ist. Die Falter fliegen nachts und besuchen gerne Blüten.

Porphyreule *Lycophotia porphyrea*

Schwarze C-Erdeule *Xestia c-nigrum*

natürliche Größe

Braunrote Wegericheule *Cerastis rubricosa*, ruhend

Adereule *Naenia typica* Linnaeus Familie Noctuidae. Dies ist eine weitverbreitete und häufige Art, die in Europa vom südlichen Fennoskandien bis zur Iberischen Halbinsel vorkommt. Lebensraum sind Waldränder, Landwirtschaftsgebiete, Flußufer und Gärten. Die Raupe ist blaß graubraun, fein dunkelbraun punktiert und mit zwei Paar schräger schwarzer Zeichnungen nahe dem Hinterende. Sie lebt an Ampfer (*Rumex*), Löwenzahn (*Taraxacum*) und vielen anderen niederen Pflanzen, aber auch an den Blättern von Büschen und Bäumen wie Weißdorn (*Crataegus*), Schwarzdorn (*Prunus*) und Weide (*Salix*). Die Verpuppung erfolgt im Boden in einem Kokon aus Gespinstfäden und Erde. Es gibt nur eine Generation im Jahr; die Falter fliegen von Juni bis August – dem Klima der Gegend entsprechend. Die Falter fliegen nachts und besuchen gerne die Blüten von Liguster (*Ligustrum*).

Braunrote Wegericheule *Cerastis rubricosa* Denis und Schiffermüller Familie Noctuidae. Diesen Eulenfalter gibt es in Europa an vielen Stellen zwischen Fennoskandien und dem Mittelmeergebiet, wo die Art allerdings immer seltener wird. Der Lebensraum reicht von Waldrändern bis zu nassen Mooren. Die Raupe ist tief rotbraun mit zwei Reihen blaßgelber Flecken auf dem Rücken. Über jedem gelben Fleck gibt es einen weißen, der schwarz umrandet ist. Als Nahrung dienen vielerlei niedere krautige Pflanzen wie Ampfer (*Rumex*), Miere (*Stellaria*) und Kreuzkraut (*Senecio*), aber auch die Blätter von Weiden (*Salix*) werden gefressen. Die erwachsene Raupe verpuppt sich in einem feinen Kokon aus Erde, der im Boden liegt. Es gibt nur eine Generation im Jahr, deren Falter im Frühjahr im März und April erscheinen. Sie fliegen bei Nacht und besuchen mit Vorliebe die blühenden Kätzchen der Weide.

Heidekraut-Bunteule *Anarta myrtilli* Linnaeus Familie Noctuidae. Dieser hübsche kleine Nachtfalter ist in Europa sehr weit verbreitet; in den Alpen steigt er bis über 2000 m. Lebensraum sind Heiden, Moore, Gebirge und auch Sanddünen. Die außerordentlich gut getarnte Raupe ist hellgrün mit gelben und weißen Flecken und Farbtupfen. Sie frißt hauptsächlich am Tage an Heidekraut (*Calluna*) und Glockenheide (*Erica*) und verpuppt sich, wenn sie erwachsen ist, auf dem Boden in einem Kokon aus Gespinst und abgefallenen Pflanzenteilen, der oft an einer Wurzel oder an einem Stein befestigt ist. In nördlichen Gebieten gibt es nur eine Generation im Jahr,

Adereule *Naenia typica*

Gemüseeule *Lacanobia oleracea*

Schwarze Garteneule *Melanchra persicariae,* Raupe

Erbseneule *Ceramica pisi*

Schwarze Garteneule *Melanchra persicariae*

deren Falter im Juni fliegen, im Süden dagegen fliegen die Falter von April bis August, und es gibt wahrscheinlich zwei Generationen. Die Falter fliegen am Tage bei hellem Sonnenschein und sitzen bei bedecktem Himmel auf dem Heidekraut. Zur Nahrungsaufnahme besuchen sie verschiedene blühende Heidepflanzen.

Bräunliche Meldeneule *Discestra trifolii* HUFNAGEL Familie Noctuidae. Diese weitverbreitete und häufige Art kommt nicht nur in ganz Europa vom südlichen Fennoskandien bis zur Iberischen Halbinsel vor, sondern auch in vielen Gebieten des gemäßigten Asien und in Nordamerika. Lebensraum sind landwirtschaftlich genutzte Gebiete und Ödland, besonders auf Sand- und Kiesböden. Die Raupe ist grün oder braun mit zwei Reihen schwarzer Zeichnungen auf dem Rücken und einem weißgerandeten rosa Streifen auf jeder Körperseite. Sie lebt hauptsächlich an Melde (*Atriplex*) und Gänsefuß (*Chenopodium*), aber auch an anderen Pflanzen wie Knöterich (*Polygonum*) und Zwiebeln (*Allium cepa*). Die Verpuppung erfolgt im Boden in einem zerbrechlichen Erdkokon. Im Norden gibt es eine Generation im Jahr, deren Falter im Juni und Juli zu beobachten sind; von den zwei Generationen im Süden erscheint die erste im Mai und Juni und die zweite im August und September. Die Falter fliegen nachts.

Kohleule *Mamestra brassicae* LINNAEUS Familie Noctuidae. Das Verbreitungsgebiet dieser häufigen Eule erstreckt sich über ganz Europa. Der Lebensraum ist sehr weit gesteckt, bevorzugt werden aber Kulturland und Gärten. Die Raupe ist braun oder grün mit zwei Reihen schwärzlicher Farbkleckse auf dem Rücken und einer breiten blaßbraunen oder grünen Linie auf jeder Körperseite. Diese ist auf der Oberseite orangefarben eingefaßt. Sie lebt an einer ganzen Reihe niederer krautiger Pflanzen und an verschiedenen Kreuzblütlern wie Kohl (*Brassica oleracea*) und verpuppt sich, wenn sie erwachsen ist, in einem zerbrechlichen Kokon in der Erde. Es gibt nur eine Generation im Jahr, die aber wegen der unterschiedlich langen Entwicklungszeit fast das ganze Jahr Falter erzeugt, allerdings mit einem Maximum im Sommer.

Schwarze Garteneule *Melanchra persicariae* LINNAEUS Familie Noctuidae. Diese sehr auffällige Eule ist in Europa weit verbreitet. Der Lebensraum dieses Schmetterlings ist sehr vielfältig, bevorzugt werden aber besonders Parks und Gärten, wo die Raupe häufig an Kulturpflanzen vorkommt. Die Raupe ist in der Farbe sehr variabel und kann grün, braun oder purpurn sein mit einer Reihe dunkler, dreieckiger Flecken auf dem Rücken und einem kegelförmigen Vorsprung nahe dem Hinterende. Als Nahrungspflanzen werden sehr viele niedere krautige Pflanzen angenommen, aber auch die Blätter von Bäumen und Sträuchern. Die Verpuppung erfolgt in einem Kokon im Boden, in dem die Puppe überwintert. Es gibt nur eine Generation im Jahr, die aber sehr lange von Juni bis August aktiv ist, da die Entwicklung sehr unterschiedlich lange dauert. Die Falter fliegen nachts und besuchen gerne Blüten. Die Art variiert in der Färbung des Flecks am Vorderflügel, der auch rotbraun oder schwarz ausgefüllt sein kann.

Gemüseeule *Lacanobia oleracea* LINNAEUS Familie Noctuidae. Diese häufige Art ist in Europa zwischen dem mittleren Fennoskandien und dem Mittelmeergebiet verbreitet. Lebensraum sind Gärten und offene Landschaften im Bereich des Menschen. Die Raupe variiert in ihrer Färbung und kann grün, braun oder rosa sein mit allen Übergängen. Sie ist mit kleinen weißen Flecken bedeckt und hat auf jeder Körperseite einen gelben Streifen, der oben schwarz gerandet ist. Sie lebt an vielen krautigen Pflanzen, bevorzugt aber Melde (*Atriplex*) und Gänsefuß (*Chenopodium*). Im Garten kann sie auch Früchte und Laub der Tomate befallen und diese schädigen. Die Verpuppung erfolgt in einem Kokon am Boden. Im Norden gibt es eine Generation, im Süden dagegen zwei, die je nach Gegend von Mai bis zum Herbst aktiv sind. Die Falter fliegen nachts.

Erbseneule *Ceramica pisi* LINNAEUS Familie Noctuidae. Diese Art hat eine weite Verbreitung und kommt von Island bis Mitteleuropa vor. Als Lebensraum kommen Wälder und Moore, Feuchtland und offenes Gelände in Frage. Die Raupe variiert in der Farbe von grün bis rötlich- und purpurbraun mit breiten gelben Längsstreifen am ganzen Körper. Sie lebt an vielen verschiedenen krautigen Pflanzen, aber auch an Laubbäumen und Sträuchern. Gewöhnlich frißt die Raupe in der Nacht, kann sich aber auch am hellen Tage sonnen. Wenn sie erwachsen ist, gräbt sie sich in den Boden ein, baut dort einen Kokon aus Erde und verpuppt sich darin. Es gibt eine Generation im Jahr, und die Falter fliegen je nach Gegend von Mai bis Juli. Sie fliegen nachts und kommen gern ans Licht.

natürliche Größe

Graseule *Cerapteryx graminis* Linnaeus Familie Noctuidae. Diese charakteristisch gezeichnete Eulenfalterart kommt von Island und dem nördlichen Fennoskandien bis Mitteleuropa vor. Lebensraum sind Felder, feuchte Wiesen und Moore. Die Raupe ist braun und ziemlich glänzend mit gelblichweißen Streifen auf dem Rücken und an den Körperseiten. Sie lebt an verschiedenen Gräsern, besonders an harten wie Blaugras (*Molinia caerulea*), aber auch an Binsen (*Scirpus* und *Juncus*). Manchmal entwickeln sich sehr große Populationen und zerstören weite Grasflächen. Die Verpuppung erfolgt am Boden zwischen Graswurzeln. Es gibt eine Generation im Jahr, die von Juli bis September aktiv ist. Die Falter fliegen sowohl am Tage als auch nachts und besuchen gerne Blüten der Disteln (*Cirsium* und *Carduus*).

Forleule *Panolis flammea* Denis und Schiffermüller Familie Noctuidae. In Europa ist diese Art weit verbreitet und kommt vom mittleren Fennoskandien bis zur Iberischen Halbinsel vor. Die Art ist vor allem in Nadelwäldern verbreitet, kommt aber auch in Parks und Gärten vor. Die Raupe ist grün mit mehreren weißen Längsstreifen auf dem Körper, deren seitliche unten orangefarben eingefaßt sind. Der Kopf ist kastanienbraun. Nahrungspflanzen sind verschiedene Kieferarten (*Pinus*). Die Verpuppung erfolgt in einem zerbrechlichen Kokon in Rindenspalten oder am Boden zwischen Pflanzenabfällen. In Mitteleuropa ist die Art immer wieder als Waldschädling aufgetreten, und in den letzten Jahren kam es auch zu großen Schäden an Kiefernwäldern in Schottland. Die Falter fliegen von März bis Mai und besuchen gerne die Blüten von Weiden (*Salix*).

Rotgelbe Frühlingseule *Orthosia stabilis* Denis und Schiffermüller Familie Noctuidae. Diese häufige Art kommt vom südlichen Skandinavien bis nach Südeuropa vor und ostwärts bis in das gemäßigte Asien. Bevorzugter Lebensraum sind Wälder und Waldränder. Die Raupe ist grün, mit feinen gelblichweißen Flecken überstreut und mit blaßgelben Linien auf den Seiten und am Rücken. Kurz vor dem Hinterende besitzt sie eine charakteristische gelbe Querlinie. Die Raupe lebt an den jungen Blättern vieler verschiedener Laubbäume, besonders an Eiche (*Quercus*) und Weide (*Salix*). Sie verpuppt sich in der Erde am Fuß der Nahrungsbäume. Es gibt nur eine Generation im Jahr, deren Falter von März bis Mai aktiv sind. Sie fliegen nachts und besuchen gerne blühende Weidenkätzchen. Sie gehören wie die folgenden Arten neben den überwinternden zu den frühesten Nachtfaltern im Jahr.

Violettbraune Frühlingseule *Orthosia incerta* Hufnagel Familie Noctuidae. Die Art ist in vielen Teilen Europas häufig. Lebensraum sind Wälder, Flußauen, Gärten und Obstanlagen. Die Raupe ist blaß blaugrün, weiß gefleckt und mit einer weißen Rükkenlinie sowie weißen Linien auf den Körperseiten. Sie lebt an den Blättern von Eiche (*Quercus*), Weide (*Salix*) und anderen Laubbäumen und Sträuchern. Die Verpuppung erfolgt im Boden in einem Kokon aus Erde. Es gibt nur eine Generation im Jahr, die von März bis April aktiv ist, aber auch schon viel früher auftreten kann. Die Falter fliegen nachts und besuchen gerne die blühenden Kätzchen der Weide, man findet sie aber auch am Saft verletzter Birkenstämme (*Betula*).

Bräunlichgraue Frühlingseule *Orthosia gothica* Linnaeus Familie Noctuidae. Diese häufige Art ist weit verbreitet und kommt noch nördlich des Polarkreises und ostwärts bis Sibirien vor. Sie lebt fast überall und hat keine ausgesuchten Lebensräume. Die Raupe ist grün und fein weiß punktiert mit schmalen gelben Linien auf dem Rücken und breiten weißen Streifen auf jeder Körperseite, die oben schwarz gerandet sind. Sie lebt an den Blättern von Ampfer (*Rumex*), Löwenzahn (*Taraxacum*) und einer Vielzahl anderer niederer krautiger Pflanzen, Laubbäume und Büsche. Die erwachsenen Raupen verpuppen sich im Boden in einem Kokon aus Erde. Es gibt nur eine Generation im Jahr, die im Frühjahr erscheint, aber schon im Spätwinter vorkommen kann. Die Falter fliegen nachts und besuchen gerne blühende Weidenkätzchen, kommen aber auch leicht ans Licht.

Graseule *Cerapteryx graminis*

Forleule *Panolis flammea,* Raupe

Rotgelbe Frühlingseule *Orthosia stabilis*

Bräunlichgraue Frühlingseule *Orthosia gothica,* ruhend

Bräunlichgraue Frühlingseule *Orthosia gothica,* Raupe

Violettbraune Frühlingseule *Orthosia incerta,* ruhend

natürliche Größe

Bleiche Schilfgraseule *Mythimna pallens* LINNAEUS Familie Noctuidae. Diese weitverbreitete Art findet sich in vielen Teilen Europas. Lebensraum sind Sumpfwiesen und Marschen. Die Raupe ist blaßbraun mit weißen Längslinien auf dem Körper und einem dunkler braunen Band auf jeder Körperseite. Sie lebt und frißt nachts auf verschiedenen Gräsern wie Knäuelgras (*Dactylis*) und Rispengras (*Poa*) und versteckt sich bei Tage zwischen den Wurzeln. Wenn sie erwachsen ist, verpuppt sie sich im Boden in einem Kokon aus Erde. Im Süden gibt es zwei Generationen im Jahr, die im Juli und wieder im September fliegen, im Norden dagegen gibt es nur eine Generation, die im späten Juli erscheint. Sie fliegen nachts und werden von blühenden Gräsern angelockt. Es gibt noch eine Reihe weiterer sehr ähnlicher Arten.

Fahler Wermut-Mönch *Cucullia absinthii* LINNAEUS Familie Noctuidae. Diese Art ist in Mitteleuropa weit verbreitet. Lebensraum sind warme, sandige und trockene Böden. Die Raupe ist graubraun mit olivgrünen Flecken den Rücken entlang, dadurch wird sie auf der Futterpflanze ausgezeichnet getarnt. Sie lebt an den Samen und Blüten von Wermut (*Artemisia absinthium*) und gelegentlich an anderen *Artemisia*-Arten. Die erwachsene Raupe baut im Boden einen sehr dichten Kokon aus Gespinstfäden und Erdkrümeln, in dem sie sich verpuppt. Es gibt nur eine Generation im Jahr, die im Juli fliegt.

Grauer Mönch *Cucullia umbratica* LINNAEUS Familie Noctuidae. Dies ist eine häufige und weitverbreitete Art in Europa. Lebensraum sind Gärten, Ödland und andere Plätze, auf denen die Nahrungspflanze wächst. Die Raupe ist blaß graubraun mit schwarzen Flecken und einem schwarzen Kopf. Sie lebt an den Blättern und Blüten von Gänsedistel (*Sonchus*) und Lattich (*Lactuca*) und verpuppt sich, wenn sie erwachsen ist, in einem lockeren, liegestuhlartigen Kokon, der auf der Nahrungspflanze festgesponnen wird. Es gibt nur eine Generation im Jahr, deren Falter je nach Gegend von Mai bis Juli gefunden werden können. Sie fliegen nachts und besuchen gerne Blüten wie Geißblatt (*Lonicera*), Bartnelke (*Dianthus barbatus*) und Disteln (*Carduus*). Die Falter ruhen gerne an Zaunpfählen oder rohem Holz und sind dort durch ihre Färbung und Zeichnung ausgezeichnet getarnt. Es gibt eine Reihe weiterer ähnlicher Arten, die nicht leicht zu unterscheiden sind.

Bräunlichweißer Wollkraut-Mönch *Cucullia verbasci* LINNAEUS Familie Noctuidae. Die Verbreitung dieses Nachtfalters erstreckt sich vom südlichen Skandinavien bis Südeuropa, Nordafrika und Kleinasien. Lebensraum sind offene Böden wie Heiden und Ödland, aber auch Gärten und andere Stellen, an denen die Nahrungspflanze wächst. Die sehr charakteristische Raupe ist blaß blaugrün, manchmal auch fast weiß, und mit gelben und schwarzen Querbändern überzogen. Sie lebt an Königskerze (*Verbascum*), Braunwurz (*Scrophularia*) und gelegentlich an Sommerflieder (*Buddleia*). Sie ist auf der Futterpflanze sehr auffallend, wahrscheinlich ist das aber eine Warnfärbung, da sie für Vögel übelschmeckend ist. Die erwachsene Raupe bohrt sich in den Boden ein und verpuppt sich in einem großen, dichten Kokon aus Gespinstfäden und Erdkrümeln. Es gibt nur eine Generation im Jahr; die Falter fliegen im April und Mai. Die Raupen können oft beobachtet werden, da sie offen auf der Nahrungspflanze sitzen und sehr auffällig sind. Die Falter dagegen sieht man selten, da sie nächtlich leben und am Tage durch ihre Färbung gut getarnt sind. Sie gleichen dann kleinen abgestorbenen Zweigstücken. Es gibt eine Reihe weiterer sehr ähnlicher Arten, die schwer zu unterscheiden sind.

Weißgraue Linden-Rauhhaareule *Brachionycha sphinx* HUFNAGEL Familie Noctuidae. Diese Art ist in Teilen Mitteleuropas recht häufig, und ihr Vorkommen erstreckt sich ostwärts bis ins westliche Asien. Lebensraum ist Laubwald. Die Raupe ist gelblichgrün mit drei weißen Linien auf dem Rücken und einer gelben Linie auf jeder Körperseite. Sie ruht in einer sehr eigenartigen Haltung, indem sie Kopf und Bruststück nach oben biegt. Wenn sie gestört wird, läßt sie sich zu Boden fallen und spreizt die Beine weit von sich. Sie lebt am Laub von Eiche (*Quercus*), Buche (*Fagus*) und vieler anderer Laubbäume und steigt zum Boden herunter, um sich zu verpuppen, wenn sie erwachsen ist. Dies geschieht im Boden. Es gibt nur eine Generation im Jahr, deren Falter von Oktober bis Dezember fliegen. Am Tage ruhen sie an Zaunpfählen und Baumstämmen und sind aufgrund ihrer Färbung ausgezeichnet getarnt und kaum zu sehen. Es gibt eine weitere sehr ähnliche Art, die jedoch im Frühjahr fliegt und zu den Frühjahrsfaltern gehört.

Fahler Wermut-Mönch *Cucullia absinthii*

Bräunlichweißer Wollkraut-Mönch *Cucullia verbasci,* ruhend

Bleiche Schilfgraseule *Mythimna pallens*

Weißgraue Linden-Rauhhaareule *Brachionycha sphinx,* ruhend

natürliche Größe

Fahlgelbe Moderholzeule *Xylena vetusta,* Raupe

Fahlgelbe Moderholzeule *Xylena vetusta* Hübner Familie Noctuidae. Dieser Nachtfalter ist in Europa weit verbreitet und kommt von Lappland bis zur Iberischen Halbinsel vor. Lebensraum sind feuchte offene Flächen, Moore und Gebirgsflächen bis zu Höhen von 1000 m. Die Raupe ist grün oder braun mit drei weißen oder gelben Linien auf dem Rücken und einem breiten orangefarbenen oder gelben Band, das oben schwarz gerandet ist, auf jeder Körperseite. Sie lebt an den Blättern von Ampfer (*Rumex*), Knöterich (*Polygonum*) und anderen krautigen Pflanzen, in Schottland aber regelmäßig am Gagelstrauch (*Myrica gale*). Die Verpuppung erfolgt in einem Kokon aus Seidengespinst und Erdpartikeln im Boden. Die Falter fliegen von September bis Oktober und nach der Überwinterung wieder im folgenden März und April. Sie fliegen nachts und werden leicht von den Blüten des Efeus (*Hedera*) angezogen. Diese Art ist der folgenden sehr ähnlich.

Fahlgraue Moderholzeule *Xylena exsoleta* Linnaeus Familie Noctuidae. Diese Art ist in Europa mit Ausnahme des äußersten Nordens weit verbreitet und geht ostwärts über Kleinasien durch Sibirien bis nach Japan. Ihr Lebensraum erstreckt sich von landwirtschaftlich genutzten Flächen über Weiden bis zu Mooren. Die eindrucksvolle Raupe ist grün mit gelben Linien auf dem Rücken, zwischen denen weiße, schwarz geringte Flecken liegen. An jeder Körperseite verläuft ein breites weißes Band, das oben leuchtend rot eingefaßt ist. Sie lebt sowohl an Hauhechel (*Ononis*), Distel (*Carduus*), Ampfer (*Rumex*) und vielen anderen niederen Pflanzen als auch an den Blättern einiger Laubbäume. Die Verpuppung erfolgt im Boden in einem Kokon aus Erde. Die Falter schlüpfen im Herbst und werden gerne von Efeublüten (*Hedera*) angelockt. Nach der Überwinterung erscheinen die Falter wieder im Frühjahr und besuchen dann gerne blühende Weidenkätzchen.

Weißdorn-Plumpeule *Allophyes oxyacanthae* Linnaeus Familie Noctuidae. Diese hübsche Eulenfalterart ist in Europa weit verbreitet und kommt von Skandinavien bis zum Mittelmeergebiet vor. Lebensraum sind Hecken und Wälder. Die Raupe ist purpurbraun und mit einem feinen Netzwerk schwarzer Linien gezeichnet; sie besitzt am Hinterende zwei zugespitzte Fortsätze. Sie lebt an den Blättern von Weißdorn (*Crataegus*), Schwarzdorn (*Prunus*) und Apfelbäumen (*Malus*) und wandert erwachsen zu Boden, wo sie sich in einem Kokon verpuppt. Es gibt nur eine Generation im Jahr; die Falter fliegen im September. Sie sind nachts aktiv und besuchen gerne die Blüten von Efeu (*Hedera*), manchmal aber auch überreife Früchte von Brombeeren (*Rubus*), an denen sie saugen.

Fahlgraue Moderholzeule *Xylena exsoleta,* ruhend

Mordraupeneule *Eupsilia transversa,* Raupe

Weißdorn-Plumpeule *Allophyes oxyacanthae,* Raupe

Mordraupeneule *Eupsilia transversa*

Weißdorn-Plumpeule *Allophyes oxyacanthae,* ruhend

Das Ei überwintert; die Raupe entwickelt sich vom folgenden Frühjahr an bis zur vollen Größe.

Mordraupeneule *Eupsilia transversa* HUFNAGEL Familie Noctuidae. Diese häufige Art ist in Europa weit verbreitet und erreicht ostwärts Sibirien. Die Art ist hauptsächlich in Wäldern verbreitet, kommt aber auch an anderen Stellen vor, wo es geeignete Laubbäume gibt. Die Raupe ist samtschwarz mit feinen weißen Linien auf dem Rücken und einigen wenigen weißen Flekken an den Körperseiten, besonders am Vorderende in der Nähe des Kopfes. Sie lebt an den Blättern verschiedener Laubbäume wie Eiche (*Quercus*), Buche (*Fagus*) und Ulme (*Ulmus*), frißt aber auch an niederen krautigen Pflanzen. Bekannt geworden ist die Art durch eine Verhaltensweise, die ihr auch den Namen gegeben hat: Die Raupen greifen andere Raupen an, selbst schwächere der eigenen Art, beißen Löcher in deren Haut und saugen die austretende Blutflüssigkeit begierig auf. Für Züchter sei der Hinweis gegeben, daß man die Raupen dieser Art immer einzeln hält, da jede andere Raupe mit Sicherheit angegriffen wird. Erwachsen verpuppt sie sich in einem Kokon aus Erde im Boden. Es gibt nur eine Generation im Jahr; die Falter findet man von September bis spät in den November hinein. Die Falter fliegen nachts und besuchen blühenden Efeu (*Hedera*), aber auch Früchte wie Äpfel (*Malus*) und Brombeeren (*Rubus*).

natürliche Größe

Wolleule *Acronicta leporina*, Raupe

Großkopf *Acronicta megacephala*

Heidelbeereule *Conistra vaccinii* LINNAEUS Familie Noctuidae. Diese weitverbreitete Art kommt vom nördlichen Europa bis Norditalien vor. Lebensraum ist Laubwaldgebiet. Die Raupe ist rotbraun, gelegentlich etwas grünlich überzogen und mit drei blassen braunen Linien auf dem Rücken. Sie lebt an den Blättern verschiedener Bäume wie Eiche (*Quercus*), Ulme (*Ulmus*) und Weide (*Salix*), frißt aber auch niedere Pflanzen wie Ampfer (*Rumex*). Sie versteckt sich oft zwischen zwei zusammengehefteten Blättern. Wenn sie erwachsen ist, verpuppt sie sich in einem dicken Kokon im Boden an den Wurzeln der Nahrungspflanze. Es gibt nur eine Generation im Jahr, die man im Oktober und wieder nach der Überwinterung im März beobachten kann. Im Herbst werden gerne die Blüten von Efeu (*Hedera*) besucht, im Frühjahr blühende Weidenkätzchen (*Salix*).

Großkopf *Acronicta megacephala* DENIS UND SCHIFFERMÜLLER Familie Noctuidae. Diese Eulenfalterart ist in Europa häufig und weit verbreitet, sie fehlt nur im hohen Norden. Lebensraum sind Waldland, Parks und Gärten. Die Raupe ist graubraun mit schwarzen Zeichnungen und roten Flecken auf dem Rücken. Gegen das Körperende zu gibt es eine deutliche weiße Markierung. Die ruhende Raupe biegt Vorder- und Hinterende zu einer U-förmigen Figur nach oben. Sie lebt hauptsächlich an den Blättern verschiedener Pappel-Arten (*Populus*). Wenn sie erwachsen ist, baut sie in einer Rindenspalte einen Kokon aus Gespinstfäden und Rindenteilchen und verpuppt sich darin. Es gibt nur eine Generation im Jahr, deren Falter gewöhnlich von Mai bis August fliegen. Man sieht sie oft in der Dämmerung um Pappeln schwärmen. Die Puppe überwintert.

Ahorneule *Acronicta aceris* LINNAEUS Familie Noctuidae. Diese häufige Art ist in Europa weit verbreitet. Lebensraum sind Wälder, Parks und Straßenalleen. Die auffallende Raupe ist mit dichten Büscheln langer gelber Haare bedeckt und besitzt zusätzlich Büschel kräftig roter oder orangefarbener Haare auf dem Rücken. Auf der Mitte des Rückens gibt es eine Reihe rhombischer weißer Flecken, die schwarz umrandet sind. Wie der Vulgärname sagt, ist Ahorn eine der hauptsächlichen Nahrungspflanzen (*Acer*), aber die Blätter anderer Laubbäume können ebenfalls als Nahrung dienen. Die Verpuppung erfolgt in einem Kokon, der in oder unter der Rinde angefertigt wird. Die Puppe überwintert; der Falter schlüpft im Juni und Juli und kommt nur in einer Jahresgeneration vor. Die Falter fliegen nachts und ruhen am Tage an Baumstämmen. Ihre Färbung gibt ihnen eine ausgezeichnete Tarnung.

Wolleule *Acronicta leporina* LINNAEUS Familie Noctuidae. Diese Art ist in vielen Teilen Nord- und Mitteleuropas verbreitet. Lebensraum sind Wälder, Heiden und nasses Moorland. Die bemerkenswerte Raupe ist blaßgrün oder gelb, mit sehr langen Haaren bedeckt, die seidig weiß oder gelb gefärbt und nach vorn und nach hinten über das Körperende gebogen sind. Sie lebt an den Blättern von Birke (*Betula*), Erle (*Alnus*), gelegentlich an Eiche (*Quercus*) und Pappel (*Populus*). Wenn sie erwachsen ist, verpuppt sie sich in einer Rindenspalte oder einer Höhle, die sie aus morschem Holz genagt hat und die mit Haaren und Gespinst

Wolleule *Acronicta leporina,* ruhend

Ahorneule *Acronicta aceris,* Raupe

Erleneule *Acronicta alni,* Raupe

Erleneule *Acronicta alni*

Pfeileule *Acronicta psi,* Raupe

bedeckt wird. Es gibt eine Generation im Jahr von Mai bis Juni.

Erleneule *Acronicta alni* LINNAEUS Familie Noctuidae. Diese Art ist in Europa weit verbreitet. Lebensraum sind Laubwälder. Die besonders auffallende Raupe ist schwarz und weist am Rücken eine Reihe leuchtend gelber Flecken auf sowie je eine Reihe langer schwarzer spatelförmiger Haare an den Seiten. In jüngeren Entwicklungsstadien sind die Raupen grau und tragen nahe dem Hinterende einen weißen Fleck. Wenn sie auf einem Blatt ruhen, drehen sie sich zusammen und erinnern dann stark an Vogelmist. Nahrungspflanzen sind Eiche (*Quercus*), Erle (*Alnus*), Schwarzdorn (*Prunus*) und viele andere Laubbäume und Sträucher. Die Verpuppung erfolgt in einer Höhle, die die Raupe in ein altes Holzstück genagt hat. Die Puppe überwintert. Es gibt nur eine Generation im Jahr, die im Mai und Juni zu beobachten ist.

Dreizackeule *Acronicta tridens* DENIS UND SCHIFFERMÜLLER Familie Noctuidae. Diese Art ist in Europa häufig und weit verbreitet. Lebensraum ist baumbestandenes Land. Die Raupe ist schwarz mit einem breiten orangefarbenen und weißen Streifen auf dem Rücken und einer Linie roter Markierungen auf den Körperseiten. Hinter dem Kopf besitzt sie einen vorstehenden schwarzen Zapfen auf dem Rücken. Sie lebt am Laub vieler verschiedener Laubbäume und Sträucher einschließlich Weißdorn (*Crataegus*), Schwarzdorn (*Prunus*) und wilder Apfelbäume (*Malus*). Die Verpuppung erfolgt in einem Kokon aus Gespinstfäden in einer Rindenspalte; die Puppe überwintert. Im Norden gibt es nur eine Generation im Jahr, die im Juni aktiv ist, im Süden dagegen eine zweite im Herbst. Es gibt noch zwei weitere sehr ähnliche Arten, die Pfeileule und die Gabeleule, die oft nur durch anatomische Untersuchungen richtig unterschieden werden können. Die Raupen der drei Arten sind dagegen recht verschieden und gut zu erkennen.

Pfeileule *Acronicta psi* LINNAEUS Familie Noctuidae. Diese Art ist weit verbreitet und im europäischen Flachland stellenweise häufig. Lebensraum sind Wälder, Hecken, Parks und Gärten. Die charakteristische Raupe ist dunkelgrau bis blauschwarz und hat auf dem Rücken eine breite gelbe Längslinie. Auf jeder Seite verläuft eine Reihe roter Flecken und darunter ein breites weißes Band. Hinter dem Kopf erkennt man einen schlanken schwarzen Zapfen auf dem Rücken, der manchmal eine rote Spitze hat. Als Nahrungspflanzen dienen verschiedene Laubhölzer wie Weißdorn (*Crataegus*), Birke (*Betula*), Pflaume (*Prunus*) und Apfelbaum (*Malus*). Die erwachsene Raupe verpuppt sich in einem Kokon in einer Rindenspalte, und die Puppe überwintert. Es gibt nur eine Generation im Jahr, die im Juni zu beobachten ist.

natürliche Größe

Ampfereule *Acronicta rumicis* LINNAEUS Familie Noctuidae. Dies ist eine häufige und weitverbreitete Art, die fast in allen Teilen Europas vorkommt. Der Lebensraum reicht von Wäldern zu Mooren und Gebirgshängen bis zu Höhen von 1000 m. Die behaarte Raupe ist dunkel purpurbraun mit einer Reihe roter Flecken auf dem Rücken, die schwarz umrandet sind. Beiderseits davon verläuft eine Reihe großer weißer Flecken und darunter eine Seitenlinie, die weiß ist und rote Flecken trägt. Die Raupe lebt an vielen niederen Pflanzen einschließlich Knöterich (*Polygonum*) und Besenheide (*Calluna*), aber auch an Bäumen und Büschen wie Weißdorn (*Crataegus*) und Brombeeren (*Rubus*). Die Verpuppung erfolgt in einem Kokon aus Gespinstfäden am Fuß der Nahrungspflanzen. Die Puppe überwintert. Es gibt nur eine Generation im Jahr, die je nach Gegend von Juni bis September aktiv ist. Die Art zeigt ein erhebliches Maß an Variation in der Flügelfärbung.

Hellgrüne Algeneule *Cryphia domestica* HUFNAGEL Familie Noctuidae. Dieser weitverbreitete kleine Eulenfalter kommt fast überall in Europa vor. Lebensraum ist offenes Land mit reichlich Flechten. Die Raupe ist tonfarbig blaugrau mit einem breiten orangegelben Band auf dem Rücken, das schwarz punktiert ist. Sie frißt früh am Morgen an verschiedenen Flechten und versteckt sich bei Tage in einem Gespinst, das mit Flechtenfragmenten bedeckt ist. Die Raupe überwintert. Sie verpuppt sich in einem ähnlichen Gespinst. Es gibt nur eine Generation im Jahr, die im Juli und August aktiv ist. Die Falter fliegen nachts und besuchen manchmal die Blüten der Spornblume (*Centranthus ruber*). Durch ihre Färbung und Zeichnung sind sie ausgezeichnet getarnt, wenn sie am Tage an flechtenbewachsenen Mauern und Baumstämmen ruhen.

Pyramideneule *Amphipyra pyramidea* LINNAEUS Familie Noctuidae. Die genaue Verbreitung dieser Art ist heute noch nicht bekannt, da sie mit der sehr ähnlichen Svensson'schen Pyramideneule, *Amphipyra berbera* RUNGS verwechselt wird. Die Pyramideneule ist jedenfalls in Europa weit verbreitet. Lebensraum ist bewaldetes Land, Wälder, Hecken und Parks. Die grüne Raupe ist mit feinen weißen Flecken getüpfelt und zeigt weiße Linien auf dem Rücken und an den Körperseiten. Nahe dem Hinterende gibt es eine kegelförmige Erhebung, die gewöhnlich eine gelbe Spitze aufweist. Die Raupe lebt an Blättern von Eiche (*Quercus*), Birke (*Betula*), Weide (*Salix*) und anderen Laubbäumen und Sträuchern. Die Verpuppung erfolgt im Boden in einem Kokon aus Erdpartikeln. Bei dieser Art überwintern die Eier. Die Falter fliegen im Juli und August in einer Generation. Die Pyramideneule kann durch ihre kräftigeren Farben und schärferen Zeichnungen von der ähnlichen Svensson'schen Pyramideneule unterschieden werden, deren Farben stumpfer sind und deren Raupe eine rote Spitze am Kegel des Hinterleibs aufweist.

Schwarzes Ordensband *Mormo maura* LINNAEUS Familie Noctuidae. Diese große und markante Nachtfalterart ist in Mittel- und Südeuropa weit verbreitet. Lebensraum sind offenes, baumbestandenes Land, Hekken und Gärten. Die Raupe ist braun mit einer dunkleren, rhombischen Zeichnung auf dem Rücken und einer weißen Linie an den Körperseiten, über der eine Reihe schräger weißer Striche zu finden ist. Von ähnlichen Raupen kann sie durch die orangefarbenen Atemöffnungen unterschieden

Pyramideneule *Amphipyra pyramidea,* Raupe

Gelbflügel-Wieseneule *Thalpophila matura,* ruhend

Hellgrüne Algeneule *Cryphia domestica*

Pyramideneule *Amphipyra pyramidea,* ruhend

Braune Himbeereule *Euplexia lucipara,* Raupe

werden. Im Herbst lebt sie an niederen Pflanzen wie Ampfer (*Rumex*) und Miere (*Stellaria*); nach der Überwinterung jedoch geht sie an das junge Laub von Weide (*Salix*) und Weißdorn (*Crataegus*) und anderen Bäumen und Sträuchern. Die Raupe überwintert. Die Verpuppung erfolgt im Boden. Es gibt nur eine Generation im Jahr; die Falter fliegen im Juli und August. Sie verstecken sich am Tage in hohlen Bäumen, Höhlen und Schuppen.

Schwarzbraune Krauteule *Dypterygia scabriuscula* LINNAEUS Familie Noctuidae. Dieser Eulenfalter ist in vielen Teilen Europas häufig und reicht ostwärts weit in das gemäßigte Asien. Lebensraum sind Wälder und baumbestandenes Land. Die Raupe ist rotbraun und weiß und schwarz gepunktet. Auf dem Rücken verläuft eine weiße, schwarz gerandete Linie, die auf beiden Seiten von einer schwarzen Linie begleitet wird. Nahrungspflanzen sind Ampferarten (*Rumex*), Knöterich (*Polygonum*) und verwandte Pflanzenarten. Die erwachsene Raupe verpuppt sich in einem Kokon aus Gespinstfäden auf dem Boden. Bei dieser Eulenart überwintert die Raupe. Je nach Gegend gibt es 1–2 Generationen, die von Mai bis September zu beobachten sind.

Gelbflügel-Wieseneule *Thalpophila matura* HUFNAGEL Familie Noctuidae. Diese weitverbreitete und stellenweise häufige Art kommt in Mittel- und Südeuropa vor. Lebensraum sind offenes Grasland, Heiden auf Kalkböden und steinige und trockene Plätze. Die Raupe ist gelblich oder rötlichbraun mit einer Linie schwarzbrauner Markierungen auf dem Rücken, die auf beiden Seiten von einer braunen Linie begleitet wird. Sie lebt an Rispengras (*Poa*), Borstengras (*Nardus*) und anderen Gräsern, die auf trockenen Böden wachsen. Sie überwintert und verpuppt sich im folgenden Jahr in einer Erdhöhle im Boden. Es gibt nur eine Generation im Jahr, deren Falter von Juli bis August beobachtet werden können. Bei Tage verbergen sie sich in der Vegetation, nachts sind sie aktiv. Die Art ist recht leicht an den gelben Hinterflügeln zu erkennen.

Braune Himbeereule *Euplexia lucipara* LINNAEUS Familie Noctuidae. Diese weitverbreitete Art kommt in vielen Gegenden Europas vor. Lebensraum sind offene Wälder, baumbestandenes Gelände und Gärten. Die Raupe ist grün oder rötlichbraun mit einer Reihe V-förmiger Zeichen auf dem Rücken und einer weißen Linie auf jeder Körperseite. Sie lebt an den Blättern von Birke (*Betula*), Weide (*Salix*) und einer Anzahl niederer Pflanzen, besonders aber an Adlerfarn (*Pteris*) und anderen Farnen. Die Verpuppung erfolgt dicht unter der Bodenfläche. Meist gibt es nur eine Generation im Jahr, die im Juni und Juli fliegt, es kann aber auch eine zweite im Herbst auftreten. Sie fliegen nachts, besuchen gerne die Blüten von Liguster (*Ligustrum*) und saugen auch Honigtau.

natürliche Größe

Trapezeule *Cosmia trapezina*

Braune Achateule *Phlogophora meticulosa*

Braune Achateule *Phlogophora meticulosa* LINNAEUS Familie Noctuidae. Diese Eulenfalterart ist in Europa weit verbreitet und kommt vom südlichen Skandinavien bis zum Mittelmeergebiet vor. Lebensraum sind Hecken, landwirtschaftlich genutztes Gebiet, Ödland, Gärten. Die Raupe ist grün oder braun mit einer Linie kleiner weißer Flecken auf dem Rücken und Reihen zickzackförmiger dunkler Zeichnungen. Sie lebt an einer Reihe niederer krautiger Pflanzen und Sträucher und kann in Gewächshäusern und Gärten gelegentlich als Schädling auftreten. Die Verpuppung erfolgt im Boden in einem zerbrechlichen Kokon. Eine Überwinterung ist bei uns nicht möglich, da die Entwicklungsstadien keinen Frost aushalten. Das Vorkommen der Art bei uns erklärt sich durch regelmäßige Zuwanderung in jedem Frühjahr. Die Nachkommenschaft entwickelt sich bei uns in unterschiedlicher Geschwindigkeit, so daß während der warmen Monate alle Entwicklungsstadien zur gleichen Zeit auftreten können. Die Falter fliegen nachts und besuchen gerne Blüten. Ruhend erinnern die Falter an totes, gefaltetes Laub.

Trapezeule *Cosmia trapezina* LINNAEUS Familie Noctuidae. Diese Art ist in Europa weit verbreitet und kommt vom südlichen Skandinavien bis zum Mittelmeergebiet vor. Lebensraum sind Waldwege und Lichtungen, baumbestandenes Land und Hekken. Die Raupe ist grün mit schwarzgekernten weißen Flecken, drei dünnen gelben Linien auf dem Rücken und einem breiten gelben Band auf jeder Körperseite. Sie lebt an den Blättern von Eiche (*Quercus*), Weide (*Salix*), Birke (*Betula*) und an-

Graue Wurzelgraseule *Apamea monoglypha*

Gemeine Markeule *Gortyna flavago*

Violettrote Graswurzeleule *Hydraecia micacea*

derer Laubhölzer. Sie greift als Mordraupe andere Raupen an, einschließlich die der eigenen Art, und saugt sie aus. Die Raupen der Frostspanner gehören mit zur Hauptnahrung dieser Art. Die Verpuppung erfolgt in einem Kokon aus Gespinstfäden am oder im Boden. Es gibt nur eine Generation im Jahr, die im Juli und August aktiv ist. Die Falter fliegen nachts und besuchen manchmal die Blüten vom Kreuzkraut (*Senecio*). Die Eier überwintern.

Graue Wurzel-Graseule *Apamea monoglypha* HUFNAGEL Familie Noctuidae. Dieser sehr häufige Eulenfalter ist in Europa weit verbreitet. Lebensraum sind offenes Grasland, landwirtschaftlich genutzte Gebiete und andere Plätze mit geeigneten Futterpflanzen. Die plumpe Raupe ist grau-weiß, manchmal rotbraun getönt, mit glänzend schwarzen Flecken und glänzend schwarzem Kopf. Nahrungspflanzen sind verschiedene Gräser wie Rispengras (*Poa*), Quecke (*Agropyron*) und Knäuelgras (*Dactylis*). Bei Tage versteckt sie sich zwischen den Graswurzeln und kommt erst am Abend aus dem Versteck, um an der Basis der Halme zu fressen. Die Raupe überwintert; die Verpuppung erfolgt dicht unter der Bodenoberfläche. Es gibt nur eine Generation im Jahr, die den ganzen Sommer über fliegt und manchmal auch im Herbst. Die Falter fliegen nachts und besuchen manchmal die Blüten von Spornblumen (*Centranthus ruber*).

Violettrote Graswurzeleule *Hydraecia micacea* ESPER Familie Noctuidae. Diese recht häufige Eulenart hat eine sehr weite Verbreitung, die sich über Europa ostwärts nach Sibirien, China und Japan erstreckt, aber auch Nordamerika umfaßt. Lebensraum sind offene Flächen, landwirtschaftliches Gelände, Gärten und andere Plätze, auf denen die Nahrungspflanzen wachsen. Die Raupe ist graurosa mit schwarzen, kleinen Flecken und einer dunklen Längslinie auf dem Rücken. Sie lebt an Ampfer (*Rumex*) und Wegerich (*Plantago*) und ist manchmal an Kartoffeln (*Solanum tuberosum*) und Tomaten (*Lycopersicon esculentum*) und anderen Kulturpflanzen schädlich, indem sie in die Stengel bis in die Wurzeln bohrt und frißt. Die Verpuppung erfolgt im Boden. Es gibt nur eine Generation im Jahr; die Falter erscheinen im Herbst. Sie fliegen nachts und besuchen gerne die Blüten von Kreuzkraut (*Senecio*).

Gemeine Markeule *Gortyna flavago* DENIS UND SCHIFFERMÜLLER Familie Noctuidae. Diese weitverbreitete Art findet sich in Europa vom südlichen Skandinavien bis zum Mittelmeergebiet. Lebensraum sind landwirtschaftliche Gebiete, Ödland und sonstige offene Plätze, besonders auf feuchten Böden. Die Raupe ist gelblichrosa mit großen schwarzen Flecken und einem braunen Kopf. Sie lebt in den Stengeln von Disteln (*Cirsium* und *Carduus*), Klette (*Arctium*) und anderen Pflanzen und verursacht gelegentlich Schäden an Kartoffeln (*Solanum tuberosum*) und Tomaten (*Lycopersicon esculentum*). Sie verpuppt sich in einem ausgehöhlten Stengel der Nahrungspflanze nahe dem Boden. Es gibt nur eine Generation, die von August bis Oktober fliegt.

natürliche Größe

Buchenkahnspinner *Pseudoips fagana,* Raupe

Messingeule *Diachrysia chrysitis*

Reseda-Blasenstirneule *Helicoverpa armigera,* Raupe

Reseda-Blasenstirneule *Helicoverpa armigera* HÜBNER Familie Noctuidae. Dieser sehr wichtige Schädling hat eine extrem große Verbreitung, die sich über Mittel- und Südeuropa, Afrika, Asien und Australien erstreckt. Da es sich um einen Wanderfalter handelt, der gelegentlich auch weiter nach Norden vordringt, ist die große Verbreitung verständlich. Auch die Raupen finden ihren Weg, indem sie mit Früchten und Gemüsen verschleppt werden. Die Raupe ist sehr variabel und kann grün, braun oder purpurn sein, sie trägt eine Serie feiner blasser Linien auf dem Rücken und einen blassen Streifen auf den Körperseiten. Sie lebt an einer großen Zahl von Pflanzen und kann im Süden an Tomaten (*Lycopersicon esculentum*) und anderen Kulturpflanzen schädlich werden. Deshalb hat die Art in verschiedenen Erdteilen verschiedene Vulgärnamen in mehreren Sprachen erhalten. Die Falter findet man in Europa meist im Sommer oder Herbst; eingeschleppte Raupen kann man aber das ganze Jahr finden.

Buchenkahnspinner *Pseudoips fagana* FABRICIUS Familie Noctuidae. Dieser auffallende kleine Nachtfalter ist in Nord-, Mittel- und Teilen von Südeuropa verbreitet und reicht ostwärts bis Sibirien. Lebensraum sind Wälder und Hecken. Die plumpe Raupe ist gelbgrün und zeigt ein Netzwerk weißer Linien und Punkte und an den hinteren Beinen einen roten Streifen. Sie lebt an den Blättern von Eiche (*Quercus*), Buche (*Fagus*), Birke (*Betula*) und Hasel (*Corylus*). Sie spinnt erwachsen einen papierartigen Kokon, der die Form eines Bootes hat und auf der Unterseite eines Blattes befestigt wird oder in einer Rindenspalte oder zwischen abgefallenen Blättern. Es gibt nur eine Generation im Jahr, deren Falter im Juni und Juli fliegen. Sie sind nachts aktiv, kommen gerne ans Licht und sind fähig, knackende Geräusche zu erzeugen, deren Bedeutung unklar ist. Am Tage findet man sie gelegentlich auf den Wedeln

Gammaeule *Autographa gamma*

Buchenkahnspinner *Pseudoips fagana*

von Farnen ruhen, wo sie durch ihre grüne Farbe gut der Umgebung angepaßt sind.

Graue Eicheneule *Colocasia coryli* LINNAEUS Familie Noctuidae. Dieser Nachtfalter kommt in vielen Teilen Nord- und Mitteleuropas vor, und die Verbreitung erstreckt sich weiter nach Osten bis in das westliche gemäßigte Asien. Lebensraum sind Hecken, offene Wälder und buschiges Hügelland, wo die Nahrungspflanzen wachsen. Die behaarte Raupe ist rötlich oder gelblich-braun mit einem unterbrochenen schwarzen Streifen auf dem Rücken und Haarbüschel hinter dem Kopf, die oft kräftig rot sind. Sie lebt an den Blättern von Hasel (*Corylus*), Weißdorn (*Crataegus*), Birke (*Betula*) und einiger anderer Laubbäume und Büsche. Wenn sie erwachsen ist, spinnt sie einen lockeren Kokon in einem zusammengerollten Blatt. Es gibt zwei Generationen im Jahr, und die Falter findet man im Mai und Juni und wieder im August und September. Sie fliegen nachts und kommen gerne ans Licht.

Messingeule *Diachrysia chrysitis* LINNAEUS Familie Noctuidae. Dieser schöne Nachtfalter ist in Europa weit verbreitet und reicht ostwärts weit in das gemäßigte Asien. Lebensraum sind Hecken, Wiesen, Ödland und Gärten. Die Raupe ist blaßgrün mit einer dunkelgrünen Linie auf dem Rücken und schrägen dunklen Linien an den Körperseiten. Sie lebt an den Blättern der Brennessel (*Urtica dioica*) und anderen verwandten Pflanzen, überwintert und vollendet die Entwicklung im folgenden Frühjahr. Die Verpuppung erfolgt in einem Kokon aus weißen Gespinstfäden, der zwischen Blättern angefertigt wird. Es gibt zwei Generationen im Jahr, die im Mai und Juni und im August und September auftreten. Obwohl die Art hauptsächlich nachts aktiv ist und dabei viele Wild- und Gartenblumen besucht, kann man sie auch bei Tage fliegend finden und sich sonnen sehen.

Wasserdost-Höckereule *Diachrysia chryson* HÜBNER Familie Noctuidae. Diese Eulenfalterart kommt von Norddeutschland bis Südfrankreich vor und reicht ostwärts bis in das gemäßigte Asien, ist aber sehr lokal verbreitet und nirgends häufig. Lebensraum sind feuchte Hecken, Gräben in Weideland und Waldlichtungen. Die Raupe ist grün mit einer dunkleren Linie auf dem Rücken und dunkelgrünen Linien, über denen eine Reihe schräger weißer Streifen zu finden ist, an den Körperseiten. Sie lebt an Wasserdost (*Eupatorium cannabinum*), soll in Gefangenschaft aber auch Minze (*Mentha*) annehmen. Nach der Überwinterung vollendet die Raupe im folgenden Frühjahr ihre Entwicklung und verpuppt sich in einem lockeren Gespinst zwischen Blättern. Die Falter fliegen im Juli und August hauptsächlich nachts.

Goldene Eisenhut-Höckereule *Polychrysia moneta* FABRICIUS Familie Noctuidae. Diese Art kommt in Europa zwischen Fennoskandien und Spanien vor und findet sich auch im gemäßigten Asien. Lebensraum sind Hecken, Parks und Gärten. Die grüne Raupe ist weiß gepunktet, hat eine dunkelgrüne Rückenlinie und eine dunkler gerandete weiße Linie an den Körperseiten. Sie lebt an Eisenhut (*Aconitum*) und Trollblumen (*Trollius*), aber auch an mehreren anderen verwandten Arten. Die Verpuppung erfolgt in einem gelben Kokon auf der Unterseite eines Blattes. Es gibt 1–2 Generationen im Jahr, die man von Juni bis September finden kann.

Gammaeule *Autographa gamma* LINNAEUS Familie Noctuidae. Diese Art ist als Wanderfalter weit über Europa, Asien und Afrika verbreitet. Meist fliegen die Falter bei uns im Frühsommer ein und erzeugen weitere Nachkommenschaft. Lebensraum ist jegliches offenes Land. Die Raupe ist grünlich mit welligen weißen Linien, einem weißen Streifen an den Seiten und einem schwarzen Streifen am grünen Kopf. Sie frißt eine Vielzahl von Pflanzen und kann schädlich werden. Die Verpuppung erfolgt auf der Nahrungspflanze, und die Falter fliegen oft bei Tag um Blüten.

Autographa jota

Autographa pulchrina *Abrostola trigemina*

Catocala fraxini

Catocala nupta

natürliche Größe

Hellgefranste Silberpunkt-Höckereule *Autographa pulchrina* HAWORTH Familie Noctuidae. In Europa ist diese Art von Nord bis Süd weit verbreitet. Lebensraum sind Hekken, Waldwege, Lichtungen und Gärten. Die Raupe ist grün mit einem breiten weißen Streifen, der von feinen weißen Linien umgeben ist, auf dem Rücken und einem gelblichweißen Streifen an den Körperseiten. Sie lebt an zahlreichen niederen krautigen Pflanzen wie Taubnessel (*Lamium*) und Brennessel (*Urtica*), aber auch am Laub von Geißblatt (*Lonicera*) und Heidelbeere (*Vaccinium*). Nach der Überwinterung vollendet die Raupe ihr Wachstum im folgenden Frühjahr und verpuppt sich in einem großen weißen Kokon, der in der Vegetation angefertigt wird. Es gibt nur eine Generation im Jahr, die von Juni bis August erscheint. Die Falter fliegen im Dunkeln und besuchen gerne Blüten von Lichtnelken (*Lychnis*) und Geißblatt (*Lonicera*).

Goldenes Y *Autographa jota* LINNAEUS Familie Noctuidae. Diese Art ist in Europa weit verbreitet, vor allem im östlichen Teil, und reicht ostwärts bis weit nach Sibirien hinein. Die Raupe ist gelblichgrün und fein weiß gepunktet, trägt feine weiße, wellige Linien auf dem Rücken und eine dünne, blaßgelbe Linie an den Körperseiten. Sie lebt an Brennessel (*Urtica dioica*), Taubnessel (*Lamium*), Kreuzkraut (*Senecio*) und anderen niederen Pflanzen, aber auch an Weißdorn (*Crataegus*) und Geißblatt (*Lonicera*). Die kleine Raupe überwintert und erreicht erst im folgenden Jahr ihre volle Größe. Sie verpuppt sich in einem halbdurchscheinenden Kokon an der Nahrungspflanze. Die Falter fliegen in einer Generation von Mai bis Juli während der Dämmerung und nachts und besuchen gerne die Blüten von Nesseln (*Urtica* und *Lamium*), Geißblatt (*Lonicera*) und Lichtnelke (*Lychnis*), an denen sie Blütensaft saugen. Die vorhergehende Art ist sehr ähnlich. Sie ist weniger fleckig gefärbt, und die goldene Y-förmige Zeichnung auf den Vorderflügeln ist viel dünner.

Nessel-Höckereule *Abrostola trigemina* WERNEBURG Familie Noctuidae. Diese Art ist in Europa weit verbreitet und kommt nach Osten bis ins östliche Sibirien vor. Lebensraum sind Ödländer, landwirtschaftliche Gebiete und Gärten. Die Raupe ist grün und weiß gesprenkelt und zeigt eine Reihe dunkler, keilförmiger Zeichnungen auf dem Rücken. Sie lebt an Hopfen (*Humulus*) und Brennessel (*Urtica*) und verpuppt sich erwachsen in einem Kokon aus Gespinstfäden zwischen abgestorbenen Blättern auf dem Boden. Die Falter fliegen in zwei Generationen von Mai bis September und besuchen gerne Blüten. Bei Tag verbergen sie sich in der Vegetation, können aber auch an Zaunpfählen gefunden werden. Es gibt noch zwei andere sehr ähnliche Arten.

Blaues Ordensband *Catocala fraxini* LINNAEUS Familie Noctuidae. Diese große und prächtige Eule ist in Mittel- und Nordeuropa verbreitet und geht in Fennoskandien bis an den Polarkreis. Vermutlich dehnt sie sich weiter nach Norden aus. Lebensraum ist offener Wald, besonders Auwälder. Die graue Raupe ist braun gesprenkelt, am Bauch abgeflacht und dicht an einem Zweig ausgestreckt kaum zu erkennen. Nahrungspflanzen sind Esche (*Fraxinus*) und verschiedene Pappelarten (*Populus*). Sie verpuppt sich in einem lockeren Kokon zwischen abgefallenen Blättern am Boden. Es gibt nur eine Generation im Jahr, die zwischen Juli und September fliegt. Die Falter sind sehr scheu.

Hellgefranste Silberpunkt-Höckereule *Autographa pulchrina*

Goldenes Y *Autographa jota*

Goldenes Y *Autographa jota,* Raupe

Rotes Ordensband *Catocala nupta* LINNAEUS Familie Noctuidae. Der große und schöne Falter ist nicht selten und in Europa weit verbreitet. Im Norden erreicht er Skandinavien, im Osten geht er weit in das gemäßigte Asien hinein. Sein Lebensraum sind offenes Waldland, Hecken, Parks und Gärten. Die langgestreckte Raupe ist grau, rotbraun gezeichnet und weist nahe dem Hinterende und auf der Mitte des Rückens je einen vorspringenden Zapfen auf. Sie frißt nachts an den Blättern von Weide (*Salix*) und Pappel (*Populus*) und versteckt sich tagsüber in Rindenspalten, wo sie schwer zu finden ist. Die Verpuppung erfolgt in einem Kokon, der zwischen abgestorbenem Laub oder unter Rinde angefertigt wird. Die Falter fliegen in einer Generation im August und September, sind nur nachts aktiv und besuchen gerne den Saft beschädigter Bäume. Am Licht sieht man sie selten. Bei Tage sind sie durch ihre Färbung ausgezeichnet getarnt, wenn sie an Rinde ruhen.

Rotes Ordensband *Catocala nupta,* ruhend

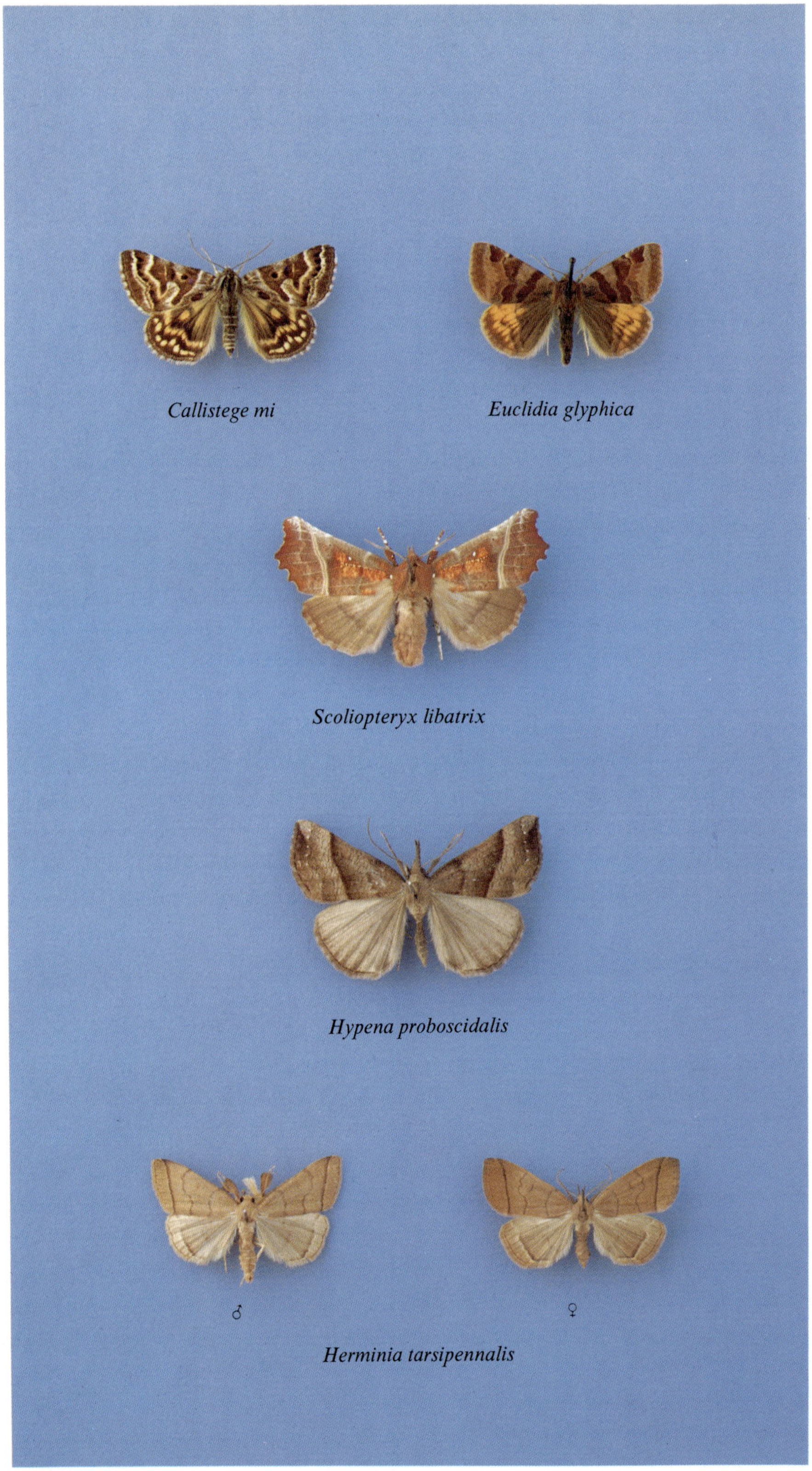

Callistege mi *Euclidia glyphica*

Scoliopteryx libatrix

Hypena proboscidalis

♂ ♀

Herminia tarsipennalis

natürliche Größe

Klee-Bunteule *Callistege mi* CLERCK Familie Noctuidae. Diese ungewöhnliche kleine Eule ist fast in allen Teilen Europas verbreitet und nicht selten. Nach Osten findet sich die Art bis Sibirien. Der Lebensraum dieses Schmetterlings erstreckt sich vor allem auf offene Grasflächen wie Wiesen, Weiden, Marschen und Feldraine. Die schlanke Raupe ist blaß gelblichbraun mit feinen rötlichbraunen Linien auf dem Rücken und den Körperseiten und einem breiten cremefarbenen Streifen als Seitenlinie und drei Paar Bauchbeinen. Sie lebt an Klee (*Trifolium*) und Steinklee (*Melilotus*) und verpuppt sich in einem zusammengerollten Blatt von Gräsern in einem braunen Kokon. Es gibt zwei Generationen im Jahr von April bis Mai und von Juli bis August. Die Falter fliegen am Tag bei hellem Sonnenschein und werden manchmal mit Dickkopffaltern verwechselt. Die Zeichnung des Vorderflügels erinnert an den Buchstaben M.

Braune Bunteule *Euclidia glyphica* LINNAEUS Familie Noctuidae. Diese weitverbreitete und häufige Eulenart kommt in ganz Europa vor. Lebensraum sind Raine, Waldränder, Wiesen, Heiden und Feuchtland. Die Raupe ist der der Klee-Bunteule sehr ähnlich, hat aber vier Paar Bauchbeine. Sie lebt an verschiedenen Kleearten (*Trifolium*) und anderen schmetterlingsblütigen Pflanzen und verpuppt sich erwachsen in einem Kokon aus Gespinstfäden am Boden zwischen abgestorbenen Pflanzenteilen. In Mitteleuropa gibt es zwei Generationen, die man von April bis August fliegen sieht. Die Falter fliegen im hellen Sonnenschein bei Tag und verhalten sich bei schlechtem Wetter ruhig.

Zackeneule *Scoliopteryx libatrix* LINNAEUS Familie Noctuidae. Diese weitverbreitete Eule kommt im ganzen Europa vor. Lebensraum sind offene Flächen, Parks und Gärten. Die lange, schlanke Raupe ist grün mit einer gelben Linie an den Körperseiten. Sie lebt an den Blättern von Weide (*Salix*) und Pappel (*Populus*) und verpuppt sich in einem weißen Kokon, der zwischen Blättern gesponnen wird. Es gibt nur eine Generation im Jahr, deren Falter von August bis Oktober fliegen und dann wieder nach der Überwinterung im folgenden Frühjahr. Diese Überwinterung erfolgt oft in Gebäuden wie Scheunen, Kellern und Kirchtürmen. Die Falter fliegen nachts und besuchen die Blüten von Efeu (*Hedera*), im Herbst reife Brombeeren (*Rubus*) und im Frühjahr blühende Weidenkätzchen. Die Art ist Vertreter einer großen Gruppe von Eulenfaltern, die nur in den Tropen vorkommen.

Gelbbraune Krautzünslereule *Hypena proboscidalis* LINNAEUS Familie Noctuidae. Diese Eulenfalterart ist in Europa weit verbreitet, sie kommt noch im äußersten Norden von Skandinavien vor und reicht ostwärts weit in das gemäßigte Asien. Lebensraum sind Hecken, Gräben, Ödland und andere Plätze, auf denen die Nahrungspflanzen wachsen. Die schlanke grüne Raupe hat eine dunkle Rückenlinie und eine Anzahl erhabener Punkte über den Körper verstreut, die je ein kurzes schwarzes Haar tragen. Sie lebt an den Blättern von Brennnessel (*Urtica dioica*) und verpuppt sich in einem Gespinst aus Seidenfäden zwischen den Blättern der Nahrungspflanze. Die Entwicklung erfolgt in zwei Generationen, die von Mai bis September fliegen; im Norden erscheint nur eine. Die Falter fliegen nachts und entfernen sich nur selten von ihren Nahrungspflanzen, den Brennesseln. Die Art gehört zur großen Gruppe der Schnauzeneulen, die ihren deutschen Namen wegen der ungewöhnlich langen Palpen erhalten haben. Es gibt eine Reihe sehr ähnlicher Arten.

Olivenbraune Spannereule *Herminia tarsipennalis* TREITSCHKE Familie Noctuidae. Diese Art ist in Mitteleuropa verbreitet und lokal nicht selten, ihr Vorkommen erstreckt sich ostwärts bis Sibirien. Lebensraum sind Hecken, offenes Waldland und Gärten. Die Raupe ist mit kurzen flaumigen Haaren bedeckt; sie ist graubraun mit drei dunklen Linien auf dem Rücken und Reihen schwarzer Striche an den Körperseiten. Sie lebt an den Blättern von Himbeere (*Rubus idaeus*) und an toten oder verwelkten Blättern von Efeu (*Hedera*). Nach der Überwinterung ist die Raupe erwachsen, und sie verpuppt sich zwischen abgefallenem Laub am Boden. Es gibt eine Generation im Jahr, die im Juni und Juli beobachtet werden kann. Die Falter fliegen nachts und kommen gerne ans Licht. Der wissenschaftliche Name leitet sich von den langen Haarpinseln ab, die die männlichen Tiere auf den Vorderbeinen tragen.

Braune Bunteule *Euclidia glyphica*

Klee-Bunteule *Callistege mi*

Zackeneule *Scoliopteryx libatrix,* ruhend

Gelbbraune Krautzünslereule *Hypena proboscidalis*

natürliche Größe

Hopfenwurzelbohrer *Hepialus humuli* LINNAEUS Familie Hepialidae. Dieser große und auffallende Nachtfalter ist in Europa weit verbreitet und erreicht im Norden Lappland, während er nach Osten bis Westasien vorkommt. Lebensraum sind Wiesen und landwirtschaftlich genutztes Gebiet. Die Raupe ist gelblichweiß und mit erhabenen dunkelbraunen Flecken bedeckt, auf denen kurze Haare sitzen. Sie lebt an den Wurzeln von Gräsern und anderen Pflanzen und kann an den Wurzeln von Kulturpflanzen in Garten- und Landwirtschaft erhebliche Schäden verursachen, besonders wenn der Boden frisch bearbeitet ist. Den Namen hat sie von ihrer Neigung für Hopfenwurzeln (*Humulus*). Wurzelbohrer heißt die ganze Gruppe, da ihre Raupen sich teilweise in die Wurzeln eingraben. Die Entwicklung dauert meist zwei Jahre, da der Nährstoffgehalt der befallenen Pflanzenteile nicht so groß ist. Die Verpuppung erfolgt im Boden in einem Kokon aus Erdpartikeln. Nach dem Schlüpfen fliegen die Falter am Abend in der späten Dämmerung in den Sommermonaten, wobei die männlichen Tiere eine Art Pendelflug auf der Stelle aufführen und auf die vorbeifliegenden Weibchen warten. Dabei erscheinen oft große Zahlen von Faltern. Nach der Befruchtung legen die Weibchen im Flug große Mengen sehr kleiner Eier, die über zusagendes Gelände ausgestreut werden. Die Jungraupen finden dann immer irgendwo eine zusagende Nahrungspflanze. Bemerkenswert ist der große Geschlechtsunterschied zwischen dem silbrigweißen Männchen und dem gelb und rötlich gezeichneten Weibchen. Auch in der Körpergröße bestehen in Abhängigkeit von der Ernährung der Raupe erhebliche Variationen. Die Falter nehmen keine Nahrung zu sich, da ihre Mundwerkzeuge weitgehend verkümmert sind. Außerdem haben sie sehr ähnlich gebaute Vorder- und Hinterflügel, die durch einen Hautlappen verbunden sind. Es gibt eine Anzahl von Arten in Europa; in Australien kommen Arten dieser Familie vor, die zu den größten Schmetterlingen der Erde gehören.

Kleiner Hopfenwurzelbohrer *Hepialus lupulinus* LINNAEUS Familie Hepialidae. Diese häufige Art ist fast in ganz Europa verbreitet und kommt nach Osten bis zum Altai im gemäßigten Asien vor. Lebensraum sind Wiesen, Ackerland und Gärten. Die Raupe ist ähnlich jener vorhergehenden Art, des Hopfenwurzelbohrers, im allgemeinen aber kleiner und mit blasseren Flecken. Sie lebt an den Wurzeln von Gräsern und verschiedenen krautigen Pflanzen und kann Kulturpflanzen wie Luzerne befallen, besonders auf frischen Böden, aber auch Gartenpflanzen wie verschiedene Gemüse, Blumen, zum Beispiel Maiglöckchen, und Unkräuter. Die Entwicklung dauert nur ein Jahr, und die Falter der einen Jahresgeneration fliegen im Mai und Juni am Abend in der gleichen Weise wie die vorhergehende Art. Der Flug erfolgt oft in großen Zahlen, und die Weibchen legen später ihre zahlreichen Eier im Flug ab. Bei dieser Art sind beide Geschlechter recht ähnlich gezeichnet und gefärbt, wenn auch das Weibchen etwas größer und die Färbung blasser ist. Auffallend für alle Wurzelbohrer ist die Kürze ihrer Fühler. Trotzdem muß man annehmen, daß die Geschlechter sich durch Duftstoffe finden. Zu dieser Art gibt es einige weitere Arten, die sehr ähnlich aussehen und nicht immer leicht zu unterscheiden sind. Wegen der Unfähigkeit der Falter, Nahrung aufzunehmen, ist ihre Lebensdauer sehr kurz; man kann nur mit einigen Tagen rechnen.

Hopfenwurzelbohrer *Hepialus humuli,* Weibchen

Kleiner Hopfenwurzelbohrer *Hepialus lupulinus*

Hopfenwurzelbohrer *Hepialus humuli,* Männchen

natürliche Größe

Weidenbohrer *Cossus cossus,* Puppe in einem geöffneten Kokon

Blausieb *Zeuzera pyrina* LINNAEUS Familie Cossidae. Diese weitverbreitete Art kommt in Mittel- und Südeuropa vor, findet sich in Nordafrika und dem gemäßigten Asien, aber auch in Nordamerika. Lebensraum sind offene Wälder, Obstanlagen, Gärten und Straßenalleen. Die Raupe ist gelblichweiß mit einem keilförmig geformten dunkelbraunen Kopf. Der Körper ist mit dunklen Flecken bedeckt, auf denen kurze Haare sitzen. Sie lebt in zahlreichen verschiedenen Laubbäumen, Obstbäume eingeschlossen, und bohrt im Holz unter der Rinde. Diese Art kann manchmal in Obstanlagen schädlich werden; sie zerstört Teile von Zierbäumen, indem sie in den Ästen bohrt und diese zum Absterben bringt. Die Raupen brauchen oft 2–3 Jahre, bis sie erwachsen sind, da der Nährstoffgehalt des Holzes sehr gering ist und deshalb viel davon gefressen werden muß. Die erwachsene Raupe verpuppt sich dicht unter der Rindenoberfläche in einer Kammer, die sie vorher angelegt hat. Die Falter fliegen in einer Generation im Sommer und sind nachts aktiv. Tagsüber ruhen sie an Baumstämmen und lassen sich auch bei Störungen nicht beunruhigen, sondern höchstens zu Boden fallen, wo sie dann bewegungslos liegenbleiben. Die Weibchen haben einen langen, zugespitzten Legebohrer, der oft für einen Giftstachel gehalten wird und mit dem sie die Eier in Rindenritzen bis an das Holz heranbringen. Die frisch geschlüpften Raupen bohren sich dann darin ein. Ihre Mundwerkzeuge sind so kräftig, daß sie leicht Holz zernagen können.

Weidenbohrer *Cossus cossus* LINNAEUS Familie Cossidae. Dieser große und kräftige Nachtfalter ist in Europa weit verbreitet und kommt auch in Nordafrika und im gemäßigten Asien vor. Lebensraum sind lichte Wälder, Ufervegetation und vernachlässigte Obstgärten. Die große, fleischige Raupe ist dunkelrot auf dem Rücken und gelblichrosa auf der Unterseite; sie strömt einen starken Essiggeruch aus, der die Tiere schon auf einige Entfernung erkennen und sie bei Kulturen zu Hause unangenehm werden läßt. Die Raupe bohrt im Stamm und in Ästen verschiedener Laubbäume, Obstbäume eingeschlossen, und wurde deshalb früher als Obstbaumschädling betrachtet. Hauptsächliche Nahrungspflanzen sind jedoch alte Weiden (*Salix*) und Pappeln (*Populus*). Wie andere holzfressende Schmetterlingsraupen braucht auch diese eine lange Zeit für ihre Entwicklung, die mit der Nährstoffarmut des Holzes zusammenhängt. Die Raupe braucht zwischen drei und vier Jahren, um erwachsen zu werden. In diesem Stadium verläßt sie oft die Nahrungspflanze, um sich eine geeignete Stelle zur Verpuppung in der Erde auszusuchen. Bei Käfigzucht muß man achtgeben, daß die Raupe mit ihren kräftigen Kiefern nicht die Wände durchnagt. Die Verpuppung erfolgt in einem kräftigen Kokon im Boden oder auch in mulmigen Baumstämmen. Die Falter fliegen im Juni und Juli und sind ausschließlich nachts aktiv. Tagsüber findet man sie gelegentlich auf Baumstämmen ruhend. Da sie wegen der verkümmerten Mundgliedmaßen keine Nahrung zu sich nehmen, ist ihre Lebensdauer recht kurz bemessen.

Weidenbohrer *Cossus cossus*

Blausieb *Zeuzera pyrina*

Weidenbohrer *Cossus cossus,* Raupe

natürliche Größe

Kugelblumen-Grünwidderchen *Adscita statices*

Kugelblumen-Grünwidderchen *Adscita statices* LINNAEUS Familie Zygaenidae. Dieser hübsche kleine Schmetterling ist in Europa weit verbreitet und stellenweise recht häufig. Lebensraum sind feuchte Wiesen und Gräben in Mooren und Wäldern. Die Raupe ist gelblich- oder grünlichweiß, an den Körperseiten rosabraun überlaufen und mit kleinen braunen, haarigen Warzen bedeckt. Sie lebt an Ampfer (*Rumex*), wo sie zunächst zwischen den beiden Blattflächen miniert. Später frißt sie die untere Blattfläche und läßt die obere nur als durchscheinendes Fenster stehen. Sie überwintert und vollendet die Entwicklung im folgenden Frühjahr. Dann verpuppt sie sich in einem dichten Kokon, der an einem Stein oder unter einem Blatt befestigt wird. Es gibt nur eine Generation im Jahr; die Falter fliegen im Mai und Juni. Sie fliegen am Tage und besuchen gerne Blüten, besonders jene der Kuckuckslichtnelke (*Lychnis flos-cuculi*). Es gibt noch einige weitere sehr ähnliche Arten.

Erdeichel-Widderchen *Zygaena filipendulae* LINNAEUS Familie Zygaenidae. Dieser wohlbekannte Schmetterling kommt in ganz Europa vor. Er ist sehr variabel, und viele Formen und Unterarten wurden benannt. Lebensraum sind Wiesen und sonstige freie Flächen, auf denen die Nahrungspflanzen wachsen. Die Raupe ist gelblichgrün und kräftig schwarz und gelb gefleckt. Sie lebt an den Blättern von Hornklee (*Lotus corniculatus*) und anderen schmetterlingsblütigen Pflanzen. Sie überwintert und vollendet die Entwicklung im folgenden Frühjahr. Die Verpuppung erfolgt in einem charakteristischen papierartigen gelben Kokon, der spindelförmig ist und in der Regel an einem Grashalm befestigt wird. Die Falter fliegen von Juni bis September in einer Generation und sind nur bei Sonnenschein aktiv. Sowohl der Falter als auch die Raupe tragen eine Warnfärbung, die auf ihre Ungenießbarkeit aufmerksam machen soll. Alle Entwicklungsstadien enthalten beachtliche Mengen von Zyanid, das giftig wirkt.

Klee-Widderchen *Zygaena trifolii* ESPER Familie Zygaenidae. Dieser Schmetterling ist in Europa weit verbreitet. Auch bei dieser Art wurden wegen der beachtlichen Variabilität zahlreiche Varianten und Unterarten benannt. Die Raupe ist gelblich oder blaugrün und kräftig mit schwarzen Flekken gezeichnet. Sie lebt an Hornkleearten (*Lotus corniculatus* und *uliginosus*) und verpuppt sich in einem Kokon ähnlich der vorhergehenden Art an Grashalmen. Die Raupe überwintert. Die Falter fliegen in einer Generation im Jahr von Mai bis August auf feuchten, blumenreichen Wiesen und sind genauso ungenießbar wie die anderen Arten. Es gibt noch eine Reihe weiterer Widderchen-Arten, die alle fünf rote Flekken auf den Vorderflügeln tragen und sehr ähnlich sind.

Erdeichel-Widderchen *Zygaena filipendulae,* frisch geschlüpft

Klee-Widderchen *Zygaena trifolii*

Hornissenschwärmer *Sesia apiformis*

Wickenwidderchen *Zygaena ephialtes*

Wickenwidderchen *Zygaena ephialtes* LINNAEUS Familie Zygaenidae. Dieser Schmetterling kommt in vielen Formen und Varianten in vielen Teilen Mittel- und Südeuropas vor. Lebensräume sind blütenreiche Hänge im Hügelland, besonders solche mit lichtem Gebüsch. Die Raupe ist gelb oder gelbgrün mit einer dunkleren Rückenlinie und Reihen schwarzer Flecken auf beiden Seiten. Sie lebt an den Blättern der Bunten Kronenwicke (*Coronilla varia*) und verwandter schmetterlingsblütiger Pflanzen und verpuppt sich, wenn sie erwachsen ist, in einem papierartigen Kokon am Boden. Die Raupe überwintert. Die Falter fliegen im Sommer bei hellem Sonnenschein. Es gibt zwei grundsätzliche Formen, die eine mit großen Flecken auf den Vorderflügeln und roten Hinterflügeln, die andere mit kleinen Flecken auf den Vorderflügeln und schwarzen Hinterflügeln. Außerdem können fünf oder sechs Flecken auf den Vorderflügeln vorkommen, die zudem rot oder gelb gefärbt sein können. Die Kombination aller dieser Merkmale gibt ein umfangreiches Formenspiel.

Asselspinner *Apoda limacodes* HUFNAGEL Familie Limacodidae. Dieser kleine Nachtfalter ist in Mittel- und Südeuropa weit verbreitet. Lebensraum sind Eichenwälder (*Quercus*). Die eigenartige Raupe ist asselförmig gebaut, das heißt mit flacher Unterseite und hochgewölbtem Rücken, grün und weiß gefleckt und trägt zwei gelbe rotgefleckte Linien auf dem Rücken. Sie lebt an den Blättern der Eiche und verpuppt sich in einem braunen Kokon, der auf einem Blatt befestigt wird. Der Kokon hat eine schmale Spalte am Vorderende, durch die der Falter ausschlüpfen kann. Es gibt eine Generation im Jahr, die im Juni und Juli aktiv ist.

Hornissenschwärmer *Sesia apiformis* CLERCK Familie Sesiidae. Dieser bemerkenswerte Falter ist in Europa weit verbreitet und kommt von Fennoskandien bis zur Iberischen Halbinsel vor. Lebensraum sind Waldränder, Hecken und Baumalleen. Die Raupe ist gelblichweiß mit einem rotbraunen Kopf. Sie lebt in den Wurzeln und unteren Stammteilen von Pappeln (*Populus*) und Weiden (*Salix*) und bohrt gewöhnlich zwischen Rinde und Holz, kann aber einen Stamm völlig durchlöchern. Die Raupe ist nach fünf Jahren erwachsen und verpuppt sich dann in der Rinde oder im Boden. Die Falter fliegen von Mai bis August im Sonnenschein bei Tage. Ihr hornissenartiges Aussehen bewirkt, daß sie als gefährliche Tiere gemieden werden.

Asselspinner *Apoda limacodes,* Raupe

1½× natürliche Größe

Graszünsler *Crambus pascuella*

Graszünsler *Crambus pascuella* LINNAEUS Familie Pyralidae. Dieser häufige kleine Nachtfalter ist in Europa weit verbreitet. Lebensraum sind feuchte Wiesen und sumpfige Plätze. Die Raupe ist grauweiß mit braunem Kopf und ohne Behaarung. Sie lebt an den Wurzeln und der Stengelbasis von Gräsern, besonders an Rispengras (*Poa*). Es wird aber behauptet, daß sie auch Moose und Klee (*Trifolium*) frißt. Es gibt nur eine Generation im Jahr, deren Falter von Juni bis Juli fliegen. Bei Tage ruhen sie mit dem Kopf nach unten und mit über dem Körper eingerollten Flügeln an Grashalmen, so daß sie kaum zu sehen sind. Gewöhnlich fliegen sie nachts und werden leicht von Licht angelockt.

Wassermotte *Nymphula nymphaeata* LINNAEUS Familie Pyralidae. Diese zierlich gezeichnete Art ist in Europa weit verbreitet. Lebensraum sind Seen, Teiche, große Wasserbehälter und langsam fließende Gewässer. Die kleine Raupe lebt im Wasser und baut einen flachen, ovalen Sack, der aus den Blättern der Nahrungspflanze geschnitten wird und sie schützt. Sie lebt an Laichkraut (*Potamogeton*), Froschbiß (*Hydrocharis morsus-ranae*) und anderen Wasserpflanzen, an denen sie an der Blattunterseite frißt und große braune Flecken verursacht. Die erwachsene Raupe verpuppt sich in einem blaßbraunen Kokon, der an einem Pflanzenstengel einige Zentimeter über dem Wasserspiegel befestigt wird. Es gibt nur eine Generation im Jahr, deren Falter von Juni bis August fliegen. Sie sind nachts aktiv und kommen gerne ans Licht. Bei Tage findet man sie in Wassernähe.

Zünsler *Evergestis forficalis* LINNAEUS Familie Pyralidae. Diese weitverbreitete und häufige Art kommt in ganz Europa vor. Lebensraum sind Kulturland, Hecken und Gärten. Die Raupe ist graugrün und weiß gefleckt. Sie trägt auf den Körperseiten eine gelblichweiße Linie, über der aufrechte schwarze Flecken zu sehen sind. Sie lebt an den Blättern verschiedener Kohlsorten (*Brassica*), Meerrettich (*Armoracia rusticana*) und verwandter Pflanzen und spinnt sie manchmal mit Seidenfäden zusammen, um einen Unterschlupf zu formen. Die erwachsene Raupe gräbt sich in den Boden ein und bildet dort einen dichten Kokon, in dem sie sich verpuppt. Die Raupen der Herbstgeneration überwintern, bevor sie sich im folgenden Frühjahr verpuppen. Es gibt zwei Generationen, die im Mai und Juni und im August und September fliegen. Sie fliegen in der Regel nachts.

Zünsler *Eurrhypara hortulata* LINNAEUS Familie Pyralidae. Diese hübsche und charakteristisch gezeichnete Art ist in Europa weit verbreitet. Sie ist als Wanderfalter bekannt und wurde öfter an Leuchtschiffen im Meer beobachtet. Lebensraum sind Hecken, Ödland und Feldraine, an denen die Nahrungspflanze wächst. Die Raupe ist gelblichweiß mit einer grünen Rückenlinie und einem braunen Kopf. Sie lebt an den Blättern der Brennessel (*Urtica dioica*), findet sich aber auch an Ziest (*Stachys*), Minze (*Mentha*) und anderen verwandten Pflanzen, an denen sie Blätter zusammenrollt oder zusammenspinnt. Die erwachsene Raupe verändert ihre Farbe in ein kräftiges Fleischrot und spinnt an einem geschützten Ort einen durchsichtigen Kokon, in dem sie überwintert, bevor sie sich im folgenden Frühjahr verpuppt. Die Falter fliegen in einer Generation im Jahr von Juni bis August. Auch diese Art ist nachts aktiv. Am Tage ruhen sie mit ausgebreiteten Flügeln meist an der Unterseite von Blättern in der Vegetation.

Federmotte *Pterophorus pentadactyla* LINNAEUS Familie Pterophoridae. Dieser hübsche und sehr eigentümliche Falter ist in Europa weit verbreitet. Er lebt auf Ödland, in Gärten und an anderen Plätzen, an denen die Nahrungspflanzen vorkommen. Die Raupe ist grün mit einem gelbbraunen Kopf. Am Körper finden sich viele kleine, erhabene blaue Warzen, von denen jede ein Büschel grauer Haare trägt. Nahrungspflanzen sind Winden der Gattungen *Calystegia* und *Convolvulus*. Die Raupe überwintert und vollendet ihr Wachstum im folgenden Frühjahr. Sie verpuppt sich unter Blättern, verbleibt aber sehr aktiv und schlängelt sich lebhaft umher, wenn sie gestört wird. Es gibt nur eine Generation im Jahr, deren Falter von Mai bis September beobachtet werden können. Sie fliegen abends in einem charakteristischen schwebenden Flug. Ruhend spreizen sie die zusammengerollten Flügel zur Seite und falten die Beine nach hinten, so daß sie wie der Buchstabe T aussehen.

Federmotte *Pterophorus pentadactyla*

Zünsler *Eurrhypara hortulata*

Zünsler *Evergestis forficalis*

Wassermotte *Nymphula nymphaeata*

2× natürliche Größe

Langhornmotte *Nemophora degeerella* Linnaeus Familie Incurvariidae. Dieser hübsche und ungewöhnliche kleine Schmetterling ist in Europa weit verbreitet. Lebensraum ist Laubwald. Die kleine Raupe ist weiß mit einem gelben Kopf und lebt im Inneren eines kleinen Gehäuses, das flach und im Umriß birnenförmig gestaltet ist und aus Blattstücken besteht, die zusammengesponnen sind. Sie lebt von pflanzlichen Abfällen und überwintert in ihrem Gehäuse, bevor sie sich darin verpuppt. Es gibt eine Generation im Jahr, die je nach Gegend von Mai bis August vorkommt. Die Falter fliegen oft in Schwärmen in der Dämmerung, können aber auch am Tage aktiv sein. Sie haben eine Art Schwebeflug und strecken die Antennen weit nach vorn und nach oben.

Kleidermotte *Tineola bisselliella* Hummel Familie Tineidae. Dieser wohlbekannte und gefürchtete kleine Schmetterling ist auf der ganzen Erde verbreitet und wahrscheinlich weitgehend vom Menschen verschleppt worden. Früher war diese Art als Schädling in Wohnhäusern sehr häufig, ist aber später durch Anwendung moderner Bekämpfungsmittel, synthetischer Fasern und Wohnraumhygiene stark zurückgegangen. Die kleine Raupe ist weiß mit einem gelblichbraunen Kopf und lebt nicht, wie die meisten anderen kleiderfressenden Motten, in einem Gehäuse, sondern in Gängen, die auf der Oberfläche aus Stoffasern gesponnen werden. Sie lebt an fast allen tierischen Fasern wie Wolle, Seide, Haaren und Federn. Sowohl Falter als auch Raupen können das ganze Jahr über vorkommen. Die Falter, besonders die weiblichen, sieht man selten. Am Abend fliegende Tiere sind immer Männchen.

Gespinstmotte *Yponomeuta padella* Linnaeus Familie Yponomeutidae. Dieser charakteristische Kleinschmetterling ist in Europa häufig und weit verbreitet. Lebensraum sind Waldränder, Hecken, Obstanlagen und Gärten. Die Raupe ist grau mit einer dunkleren Rückenlinie, die auf beiden Seiten von einer Reihe großer schwarzer Punkte begleitet wird. Die Raupen leben zusammen in einem großen Gespinst, das die Nahrungspflanze ganz überziehen kann. Sie lebt an Weißdorn (*Crataegus*) und Schwarzdorn (*Prunus*), kann aber auch an Obstbäumen auftreten und schädlich werden. Die erwachsenen Raupen verpuppen sich in kleinen Kokons innerhalb des gemeinsamen Gespinstes. Es gibt nur eine Generation im Jahr, deren Falter von Juli bis August fliegen.

Braune Hausmotte *Hofmannophila pseudospretella* Stainton Familie Oecophoridae. Dieser kosmopolitische Schädling findet sich in den gemäßigten Regionen der ganzen Welt und ist ebenso in Europa verbreitet. Lebensraum sind Vogelnester, Wohnhäuser und Warenlager. Die Raupe ist weiß mit braunem Kopf und lebt an organischen Substanzen verschiedenster Art. Befall in Wohnhäusern kommt oft von Vogelnestern, die unter den Dächern vorhanden sind. In den Wohnungen gehen sie gerne an Teppiche, besonders in feuchten Räumen, können aber auch hinter Wandverkleidungen und Tapeten in Abfallstoffen leben. Die Entwicklungszeit einer Generation ist von der Nahrung und der Temperatur abhängig; gewöhnlich findet man die Tiere in unseren Breiten von Mai bis September.

Weißschultrige Hausmotte *Endrosis sarcitrella* Linnaeus Familie Oecophoridae. Diese häufige Verwandte der Braunen

Braune Hausmotte *Hofmannophila pseudospretella*

Gespinstmotte *Yponomeuta padella*

Langhornmotte *Nemophora degeerella*

Eichenwickler *Tortrix viridana*

Hausmotte wird als weltweit verbreiteter Schädling betrachtet. Lebensraum sind Vogelnester, Bienenstöcke, Fledermausverstecke, Wohnhäuser und Lager. Die Raupe ist mattweiß mit einem braunen Kopf; sie lebt an Vogelmist, gelagerten Nahrungsmitteln und anderen Stoffen organischen Ursprungs. Sie lebt in einem Gespinst, das über die Nahrung gezogen wird, und verlangt eine ziemlich hohe Luftfeuchtigkeit, um die Entwicklung durchführen zu können. Die Verpuppung erfolgt in einem Kokon aus Gespinstfäden, der zwischen der Nahrung angefertigt wird. Unter den Bedingungen unserer Wohnhäuser entwickelt sich diese Art ohne Unterbrechungen und kann deshalb das ganze Jahr über in allen Entwicklungsstadien gefunden werden. Am häufigsten ist sie aber in den Monaten März bis April. Der Falter ist an der reinweißen Beschuppung von Kopf und vorderem Bruststück zu erkennen.

Nelkenwickler *Cacoecimorpha pronubana* Hübner Familie Tortricidae. Dieser Kleinschmetterling ist in Mittel- und Südeuropa verbreitet. Die Art wurde mit Kulturpflanzen in den vergangenen Jahrzehnten weit verschleppt. Lebensraum sind Hecken und Gärten und im Norden auch Gewächshäuser. Die Raupe ist grün oder braun und lebt in zusammengerollten Blättern oder zusammengesponnenen Triebspitzen ihrer Nahrungspflanzen. Diese sind sehr verschiedenartig, in Gärten aber hauptsächlich Liguster (*Ligustrum*) und Pfaffenhütchenhecken (*Euonymus*). In Glashäusern wird die Art an Nelken (*Dianthus*) und anderen Kulturpflanzen schädlich und muß bekämpft werden. Die Verpuppung erfolgt in einem zusammengerollten Blatt. Es gibt zwei Generationen im Jahr, die von Mai bis Juli und wieder im Herbst bei Sonnenschein fliegen.

Eichenwickler *Tortrix viridana* Linnaeus Familie Tortricidae. Diese charakteristische kleine Art ist in ganz Europa zu finden. Lebensraum sind Eichenwälder. Die Raupe ist graugrün mit einem schwarzen Kopf; sie lebt und ernährt sich in und an einem zusammengerollten Eichenblatt (*Quercus*). Gelegentlich vermehren sich die Tiere in so großem Ausmaß, daß sie ganze Eichenwälder kahlfressen und sich dann an Fäden zu Boden lassen, um im Unterwuchs weiterzufressen. Die Raupen fressen außerdem das Laub verschiedener anderer Laubgehölze. Die Verpuppung erfolgt in einem zusammengerollten Blatt. Es gibt eine Generation im Jahr, die je nach Gegend von Juni bis August vorkommt. Die Falter verstecken sich am Tage im Laub, nachts fliegen sie umher.

Erbsenwickler *Cydia nigricana* Fabricius Familie Tortricidae. Dieser Kleinschmetterling kann in ganz Europa gefunden werden und ist durch das gemäßigte Asien bis Japan verbreitet. Lebensraum sind Kulturland, Hecken und Gärten. Die Raupe ist gelblichweiß mit einem braunen Kopf und ist der gewöhnliche Wurm in Erbsen. Sie lebt an den sich entwickelnden Samen verschiedener Pflanzenarten aus der Familie der Schmetterlingsblütler und ist besonders als Schädling an Erbsen bekannt. Die erwachsene Raupe verläßt ihre Nahrungsquelle und vergräbt sich im Boden, um dort zu überwintern. Dort verpuppt sie sich auch im folgenden Frühjahr. Es gibt gewöhnlich nur eine Generation im Jahr, die von Mai bis August fliegt. Die Falter sieht man am Abend Erbsenblüten besuchen.

Apfelwickler *Cydia pomonella* Linnaeus Familie Tortricidae. Dieser hübsch gezeichnete kleine Falter ist ein bekannter Obstschädling, der überall in der Welt vorkommt, wo es Apfelbäume gibt. Lebensraum sind Obstanlagen und Gärten. Die Raupe ist zunächst gelblichweiß, verändert sich aber in Rosa, wenn sie erwachsen ist. Sie lebt nicht nur in Äpfeln (*Malus*), sondern auch in Birnen (*Pyrus*), Quitten (*Cydonia*) und Walnüssen (*Juglans*), was aber weit seltener vorkommt. Die erwachsene Raupe überwintert in Rindenspalten und verpuppt sich dort im Frühjahr. Die Falter fliegen meist im Juli und August; gelegentlich gibt es eine zweite Generation im Herbst. Sie sitzen tagsüber an Baumstämmen und Blättern und sind nachts aktiv.

Register

Gattungs- und Artnamen werden hier getrennt voneinander aufgeführt, da in der Schmetterlingssystematik vielfach Gattungen und Arten umgestellt werden.

Register der Futterpflanzen

Pflanzen für einen Schmetterlingsgarten

Die Blüten der Gartenpflanzen in der folgenden Liste werden von Schmetterlingen gerne aufgesucht. Die zehn „besten“ sind mit einem Stern versehen und eignen sich besonders dort, wo der verfügbare Raum begrenzt ist. Die Blütezeit wird mit Jahreszeiten angegeben.

Ansehnliche Fetthenne*	*Sedum spectabile*	Herbst
Aubretia*	*Aubretia deltoidea*	Frühling
Bartnelke	*Dianthus barbatus*	Frühling–Sommer
Bergminze	*Calamintha nepetoides*	Sommer
Berufskraut	*Erigeron* spp.	Sommer–Herbst
Dost	*Origanum vulgare*	Sommer
Flieder	*Syringa vulgaris*	Frühjahr–Sommer
Garten-Nachtviole*	*Hesperis matronalis*	Frühjahr–Sommer
Garten-Reseda	*Reseda odorata*	Sommer–Herbst
Goldlack	*Cheiranthus*	Frühjahr–Sommer
Goldrute	*Solidago canadensis*	Sommer–Herbst
Geißblatt	*Lonicera* spp.	Sommer
Fackellilie	*Kniphofia uvaria*	Sommer
Heidekraut	*Calluna* und *Erica* spp.	Frühjahr–Herbst
Heliotrop	*Heliotropium peruvianum*	Sommer
Herbstaster*	*Aster novi belgii*	Herbst
Herbst-Sonnenkraut	*Helenium autumnale*	Sommer
Kaukasus-Gänsekresse	*Arabis albida*	Frühjahr
Kirschlorbeer	*Prunus laurocerasus*	Sommer
Kissen-Primel	*Primula polyanthus*	Frühjahr
Kornblume	*Centaurea cyanus*	Sommer
Lavendel	*Lavandula* spp.	Sommer
Leberbalsam	*Ageratum houstonianum*	Sommer
Phlox	*Phlox* ssp.	Frühjahr–Sommer
Schleifenblume	*Iberis umbellata*	Sommer
Schmuckkörbchen	*Cosmos bipinnatus*	Sommer–Herbst
Schneeball	*Viburnum* spp.	Sommer
Silberblatt	*Lunaria* spp.	Frühjahr–Sommer
Skabiose	*Scabiosa* spp.	Sommer–Herbst
Sommerflieder*	*Buddleia* spp.	Sommer–Herbst
Spornblume*	*Centranthus* spp.	Sommer
Steinkraut*	*Alyssum saxatile*	Frühjahr
Strandnelke	*Armeria maritima*	Sommer
Strand-Steinkraut	*Alyssum maritimum*	Sommer–Herbst
Strauch-Veronika	*Hebe speciosa*	Sommer
Studentenblume	*Tagetes patula*	Sommer
Verbene	*Verbena* spp.	Sommer
Wucherblume	*Chrysanthemum maximum*	Sommer
Zier-Tabak*	*Nicotiana alata*	Sommer–Herbst

SPINNEN, KÄFER, SCHMETTERLINGE ...
... EINZIGARTIGE VIELFALT DER NATUR

Dick Jones

Der Kosmos-Spinnenführer

Dies ist wohl das einzige deutschsprachige populäre Spinnenbuch, das nahezu alle mitteleuropäischen Spinnen und Weberknechte beschreibt und abbildet.
320 Seiten, 541 Abbildungen
ISBN 3-440-06141-8

Mit Tips zum Suchen, Finden und Beobachten dieser interessanten Kleintiere

Harde/Severa

Der Kosmos-Käferführer

In Mitteleuropa gibt es mehr als 8000 Käferarten. Der Kosmos-Käferführer gibt einen repräsentativen Überblick über diese Vielfalt. Wissenschaftlich exakte Käferzeichnungen der häufigsten und wichtigsten Arten machen das Bestimmen leicht.
352 Seiten, 1302 Abbildungen
ISBN 3-440-05862-X

Das Standardwerk!
Über 1000 Farbbilder

J. Zahradnik

Der Kosmos-Insektenführer

Die häufigsten Insekten Mitteleuropas werden in 1000 wissenschaftlich exakten Farbzeichnungen vorgestellt. Geschützte und bedrohte Arten sind besonders gekennzeichnet.
320 Seiten, 1057 Abbildungen
ISBN 3-440-05989-8

Handliches Format – ideal zum Mitnehmen ins Gelände

Novak/Severa

Der Kosmos-Schmetterlingsführer

Dieser Naturführer zeigt in naturgetreuen Abbildungen Färbung und Zeichnung europäischer Tag- und Nachtfalter. Die Texte informieren über Merkmale, Verbreitung, Vorkommen, Futterpflanzen und erläutern Körperbau, Entwicklung und Lebensweise.
352 Seiten, 1533 Abbildungen
ISBN 3-440-04774-1

Mit Raupen, Puppen und Futterpflanzen

franckh kosmos

Franckh-Kosmos · Stuttgart